Ch. KRETZSCHMAR

Les Animaux
à Fourrures

DEUXIÈME ÉDITION

Les Animaux
à Fourrures

CHALON-SUR-SAÔNE, IMP. FRANÇAISE ET ORIENTALE E. BERTRAND

Ch. KRETZSCHMAR

Les Animaux à fourrures

DEUXIÈME ÉDITION

Revue et augmentée; ornée dans le texte et hors-texte de 105 gravures et dessins de coupes en photogravure et en phototypie, et comprenant : la description des Animaux et de leur pelage; la valeur et l'emploi des pelleteries; l'apprêt des peaux à fourrures; le travail du pelletier; le travail du fourreur.

Préface de M. Th. CORBY, O. ❋, Président d'honneur de la Chambre syndicale des Fourreurs et Pelletiers français.

CHALON-SUR-SAONE

ÉDITION Ch. KRETZSCHMAR et G. ROSSELET
Pelletiers en gros à Chalon-sur-Saône

ÉMILE BERTRAND, IMPRIMEUR, Dépositaire, chargé de la vente

Dédié Respectueusement

à **Monsieur E. Labbé,**

Directeur de l'Enseignement technique
au Sous-Secrétariat d'État de l'Enseignement technique.

Septembre 1923.

C. Kretzschmar.

ORDRE DES CHAPITRES

PREMIÈRE PARTIE

Chapitre I. — *Les Rongeurs.*

Chapitre VI. — *Les Plantigrades.*

Les Ours. — L'Ours brun, l'Ours Isabelle, l'Ours jongleur, l'Ours grizzly, l'Ours noir ou Baribal, l'Ours blanc (fig. 18), le Raton laveur ou Marmotte du Canada (fig. 19).

Chapitre VII. — *Les Martres.*

La Fouine ou Martre des habitations. — La Martre des bois (fig. 20), la Martre de Norvège, la Martre du Canada, la Zibeline, la Zibeline Jakutzki, la Zibeline Kamtchatka, la Zibeline de l'Amour. — La valeur des Zibelines, l'achat des Sauvagines, la foire d'Irbit, la chasse des Sauvagines, la Martre du Japon, le Pécan (fig. 21).

Chapitre VIII. — *Les Putois.*

Le Putois de France. — Le Putois de Russie ou de Pologne, le Furet, le Pervitzky. — Le Vison d'Europe, le Vison de Russie, le Vison du Canada, le Vison du Japon. — Le Kolinsky. — La Belette, l'Hermine, l'Hermine de Sibérie (fig. 22), l'Hermine de l'Amérique du Nord.

Chapitre IX. — *Les Skunks.*

Le Skunk de la Baie d'Hudson (fig. 23), le Skunk des États-Unis (fig. 24), le Skunk du Chili, le Skunk moucheté ou Civette, la Zorille du Cap, le Pahmi, le Glouton (fig. 25), le Blaireau d'Europe, le Blaireau du Canada.

Chapitre X. — *Les Loutres.*

La Loutre d'Europe. — La Loutre de l'Asie et de l'Amérique du Sud, la Loutre de l'Amérique du Nord ou de Virginie, la Loutre marine (Enhydre ou Loutre du Kamtchatka). — Les achats de la Sauvagine du pays. — Les achats en foire. — Les foires étrangères. — Le marché de Kiakhta. — La chasse aux Martres. — Tableau du prix des Sauvagines de France, de 1881 à 1923

Chapitre XV. — *Les Singes.*

Chapitre XVI. — *Les Oiseaux.*

DEUXIÈME PARTIE

Chapitre XVII. — *L'apprêt des Peaux.*

TROISIÈME PARTIE

Chapitre XVIII. — *Le travail du Pelletier.*

QUATRIÈME PARTIE

Chapitre XIX. — *Le travail du Fourreur.*

INTRODUCTION

de la première édition parue en 1918

Le présent travail, que je réédite aujourd'hui en le revisant et le complétant, a été publié en partie, 1912-1913, dans le *Bulletin du Syndicat des Pelletiers-Fourreurs de la région lyonnaise*.

Des confrères bienveillants m'ont assuré qu'ils avaient été intéressés par les renseignements vrais que j'avais compulsés, rassemblés et fait connaître par le *Bulletin*.

Ils m'ont témoigné le désir de voir cette Étude sur les **Animaux à Fourrures** publiée à nouveau.

Bien que le moment soit peu favorable pour des raisons que mes lecteurs comprendront, je me suis rendu aux désirs de mes amis, estimant que, malgré toutes les difficultés, il fallait affirmer notre volonté de travailler et de préparer l'avenir, nous souvenant des leçons du passé. Et puis toute vérité devrait être bonne à dire : il faut répandre la lumière et non la cacher.

« Sans vulgarisation, il n'y a pas de progrès », a dit Paul Bert. Et c'est pour mettre cette idée en pratique que j'ai réédité cette Monographie des Animaux dont les pelages nous servent, et rappelé les principes de notre métier.

Je n'ai pas la prétention de publier de l'inédit; je n'ai rien inventé, j'ai cherché bien simplement à résumer rapidement et, cependant, aussi complètement que possible ce que d'autres avaient peut-être déjà dit avant moi. Malheureusement, la plupart des auteurs qui se sont occupés de la partie technique de notre métier étaient étrangers, et, par suite, leurs ouvrages n'étaient pas à la portée de tous.

J'ai demandé et obtenu de notre éminent confrère, M. Victor Révillon, de Paris, l'autorisation de reproduire le très intéressant article qu'il avait écrit sur *Les Phoques à fourrures* et qui avait paru dans la *Revue de Paris*. Je l'en remercie bien vivement, et le tableau si coloré, si vivant, qu'il a tracé de main de maître, de la vie de ces « Loutres de mer », sera certainement le plus joli morceau de style et une partie intéressante du présent travail.

Mon ami et bienveillant confrère, M. Th. Corby, a bien voulu écrire quelques mots de préface à cette Étude, pour la présenter à tous nos collègues. J'ai été très flatté de cette marque d'estime, et je lui en adresse mes bien vifs remerciements.

Enfin, je dois dire que j'ai puisé dans les ouvrages d'histoire naturelle ; puis, dans la *Géographie universelle,* d'Élisée Reclus, où il y a tant à apprendre pour tous ; enfin, comme je l'ai dit, dans des ouvrages étrangers, parmi lesquels je cite avec le plus de plaisir celui de M. H. Poland, de Londres : *Fur bearing Animals.*

Les gravures qui donnent la représentation de quelques Animaux dans ce travail ont servi à l'illustration de l'ouvrage du Dr Chenu, *Encyclopédie d'Histoire naturelle.*

La première partie est consacrée aux descriptions des Animaux dont les dépouilles servent au pelletier et au fourreur.

Elles se succéderont dans des chapitres séparés, dans l'ordre suivant : Rongeurs, Carnivores, Herbivores, Marsupiaux.

Dans la seconde partie, j'ai surtout cherché à démontrer les *principes* sur lesquels repose l'art du fourreur.

La mode est changeante, et les applications varient ;

mais il y a des principes qui restent et que l'ouvrier doit connaître. J'ai fait de mon mieux pour expliquer les coupes par dessins, comme je l'aurais fait à un apprenti, sans chercher à faire de l'art.

J'espère donc que ce travail suscitera chez nos jeunes gens le désir de devenir apprentis fourreurs, car c'est un des anciens et intéressants métiers et qui peut faire vivre son homme; puis il importe à tout prix que nous soyons définitivement débarrassés de la mainmise allemande sur notre partie.

Si mon travail peut aider, tant peu que ce soit, à ce résultat, je n'aurai perdu ni mon temps ni ma peine, et je serai largement récompensé.

CH. KRETZSCHMAR,

PELLETIER, ANCIEN FOURREUR,
Médaillé, Engagé volontaire de 1870,
Ancien Président du Tribunal de Commerce,
Suppléant du Juge de paix.

PRÉFACE

Paris, le 5 Novembre 1917.

Mon cher Monsieur Kretzschmar,

En m'adressant à ce propos des compliments dont je suis quelque peu confus, vous voulez bien me demander d'écrire quelques mots devant servir de préface à la nouvelle édition, revue et complétée, de votre fort intéressante étude sur les Animaux à fourrures, ainsi que sur leur description zoologique, leurs variétés, leurs provenances, leurs emplois et, enfin, le commerce qui se fait de ces fourrures.

Après avoir lu votre projet d'introduction et apprécié la très judicieuse division que vous établissez de votre ouvrage, je n'hésite pas à vous exprimer, avec mes remerciements sincères, pour l'honneur auquel vous me conviez, la vive satisfaction que j'éprouve, et qu'après moi ressentiront tous les membres de notre corporation, de la publication d'un traité qui vient si bien à l'heure propice.

Non seulement, en présentant un réel attrait pour eux, il instruira les profanes sur la valeur et le côté artistique de notre industrie ; non seulement, il les aidera à se faire un jugement exact sur la nature des fourrures qui leur sont soumises ; il constituera, en outre, pour les professionnels, un élément de précieuses suggestions susceptibles d'aviver leurs imaginations de créateurs.

Mais, parmi les nombreux mérites de votre livre, celui que

je me plais tout particulièrement à faire ressortir réside dans l'incitation qu'il provoquera, chez maints jeunes Français, à se vouer à un métier dont votre traité si documenté leur aura révélé les séductions, en même temps qu'il leur en aura découvert les horizons étendus.

Devant la nécessité d'assurer à l'industrie française de la fourrure une indépendance complète vis-à-vis surtout de ses concurrents appartenant à des nations ennemies, votre effort nous sera d'une aide des plus sérieuses.

Je ne saurais donc vous trop féliciter de l'avoir entrepris, et j'ai la ferme confiance que vous en recueillerez une première sanction dans le succès, qui ne peut être qu'important, de votre remarquable et très utile publication.

Croyez, mon cher Monsieur Kretzschmar, à mes cordiaux sentiments.

Th. CORBY, O. ✳

Conseiller du Commerce extérieur,
Président honoraire de la Chambre Syndicale des Fourreurs
et Pelletiers français,
Inspecteur départemental de l'Enseignement technique.

INTRODUCTION

de la seconde édition

En livrant cette seconde édition à la publicité, je tiens à remercier bien vivement tous ceux qui, tout d'abord, m'ont encouragé, et qui ont répandu mon travail dans nos Écoles d'apprentissage de la fourrure, dans leurs ateliers, et parmi leur personnel. C'est donc, tout naturellement, à MM. Corby et Victor Révillon, aux Syndicats de Paris et de Lyon, que va l'expression de ma gratitude.

Je suis heureux que M. E. Labbé, le très distingué Directeur de notre Enseignement technique en France, ait bien voulu me faire l'honneur d'accepter la dédicace de cette seconde édition, et je l'en remercie sincèrement.

J'ai tenu à ce que cette seconde édition fût vraiment un supplément à la première ; j'y ai ajouté des renseignements nouveaux, car ces dernières années ont amené bien des changements dans la mode et dans la valeur des fourrures.

Les idées qui m'avaient guidé dans la rédaction primitive de ce travail ont continué à servir de plan pour la distribution des matières dans celui-ci.

Après la nomenclature et la description des Animaux à fourrures, j'ai pris la peau à son origine, telle qu'elle était lorsque l'animal a été écorché, et je l'ai suivie dans les phases successives du travail, jusqu'à ce qu'elle arrive à la consommation, sous forme d'objet confectionné.

La deuxième partie est consacrée à l'apprêt ou tannage ; la troisième à la réparation des peaux, à l'assortiment, la fabrication des nappettes et des sacs pour doublages : c'est le travail du pelletier ; la quatrième traite enfin de la confection des fourrures : c'est le travail du fourreur.

Sans entrer dans les détails pour montrer l'application des coupes d'une peau à tel ou tel modèle (celui-ci souvent éphémère comme la mode), j'ai désiré, en rappelant et indiquant les principes du métier, expliquer à l'apprenti la raison et le but de son travail, l'aider à éviter les écueils et à résoudre les difficultés qu'il rencontrera en travaillant.

En parlant des fourrures, nous aurons appris à connaître bien des hommes, nous aurons entrevu d'un pôle à l'autre bien des coins de tous les continents, car notre partie est mondiale et toute la faune terrestre est l'apanage du pelletier-fourreur.

CH. KRETZSCHMAR,

Membre de la Commission départementale de l'Enseignement technique,
Censeur à la Succursale de la Banque de France,
Président de la Section Cantonale des Pupilles de la Nation,
Conseiller Municipal.

PREMIÈRE PARTIE

CHAPITRE I

LES RONGEURS

LES RONGEURS

Le Lapin

Le Lapin (angl. *Rabbit*). Je commence par le Lapin, qui, avec le Rat et l'Écureuil, représente pour nous les types les plus connus de cette grande famille zoologique. Comme je parle à de futurs pelletiers-fourreurs, je nommerai les choses par leur nom; j'appellerai un Chat un Chat et un Lapin un Lapin.

Parmi les Rongeurs, les uns habitent sur terre, d'autres sous terre; les uns sur les arbres, les autres sous l'eau; mais tous ont un caractère commun qui est leur dentition.

Tous les Rongeurs présentent cette particularité : ils n'ont pas de dents canines. Ils ont de deux à quatre incisives à la mâchoire supérieure et deux à la mâchoire inférieure, puis un vide à la place des canines, et enfin trois à six paires de molaires selon les espèces.

Je ne reviendrai pas sur cette disposition des dents en parlant des autres Rongeurs, puisque c'est le caractère distinctif de toute cette famille.

Les incisives sont taillées en biseau et continuent de croître. C'est en rongeant que l'animal les use et qu'il attaque sa nourriture. Il ne déchire donc pas celle-ci, puisque les crocs manquent totalement, mais il la grignote. Tout le monde connaît notre Lapin sauvage, qui est le Lapin de garenne, et aussi notre Lapin domestique. Je n'ai donc pas à les décrire.

Les multiples variétés de ce dernier diffèrent seulement par la taille et le pelage.

Le Lapin a beaucoup fait parler de lui avant la guerre. Qu'il me soit permis de dire que je n'ai pas très bien compris cet émoi; puisqu'on a continué à appeler Marmotte le Raton, qui n'est pas une Marmotte, et Loutre de mer le Seal, qui n'est pas une Loutre, mais un Phoque, on aurait pu laisser le Lapin se parer du nom de Loutre. Cela ne faisait de mal à personne. Et, du moment que le fourreur ne prétendait pas vendre de la Loutre véritable ou de la Loutre de mer, l'acheteur était prévenu qu'on ne lui offrait qu'une imitation, quelquefois parfaite, de la Loutre de mer. Aujourd'hui, lorsque la fourrure du Lapin est rasée, épilée, lustrée de couleur très foncée, comme on a l'habitude de voir la peau de Loutre de mer, on la vend sous le nom de **Loutre d'Australie** ou **de Colombie**.

Le Lapin est répandu sur toute la surface du globe. Comme Lapins sauvages, nous employons en fourrure le Lapin de garenne de nos pays et le Lapin sauvage (comme notre Garenne) qui provient d'Australie.

Ce Lapin, introduit en Australie il y a une soixantaine d'années, s'y propagea tellement qu'il devint bientôt une véritable calamité pour le pays.

On chercha sa destruction par tous les moyens; on employa même des injections de sérum fourni par l'Institut Pasteur, afin de communiquer à l'espèce une maladie contagieuse; rien n'y fit, et le nombre de ces animaux devint si considérable que l'Australie pût en exporter, chaque année, de quinze à vingt millions de peaux (Poland). Elles ne s'employaient guère alors que pour la chapellerie, et la valeur en était minime. Mais, aujourd'hui, toutes les bonnes peaux de saison d'hiver (les mois de juin-juillet en Australie) sont employées pour la fourrure, travaillées en nappettes d'environ 1 mètre sur 0 m. 40, puis rasées, épilées, lustrées, et deviennent des **nappettes d'Australienne**.

Les Lapins provenant de la Nouvelle-Zélande sont de taille et qualité supérieures à ceux de l'Australie; le classement par qualité est le même; voici ce classement :

Supers : supérieure ;

First winter : première qualité d'hiver ;

Seconds winter : deuxième qualité d'hiver ;

Ces sortes sont divisées en does (femelles) et bucks (mâles) ;

Incoming : (tout venant d'hiver).

Puis viennent les sortes petites ou inférieures pour la chapellerie.

Comme prix, à qualité égale, les Nouvelle-Zélande valent environ 10 à 15 % de plus que les Sydney. Les ventes publiques aux enchères des Lapins d'Australie se font à Sydney, celles des Lapins de la Nouvelle-Zélande à Dunedin. Les prix sont stipulés à la livre, poids anglais. La vente se fait par lots d'un certain nombre de balles pesant environ 200 kilos la balle.

Le Lapin domestique présente plusieurs variétés : les principales sont le Lapin ordinaire ou clapier, le Lapin riche ou argenté, le Lapin bleu, le Lapin de Russie.

La couleur du pelage du Lapin clapier est assez diverse ; il y en a des blancs, des gris, des jaunes, des noirs, des nuances mélangées de ces couleurs, soit dans l'ensemble, soit en grandes plaques séparées de nuances tranchées. Le ventre est généralement blanc et presque toujours de nuance un peu plus claire que le dos.

On emploie les bonnes peaux de Lapins pour la fourrure ; les peaux de qualité secondaire sont employées pour la fabrication du feutre.

Disons deux mots de l'emploi du poil de Lapin pour ce dernier usage, le cuir servant à faire la très bonne colle, utilisée par les plâtriers, les doreurs et les stucateurs.

La fourrure du Lapin, comme celle du Lièvre, du Rat gondin, de la Loutre, du Castor, se compose de deux sortes de poils : l'un plus court, plus fin et plus serré, qui ne tient qu'à l'épiderme : c'est le duvet. L'autre plus long, plus raide, qui recouvre le premier ; implanté jusque dans le derme est le jarre. Le duvet seul, légèrement attaqué par l'eau chaude acidulée, est foulé et se convertit en feutre.

Il faut donc séparer le duvet du jarre.

Pour cela, les poils étant rasés aussi près que possible de l'épiderme, on les fait projeter au loin ensemble par une machine soufflante.

Le duvet, plus léger, est projeté plus loin que le jarre qui tombe plus près de la machine, comme le grain de blé nettoyé avec un van. Le duvet se trouve ainsi séparé du jarre ; foulé en forme de cloche comme un chapeau de pierrot, il est travaillé au fer par l'ouvrier chapelier et devient un chapeau de feutre. Ce même travail se fait avec les poils des Rongeurs déjà cités. Je n'y reviendrai donc plus.

Chez les animaux, qui vivent souvent dans l'eau, les poils de jarre sont assez longs et compacts pour recouvrir complètement le duvet et empêcher ainsi l'eau d'arriver jusqu'à l'épiderme. La peau échappe ainsi à la sensation du mouillé et du froid.

Le même fait se produit pour les oiseaux. L'eau coule sur la plume, mais ne mouille pas le duvet.

Je reviens à l'emploi de la peau du Lapin en fourrure.

Les peaux de nos pays se classent en quatre sortes : le **fort**, c'est-à-dire les peaux qui, sèches, pèsent environ 25 kilogrammes les 104 peaux ; puis le **clapier** pesant environ 18 kilogrammes ; l'**entre-deux** pesant environ 13 kilogrammes ; enfin, la **coupe** qui se vend aux 100 kilogrammes, et qui sert plus spécialement pour la chapellerie. Les meilleures provenances de Lapins sont en France la Champagne et la Bourgogne ; puis la Touraine, la Picardie et la Normandie ; enfin, la Bretagne, le Centre et le Midi.

Les peaux de Lapins classées pour la fourrure se vendent à la pièce, mais à raison de 104 peaux pour cent ; le prix a beaucoup augmenté ces années dernières, comme presque toute la pelleterie d'ailleurs.

Le Lapin de Bourgogne, peau d'hiver tout venant, s'est payé, en 1923, de 25 à 30 fr. le kilo ; à ce prix, une peau de Lapin fort revenait à 12 fr. environ, le clapier à 6 fr., l'entre-deux à 3 fr., la coupe à 0 fr. 50 la peau en moyenne ; en 1920, le Lapin extra fort s'est payé jusqu'à 25 et 30 fr. la peau brute.

Le Lapin de pays se travaille également en nappettes comme le Lapin d'Australie, mais il est moins soyeux et brillant et paraît laineux ; d'autre part, le cuir du Lapin du pays étant plus épais que celui d'Australie, le vêtement devient plus lourd et moins agréable à porter.

La valeur de la nappette de pays est toujours inférieure à celle de la nappette d'Australie et surtout à celle qui est fabriquée avec des Lapins new-zélandais.

Une fois tannée, la peau de Lapin est employée souvent dans son état naturel, c'est-à-dire avec tous ses poils (jarre et duvet). Nous disons alors que c'est du Lapin à pointes. On la travaille en la laissant de sa couleur naturelle ; c'est ce qui se fait avec le Lapin blanc de Russie, le Lapin bleu, le Lapin riche, et même quelquefois avec le Lapin ordinaire noir ou noir parsemé de pointes blanches. On emploie aussi le **Lapin à pointes** teint en couleur, marron, zibeline, noir, castor.

Il y a une vingtaine d'années, on fabriquait, avec le Lapin teint avec pointe, non seulement des manchons, des cols, des palatines, des manchettes, mais aussi des bandes d'un à quelques centimètres de largeur, qui servaient comme passepoils ou bordures, appelées marabouts.

Rappelons à ce propos que c'est à une maison lyonnaise que revient l'honneur d'avoir réussi à teindre en noir le lapin sans brûler le cuir, et, peu après, également le Lièvre blanc, je veux citer les maisons J.-B. RANDU, teinturiers en soieries à Lyon-Vaise ; puis la maison LACOURBAT, établie primitivement à Décines, et dont le descendant direct est un des chefs de la maison actuelle, bien connue, LACOURBAT, CLARET et CONFAVREUX, à Villeurbanne près Lyon.

Lorsqu'on fait avec le Lapin ordinaire de l'imitation de Loutre, on rase le poil à une hauteur déterminée avec une machine spéciale, on enlève les poils de jarre restant dans le duvet, ce qui constitue l'épilage, et enfin on teint en couleur loutre la peau ou la napette faite par l'assemblage de plusieurs peaux. Ce travail de rasage, d'épilage et de lustre, qui est la spécialité du teinturier en pelleteries, produit les différentes sortes appelées : **Loutre belge, Loutre de Colombie** et **Loutre électrique.**

La variété du Lapin russe, connue sous le nom de **Lapin de Pologne,** est également produite par la **Galicie** et la **Chine.**

C'est un petit Lapin à poil plutôt court et avec moins de duvet que le Lapin clapier.

Il est généralement blanc, avec le bout du nez, des oreilles et de la queue noirs. Ce n'est pas un Albinos (des individus atteints d'albinisme sont cependant fréquents et ont les yeux rouges); le Lapin de Pologne a les yeux noirs.

Il est employé comme imitation de l'Hermine. Les fourreurs de la Pologne et de la Galicie l'apprêtent à l'alun et au sel, en le lavant avec soin pour le conserver le plus blanc possible.

Ils mettent les peaux en paquets de 50 ou les travaillent en nappes carrées ayant environ 1 m. 10 de haut sur 1 m. 20 de large.

Les Chinois préparent également ces peaux en paquets, elles ont un grand succès comme imitation d'Hermine; le Lapin de Chine est assez régulier en pointe et moins fourni en duvet que celui de la Pologne, aussi convient-il spécialement pour la confection d'écharpes ou de vêtements. Sa valeur actuelle est assez grande, on le paie de 5 à 6 francs la peau.

Les Chinois travaillent également ces Lapins en nappes ; ces dernières ont la forme d'une croix à quatre branches égales, formées par la réunion à un carré central ayant environ 0 m. 50 de côté, de quatre demi-carrés semblables, ajoutés aux quatre côtés du premier.

C'est la forme connue sous le nom de **croix de Chine.** Nous verrons que les Chinois travaillent plusieurs espèces de peaux sous cette forme, que nous aurons encore à mentionner.

La variété **riche** ou **argentée** a été beaucoup employée ces hivers derniers pour découper en petites bandes pour garnitures de robes. Elle vient surtout de la Champagne ; le fond du poil est gris-bleu, et la pointe du jarre est blanc-argent. En la rasant, on obtient, même en la laissant naturelle, par la nuance du duvet, une bonne imitation de Taupe.

L'Australie fournit également la variété de Lapin argenté. Ces peaux n'ont aujourd'hui pas plus de valeur que les peaux de nuance courante. On a dit que toutes les fourrures n'étaient que du Lapin. C'est une contre-vérité répandue par des envieux de la corporation des pelletiers-fourreurs, que je ne veux pas m'attarder à réfuter, mais il est certain que, grâce à son prix relativement encore modeste, le Lapin forme un des gros appoints à la consommation des fourrures.

Le fourreur, aidé par le teinturier, réussit à livrer à la clientèle des objets de fourrures de bonne qualité à un prix modique et imitant particulièrement bien le Castor, la Loutre, la Taupe.

En cela, il a rendu l'usage de la fourrure plus fréquent; il a répandu dans la clientèle le goût du vêtement et de la garniture de fourrure, et certainement il est difficile, même à un œil exercé, de reconnaître à quelques pas, lorsqu'il est porté par une dame, le vêtement de Lapin rasé que nous appelons Loutre australienne, du Rat rasé : Loutre d'Hudson, ou de la peau épilée de l'Otarie : la véritable Loutre de mer.

Le Lièvre

Le Lièvre (angl. *Hare*). Le Lièvre de nos pays sert surtout pour la chapellerie. Son poil fait un très beau feutre brillant et léger ; il peut également se raser et lustrer façon Loutre comme le Lapin, mais il est moins régulier.

Le Lièvre qui est employé en grande quantité pour sa fourrure est le **Lièvre variable** de la Russie ou **Lièvre blanc**.

La chair de ce Lièvre, quoique moins fine que celle du Lièvre de nos pays, est comestible. Il s'en consomme une grande quantité en Russie et même à Londres.

Ce Lièvre, qui a en été un pelage roux et le poil à peine plus long que celui de nos Lièvres, prend en hiver une fourrure très épaisse et d'un blanc de neige. Son poil prend facilement toutes les teintes; c'est pourquoi il se teint en gris bleuté, gris ardoisé, façon Chinchilla, façon Civette, en marron, en noir, etc.

Il s'en importe annuellement environ cinq millions de peaux; les maisons de Lyon se sont fait une spécialité du travail de ces peaux et en exportent, sous forme d'objets fabriqués, une grande quantité pour l'Italie et l'Espagne. Les peaux d'été sont désignées comme Lièvres gris; les peaux d'hiver, comme Lièvres blancs.

Les qualités sont différenciées par leur poids; on les vend apprêtées au cent en indiquant le poids du mille de peaux : neuf, onze, treize pouds, et enfin les extra-choix. Le **poud russe** correspond à 16 kilogrammes de notre poids décimal.

Les peaux sont tannées en Russie, et chaque peau étant marquée par un petit plomb, cette marque augmente forcément le poids réel des peaux.

Les Alpes fournissent également le Lièvre variable, mais la quantité en est trop minime pour pouvoir en faire un article de commerce.

Le Chinchilla

De tous les Rongeurs que le fourreur emploie, le plus recherché est sans contredit le **Chinchilla** (même nom en anglais).

C'est cependant un bien proche parent de notre Lapin de garenne, seulement plus petit; mais quelle différence de finesse de poil, de beauté de nuance, et aussi de rareté!

Naturellement, vu cette rareté, lorsque la mode adopte la fourrure du Chinchilla pour la parure des dames élégantes, la valeur augmente tout de suite considérablement, et on paye actuellement de 600 à 1.200 francs pour une de ces belles petites peaux.

Ce nom de Chinchilla vient probablement des Suédois, qui, les premiers, ont importé ces fourrures du Chili. « Chin » veut dire peau en suédois, d'où Chin-Chili, peaux du Chili, et de là Chinchilla.

C'est, en effet, dans ces contrées au ciel sans nuages, dans ces rochers parsemés de sables fins et toujours secs, que ce joli animal peut, sans risques pour sa fourrure si soyeuse et si fine, aux reflets

si tendres et si chatoyants, abriter dans des cavités ensoleillées sa
timidité naturelle et son manque de défense. Si, encore, il n'avait à
craindre que les grands oiseaux carnassiers, il échapperait peut-être
à leurs serres cruelles ; mais, pour répondre aux caprices de la
mode, l'homme fait une guerre acharnée à ce pauvre Chinchilla,
dont la race aurait bientôt été éteinte, si on n'avait pas pris des
mesures sévères de protection pour cet animal, comme on a dû le
faire pour les Phoques à fourrure, pour la Martre zibeline, le Castor,
et même pour le Rat gondin.

Fig. 1. — LE CHINCHILLA
(1/5ᵉ de grandeur naturelle)

Le Chinchilla s'habitue parfaitement à l'homme, et, comme
l'Écureuil chez nous, il fait au Chili la joie et le jouet des enfants.

La plus belle variété de Chinchilla, que nous nommons le **Chinchilla vrai** (en angl. *Real Chinchilla*), nous vient du Pérou et de la
Bolivie, dans le district montagneux d'Arica, au croisement des
Andes péruviennes et des Andes chiliennes.

Le Chinchilla craint le froid ; il ne se hasarde pas dans la région
des hautes Andes, ni au Sud du 32ᵉ degré de latitude ; on ne le voit
que dans la chaîne côtière et dans la zone intermédiaire, sur les
avant-monts andins. (Élisée Reclus.)

Le Chinchilla est herbivore comme le Lapin, et sa chair est
excellente à manger.

Au Chili, on trouve une variété plus petite que le Chinchilla vrai ; elle est connue sous le nom de **Chinchilla bâtard**. Sa fourrure est moins élevée en poil et de nuance moins chatoyante.

La contrée de Buenos-Ayres fournit le **Chinchillone** ou Lagotis. Sa taille est double de celle du vrai Chinchilla ; sa fourrure est aussi élevée en poil, mais la nuance est jaunâtre, et la valeur de cette peau n'est pas à comparer à celle du vrai Chinchilla.

La Viscache

Il en est de même de la Viscache qui habite les pampas ou plaines de la république Argentine et de la Patagonie.

Elle y vit en troupes si nombreuses que ses galeries, qui sillonnent le terrain, rendent celui-ci dangereux pour les chevaux qui le traversent.

Aussi les habitants font à la Viscache une chasse acharnée.

Fig. 2. — La Viscache
(1/5ᵉ de grandeur naturelle)

Comme le Chinchilla, elle est herbivore. Elle se nourrit de racines et des tiges d'un genre de chardon très abondant dans les pampas.

L'Ondatra, les Rats

Une autre famille de Rongeurs, encore plus répandue que celle du Lapin, est celle des Rats.

Le docteur Chenu en indique 139 variétés connues, mais la plus intéressante pour le pelletier et le fourreur est sans contredit l'**Ondatra** (en angl. *Musquash*).

Sa longueur est d'environ 35 centimètres, du museau à la naissance de la queue. Sa hauteur, au train de devant comme au train de derrière, est d'environ 10 centimètres.

Ce Rat, qu'on a appelé le pain des fourreurs, est un des animaux qui fournissent le plus de dépouilles à l'industrie de la fourrure.

Il est répandu dans toute l'Amérique du Nord, et particulièrement au Canada, dans le Minnesota, le Visconsin, la Pensylvanie et

Fig. 3. — L'ONDATRA ou RAT MUSQUÉ
(1/3 de grandeur naturelle)

le Delaware. Il habite les bords des fleuves et des lacs, des marais et des étangs, et se construit, pour l'hiver, des huttes à peu près dans le genre de celles des Castors.

« C'est pendant l'automne que ces Rongeurs se réunissent en nombre, et le plus souvent par famille; ils choisissent près du rivage un emplacement qui puisse les mettre à l'abri des inondations, tout en leur permettant d'établir des communications avec l'eau, et, alors, ils s'occupent à tirer, ordinairement du fond de la rivière, la terre argileuse qui doit servir de base à leur construction; ils la pétrissent fortement avec leurs pattes en la mélangeant à des débris de joncs, et, après l'avoir convenablement préparée, ils en forment une espèce de dôme. Cette hutte a environ neuf à douze centimètres d'épaisseur; elle est recouverte à l'extérieur par une couche de joncs épaisse de vingt-quatre à vingt-sept centimètres; sa grandeur varie suivant le nombre des individus qui doivent l'habiter, et leur est proportionnelle; et, quand elle n'est destinée qu'à six seulement, son diamètre, en tous sens, est de soixante-six centimètres environ.

» Une ouverture est ménagée pour communiquer immédiatement avec la terre; mais elle se ferme quand les grands froids sont arrivés. Plusieurs canaux souterrains conduisent de l'intérieur de l'habitation au fond de la rivière. C'est par ces dernières issues que l'Ondatra va chercher sa nourriture et qu'il essaye de s'échapper lorsque quelque danger le menace. » (Dr Chenu.)

La couleur de ce Rat varie assez sensiblement; cependant, en général, le dos est brun jaunâtre et le ventre plus clair. Mais il y a des individus presque noirs, que nous appelons **Rats bleus**. Ils sont plus abondants parmi les Rats provenant des États-Unis que parmi ceux provenant des contrées plus septentrionales; leur cuir est généralement plus épais.

La tête du Rat est large et aplatie comme celle de notre Rat d'eau; le corps est ramassé et bas sur pattes; la queue est aplatie latéralement et garnie d'écailles comme celle de nos Rats; les pattes sont nues, armées d'ongles acérés, et les doigts ne sont pas palmés.

Le Rat, le mâle comme la femelle, sécrète, à l'époque du rut, dans deux glandes situées vers les parties génitales, un suc blanchâtre à odeur de musc très forte, qui lui a fait donner le nom de **Rat musqué**, sous lequel il est bien connu, bien que ce nom appartienne à un autre animal, dont je parlerai plus loin.

On lui donnait aussi improprement le nom de **Vison d'Amérique**.

L'Ondatra est végétarien; il peut rester assez longtemps sous l'eau et y plonge avec rapidité dès qu'il se sent observé.

La femelle met bas trois fois par an de trois à cinq petits; ses mamelles sont au nombre de dix; six sont placées sous la poitrine, les deux supérieures assez rapprochées l'une de l'autre ; les suivantes vont en s'écartant davantage ; quatre sont sous le ventre, mais à l'aspect du cuir, où les mamelles supérieures sont très visibles tandis que les inférieures sont desséchées et comme cicatrisées, on reconnaît que celles-ci devaient être souvent stériles.

Le Rat, comme tous les Rongeurs, a une énorme puissance de reproduction ; et, comme le Lapin, il arriverait à être une vraie plaie si, dans les contrées où il vit, la nature n'avait mis le remède à côté du mal.

Ces animaux, moins migrateurs que leurs frères terriens, ne pouvant s'éloigner des eaux, car ils marchent difficilement, sont quelquefois surpris par les glaces, et il en meurt des quantités ; il arrive aussi que, poussés par la faim, ils se livrent des combats acharnés. On croit qu'ils arrivent à se dévorer entre eux.

Les peaux sont souvent abîmées par des coups de dents et de griffes.

La réparation et le travail du Rat sont certainement un des ouvrages du pelletier-fourreur, où il trouve le plus complètement à exercer ses connaissances et l'application de tous les principes du métier.

Aussi, jeunes apprentis qui me lirez, et qui demandez si souvent au patron ou au contremaître de vous faire travailler de la Martre, croyez qu'il est plus malaisé de tirer proprement parti d'un lot de Rats à réparer et à travailler en nappettes que de couper de la Martre, fût-elle Zibeline ; et un travail bien fait avec du Rat méritera au futur ouvrier fourreur des éloges qui ne lui seront pas marchandés par ses anciens, qui en connaissent les difficultés.

Rien ne se perd d'une peau de Rat ; celle qui est trop ordinaire pour le fourreur sert à la coupe du poil pour le feutre extra, et les rognures mêmes se vendent assez cher au kilogramme. On en coupe le poil à la main.

La peau de l'Ondatra est très employée par le fourreur ; il en confectionne des objets de toutes façons, soit en la laissant à l'état naturel, soit en la teignant avec ses pointes ou en la rasant, l'épilant et la lustrant pour en faire la plus parfaite imitation de la Loutre de mer.

Elle est alors répandue dans le commerce et parmi la clientèle, sous le nom de **Loutre d'Hudson**, que toutes les dames connaissent.

Ce nom a été sans doute donné, parce que la Compagnie

ancienne et bien connue, qui porte ce nom de Compagnie de la Baie d'Hudson, importe chaque année une assez grande quantité de ces peaux. Je vais citer quelques chiffres :

En 1863 : 356.904 peaux ;
— 1891 : 554.104   —
— 1910 : 700.000   —
— 1911 : 963.500   —
— 1914 : 1.036.440 —

La vente la plus importante de peaux de Rats par la Compagnie d'Hudson était celle de janvier. Je parlerai plus longuement de l'organisation des ventes aux enchères de pelleteries, à Londres, lorsque je parlerai du Castor.

A côté de la **Compagnie de la Baie d'Hudson**, d'autres grandes maisons d'importation de pelleteries, à Londres, font vendre quatre fois par an, habituellement en janvier, mars, juin et octobre, les pelleteries qu'elles ont reçues en consignation des cinq parties du monde.

Je citerai particulièrement les maisons **C. M. Lampson et C°** ; **Fred. Huth et C°**. Deux maisons françaises, sous les noms de **Société du Marché français des fourrures et pelleteries** et de **G. Grosfillex**, ont organisé aussi des ventes de pelleteries à Paris. Une autre société française, les **Établissements Révillon Frères**, de Paris, a fondé des centres d'achats pour l'importation directe, à Montréal, à Fort-Edmonton, et dans d'autres localités de l'ancien et du nouveau continent. Il y a également des ventes aux enchères de pelleteries à **Copenhague** et à **New-York** (États-Unis). D'autres importateurs mettent en vente plus spécialement les pelleteries de Chine et d'Australie. Je les citerai lorsque je parlerai de ces provenances.

Pour donner une idée de la production annuelle des peaux de Rats, je relève, sur les catalogues des ventes à Londres, qu'en 1911 la maison C. M. Lampson a fait vendre, aux ventes de janvier : 1.246.283 peaux ; de mars : 1.288.050 ; de juin : 604.104 ; d'octobre : 321.864, soit au total, pour l'année 1911 et pour cette seule maison, 3.460.301 peaux.

Si, à ce chiffre, on ajoute le nombre vendu par les autres maisons de Londres ou, directement, par les maisons américaines, on arrive facilement à un minimum de cinq à six millions de Rats employés chaque année.

La valeur réalisée par les peaux mises en vente par la Compagnie de la Baie d'Hudson peut facilement être prise comme base de comparaison, puisque, chaque année, les provenances et les qualités sont identiques.

Ainsi nous voyons que les Rats provenant du fort d'York et de première qualité se sont vendus en 1912 : 31 pence 1/2; en 1913 : 32 pence 1/2; en 1914 : 23 pence 1/2; en 1917 : 34 pence; en 1920 : 312 pence; en 1921 : 96 pence; en 1922 : 120 pence; en 1923 : 100 pence.

Mais il faut tenir également compte de la fluctation du change; aussi la livre sterling qui était cotée avant la guerre à 26 francs arrivait à 48 francs en 1920 et en août 1923 à 83 francs.

Les lots mis en vente sont classés en taille et qualité; on met à part les peaux lourdes en cuir (*heavy*) et les peaux tirées au coup de feu (*shot*). Les Rats noirs sont en général plus lourds en cuir que les bruns; ils sont moins fins en poil. Cela tient à leur provenance plus méridionale, plus spécialement du **New-Jersey** et du **Delaware**.

A ce propos, j'indiquerai dès à présent une règle presque générale en zoologie, et qui s'applique à toutes les peaux à fourrure.

Plus un animal vit près du Pôle ou à une haute altitude, plus son cuir devient mince et son pelage épais. Plus la contrée est chaude, plus le cuir devient épais et le poil rare.

Comparez, par exemple, le Bœuf musqué du Pôle et le Rhinocéros de l'Équateur.

Et deuxième règle : Les contrées froides et sombres produisent des pelages de nuances neutres : le blanc, le gris, le brun, tandis que dans les contrées chaudes les nuances deviennent plus vives, plus éclatantes.

Comparez l'Isatis et l'Once au Renard tricolore de la Virginie, à la robe magnifiquement tigrée ou mouchetée de la Girafe, du Zèbre ou de la Panthère.

L'humidité agit défavorablement sur la fourrure des animaux terrestres; le duvet est moins dense et les nuances moins vives.

Les climats continentaux, c'est-à-dire loin de la mer, sont favorables au développement du duvet. Nous en avons un exemple en France par nos Fouines et nos Renards, qui, selon leur provenance des montagnes de l'Est, Vosges, Jura, Alpes, ou des plaines de l'Ouest diffèrent considérablement de taille et de qualité.

Le Myopotame ou Rat gondin

Un animal de la même famille que l'Ondatra de l'Amérique du Nord est fourni par l'Amérique du Sud, mais il se différencie par un caractère zoologique tout particulier.

L'aspect général est bien celui de l'Ondatra en plus grand et plus élevé sur pattes ; mais, à l'inverse de tous les autres animaux, ses mamelles sont sur son dos, à droite et à gauche, à cinq ou six centimètres de l'arête dorsale.

Fig. 4. — LE CASTOR DU CHILI
(1/5ᵉ de grandeur naturelle)

Cette disposition permet au **Myopotame**, que nous appelons aussi **Rat gondin**, **Castor du Chili** et **Nutria**, de transporter ses petits en les allaitant, tout en cherchant sa nourriture dans la vase liquide.

Le Rat gondin se creuse des terriers comme nos Rats d'eau; il est végétarien et facile à apprivoiser.

Il est commun aujourd'hui dans nos jardins zoologiques et se reproduit facilement en captivité.

On nous exhibe, dans les foires, des soi-disant Rats monstres ayant dévoré des enfants vivants; ce ne sont que d'inoffensifs Myopotames qui préfèrent de beaucoup une carotte à de la chair, même jeune et tendre.

Combien on exploite l'ignorance du public! et combien il serait préférable de lui faire connaître la vérité bien plus intéressante : c'est que le Myopotame est un des animaux les plus curieux de la nature; que, comme le Tatou géant et les Kangourous de la Nouvelle-Zélande, il est un des descendants les plus parfaits des races d'animaux préhistoriques et presque contemporaines des grands Sauriens.

Le dos du Rat gondin est couvert de grands poils roux et assez raides. Le duvet est rare sur le dos et assez foncé, les parties entourant les mamelles sont presque nues, tandis que le ventre, lorsque l'animal a été tué en bonne saison, a un duvet serré, brun clair et couvert de poils plus fins et plus clairs que ceux du dos.

Comme c'est le ventre qui s'emploie en fourrure, afin de conserver celui-ci en une seule partie, on a soin de fendre la peau de l'animal sur le dos à l'écorchage, de sorte que les peaux que le fourreur travaille ont le dos sur les côtés et le ventre entre deux. Ceci se produit également pour les peaux d'oiseaux, tels que les Cygnes, les Oies, les Grèbes, et pour les peaux dont le ventre se travaille comme partie principale de l'objet, comme c'est le cas pour le Rat musqué de Russie.

La fourrure du Rat gondin s'emploie épilée et dans sa nuance naturelle.

Quelquefois, pour lui donner du brillant, on mouille le poil avec de l'eau acidulée avec un peu d'acide sulfurique, ou avec de l'alcali étendu d'eau, et, lorsque la peau est à peu près sèche, on la repasse avec un fer aussi chaud que le poil peut le supporter sans se friser. Les meilleures sortes de Rats gondins proviennent de la Patagonie, et sont de bonne taille, fournies et de bonne nuance. Elles se suivent ensuite dans l'ordre suivant : celles de Maypu; puis, de Buenos-Ayres; puis, de Montevideo; et puis, en dernier, celles du Grand-Chaco. Quelques contrées fournissent les peaux en « poches » tirées en longueur; ces peaux sont généralement de bonne taille et légères en cuir, elles sont souvent un peu moins fournies que les bonnes

sortes moyennes, mais de bonne nuance. Les meilleures « poches »
sont celles de Florès ; les Parana, plus fournies que les Florès, mais
plus jaunes et plus claires ; les Montevideo, très brunes, et souvent
tachées en nuance. Les grandes peaux pèsent de 26 à 28 kilos le
cent, les moyennes de 20 à 21 kilos et les petites de 14 à 16 kilos.
Les prix actuels sont assez élevés, il faut compter de 60 à 85 francs
pour une peau apprêtée et épilée.

On teint aussi le Rat gondin en Loutre comme imitation du
Seal. Une grande partie des peaux importées étant de qualité inférieure pour la fourrure, celles-ci sont employées pour la fabrication
du feutre.

La mode actuelle favorise la vente du Rat gondin, qui s'est beaucoup employé en écharpes et en vêtements entiers pour dames. Cette
fourrure offre beaucoup de qualités : légèreté, souplesse de cuir,
nuance agréable et résistance à l'usure. On ne peut lui reprocher
que de feutrer et de se frotter facilement au porter.

Je dois remarquer, dès à présent, que, dans les estimations de
valeur que je donne, j'entends parler d'une bonne qualité, car il n'y
a pas de limite au mauvais. Quelque élevée que soit la valeur d'une
bonne peau : quelques centaines de francs, la peau de rebut, qui
trouve cependant son emploi pour des fabrications spéciales, telles
que le jouet d'enfant, peut très bien ne valoir que quelques centimes ; aussi, aux ventes aux enchères, les qualités sont classées
jusqu'en cinq sortes descendantes.

Le Castor

Le Castor (angl. *Beaver* ; voir la fig. 5). Nous revenons à l'Amérique du Nord pour trouver le roi des Rongeurs : le **Castor du Canada**.

Le Castor est sensiblement en grand ce que le Rat ondatra est
en petit. Il vit encore plus au Nord que celui-ci, et il recule constamment plus près du Pôle, par suite de l'approche de l'homme
qu'il a d'ailleurs de bonnes raisons de craindre.

Le Castor, cependant, n'est pas farouche de nature, et les Indiens du nouveau monde, Iroquois, Algonquins, Hurons, en faisaient
un commensal et un compagnon domestique. Le Castor était répandu également en Europe, jusque dans nos contrées, il n'y a que
quelques siècles.

Fig. 5. — Le Castor du Canada
(1/10e de grandeur naturelle)

En vieux français, on les nommait **Bièvres**; la petite rivière qui traverse Paris et qui porte ce nom de la Bièvre fut ainsi appelée des Bièvres qui la peuplaient; ils avaient des colonies établies le long du Rhône, et chaque année, dans les parages d'Avignon et de Tarascon, un Castor tombé sous les plombs d'un chasseur de gibier d'eau atteste la survivance de cette race dans notre pays.

Il serait bien à désirer que cette chasse fût interdite comme elle l'est dans d'autres contrées pour le Bouquetin ou le Bison, afin de conserver à notre Faune indigène quelques familles de ces intéressants animaux.

Chacun a entendu parler de la merveilleuse industrie du Castor, de son habileté à construire des digues et des huttes, de son adresse à se servir de sa queue large et plate comme d'une truelle pour gâcher la terre, la battre, et enfin l'étendre, comme un mortier, avec son corps sur l'entrelacs de branches qui forme la charpente de ses constructions. Ce qui est étrange, c'est de voir avec quelle ingéniosité le Castor sait abattre un gros arbre et le faire tomber dans la direction qu'il a choisie.

Pour cela, il ronge circulairement, bien commodément à sa portée, c'est-à-dire à environ 20 à 25 centimètres du sol, l'arbre qu'il a entamé, et fait sa coupe plus basse et plus profonde du côté où l'arbre doit tomber.

A force de patience et sans se lasser de ronger son anneau circulaire, le Castor finit par avoir raison de l'arbre le plus gros, et celui-ci ne tient bientôt plus que par un mince pivot que le moindre coup de vent fera casser du côté où la coupe est plus basse et plus profonde.

A la dernière exposition franco-britannique à Londres, le Dominion of Canada avait présenté dans un diorama un groupe de Castors vivants travaillant dans l'eau et au bord comme en pleine liberté.

C'était une des curiosités les plus intéressantes de cette exposition, surtout pour les fourreurs et les amateurs zoologistes.

Le Castor produit chaque année, en mai, de quatre à huit petits; la chair en est comestible, comme celle de tous les Rongeurs, et il paraît que la queue est un morceau délicat. La queue est couverte d'écailles et ressemble à un poisson; c'est peut-être pour cela que, chez les Canadiens catholiques, la viande du Castor est considérée comme maigre.

La plus grande partie des peaux de Castors importées actuellement l'est par la Compagnie de la Baie d'Hudson, dont j'ai déjà dit deux mots à propos des Rats ondatra.

Jusqu'à la perte de notre colonie du Canada et depuis le traité d'Utrecht en 1713, qui nous avait fait perdre la Nouvelle-Écosse et Terre-Neuve, une partie des pelleteries de ces contrées était importée directement en France par la Rochelle.

En 1743, il fut mis en vente, en cette ville :

127.080 peaux de Castors, 16.512 d'Ours, 110.000 de Marmottes, 30.328 de Martres, 1.700 de Visons, 9.000 de Loutres, 3.500 de Pécans, 1.220 de Lynx, 1.267 de Loups, 9 de Gloutons, 10.700 de Renards.

Et puisque je parle du Canada et de la Baie d'Hudson, je désire ouvrir ici une parenthèse et rappeler en quelques lignes l'histoire de notre colonie du Canada et l'origine de la Compagnie de la Baie d'Hudson.

Le Canada et la Baie d'Hudson

En 1534, sous François Ier, **Philippe Chabot**, grand amiral de France, gouverneur de Bourgogne, commissionna **Jacques Cartier**, de Saint-Malo, pour un voyage d'exploration dans l'Amérique septentrionale. Celui-ci, le 20 avril 1534, appareilla de Saint-Malo avec deux vaisseaux de 60 tonneaux et 120 hommes d'équipage.

Il prit possession de la côte du Labrador, au nom du roi de France.

A son second voyage, il remonta le Saint-Laurent et donna le nom de Mont-Royal à une colline près du village indien de Hochelaga.

Cette ville est devenue **Montréal**.

Par la suite, Champlain, sous Henri IV, fit plusieurs voyages au Canada. Il fonda, en 1628, la ville de **Québec** et y mourut en 1635.

En 1628, **Richelieu**, qui avait compris la valeur de cette colonie, suscita une compagnie considérable, qui prit le nom de **Compagnie de la Nouvelle-France**, et lui donna le privilège commercial du Canada.

Malheureusement, les discussions étaient toujours renaissantes entre les indigènes, Algonquins et Iroquois, et Champlain eut le tort de se mêler à leurs querelles, au lieu de rester leur arbitre et leur maître.

En 1664, **Colbert** fonda la **Compagnie des Indes occidentales**.

Mais la mauvaise administration, l'incurie et les malversations des gouverneurs, les intrigues de la Cour à Paris, amenèrent la déconfiture de cette Compagnie. Enfin, en 1759, Québec dut capituler devant l'armée anglaise. **Montcalm** et **Wolf**, les deux adversaires, reposent à Québec, « unis par la mort, par la gloire et par la tombe commune que leur donna la postérité ».

Par le traité de Paris en 1763, la Nouvelle-France, la plus belle colonie que nous ayons jamais possédée, tombait définitivement entre les mains des Anglais.

Nos compatriotes, fidèles au souvenir de la mère-patrie, surent conserver leurs mœurs, leur religion, leur langue même. Je lis dans Élisée Reclus, à propos des Canadiens français :

« Cependant, c'est bien à la France moderne que, par un instinct secret, aime à se rattacher la population des bords du Saint-Laurent. Lors des grandes fêtes nationales, quand tous les édifices privés et publics s'ornent de drapeaux, de banderoles, de guirlandes, de branches d'érables, il est facile de voir de quel côté se portent les sympathies populaires. Les couleurs britanniques flottent sur les palais du gouvernement, les tribunaux, les églises ; quelques drapeaux américains, un plus grand nombre d'étendards aux armes papales sont arborés çà et là ; mais, à en juger par l'aspect général des rues, le pavillon national des Canadiens est bien celui de la France actuelle. En 1870, les volontaires canadiens accoururent en grand nombre pour prendre part à la défense du sol français. »

En 1914, comme alors, ils sont venus se joindre à nous pour combattre aux côtés de leurs anciens frères, dans cette guerre contre l'Allemand, plus sauvage que l'Iroquois et l'Algonquin ; et ils sont tombés côte à côte, unis, comme Wolf et Montcalm, par la mort, par la gloire, par la tombe commune ; unis, comme ils le sont dans nos cœurs, par la reconnaissance ; unis, comme il le seront dans l'histoire, par leur victoire commune.

En 1920, à l'occasion de son 250ᵉ anniversaire, la Compagnie de la Baie d'Hudson a offert à ses amis un travail magnifiquement édité et illustré qui présente un véritable enseignement pour tous ceux qui s'intéressent au développement des pelleteries. C'est une relation fidèle et sans réclame de l'origine du développement de la Compagnie et de sa situation et organisation actuelles. Des monographies spéciales aux animaux à pelleteries dont les peaux sont mises au commerce par la Compagnie intéressent le pelletier.

J'y ai lu aussi, avec le plus vif plaisir, la reconnaissance par la Compagnie de la grande part que nos compatriotes ont prise à l'exploration de ces territoires inconnus et désolés.

On est émerveillé de l'héroïsme que ces hardis pionniers ont dû déployer pour entrer en relations avec les indigènes, et arriver à y fonder des établissements à demeure pour faire un commerce d'échange avec eux.

A ce moment-là, les pelleteries étaient les seuls produits du pays susceptibles d'être transportés et échangés, et ce n'est que par l'échange des produits que les peuples arrivent à fraterniser et à se comprendre.

Les premiers pionniers arrivés dans ce territoire poursuivaient un but trop idéal : l'exploration de la contrée et la conquête des âmes par les missionnaires. Ce dernier but n'aurait peut-être jamais été atteint et le premier fort compromis, si de hardis compagnons n'avaient essayé de pénétrer dans l'intimité des indigènes par un échange de bons procédés et de produits; puis, par la suite, l'échange d'idées et l'adoucissement des mœurs.

Parmi ces hardis compagnons, la Compagnie cite au premier rang deux de nos compatriotes : Pierre RADISSON et GROSEILLIER. Ce dernier était plus âgé que Radisson et était marié à la sœur de celui-ci.

Je regrette de n'avoir pas trouvé les noms de ces deux Français, auxquels la Compagnie de la Baie d'Hudson rend un juste hommage, dans aucun dictionnaire où on trouve, cependant, tant de noms qui pourraient être oubliés sans regret.

A propos de Radisson, je traduis très librement ce qu'en dit la Compagnie : « Au printemps de 1652, un garçon de 17 ans, Pierre Radisson, quitta le blockaus des Trois-Rivières sur la rive nord du Saint-Laurent, pour une journée de chasse avec deux compagnons. C'était un jeu dangereux, car les Iroquois rôdaient dans le voisinage. Les deux compagnons retournèrent sur leurs pas, et Radisson resta seul.

» La journée de chasse avait été fructueuse. Radisson, sur sa route, au retour, ne trouva que les corps scalpés de ses deux compagnons, et fut lui-même capturé par les Iroquois.

» Ce ne fut pas sans une belle défense, et sa bravoure fit impression sur les Indiens. Diplomatie et courage sauvèrent sa vie, et il fut donné comme fils à une femme qui avait été adoptée par la tribu.

» Après un certain temps, il s'échappa, mais, bientôt repris, il ne pouvait s'attendre à un autre sort que la mort par la torture. Le grand Conseil s'assembla pour décider de son cas. Son père adoptif implora pour lui, et la mère, se glissant dans le wigwam, chantant des chants de bataille et de valeur, dansant et gesticulant, mimant, par une pantomime expressive, les batailles du temps passé, exaltait la bravoure et la fierté du jeune homme qu'elle ne voulait pas laisser sacrifier.

» Les vieux Sachems sont troublés; l'un après l'autre se lève et prend la parole. A la fin, le chef qui avait adopté Radisson pour son fils coupe les liens du captif, et, aux applaudissements et aux cris de joie de l'assemblée, le jeune blanc est déclaré libre de continuer à vivre encore deux ans, au milieu de la tribu.

» Par leur connaissance de la contrée et leurs relations avec les Indiens, dont ils avaient su gagner la confiance, **Radisson** et son beau-frère **Groseillier**, qui avait été admis comme ami, aidèrent grandement à l'établissement de la Baie d'Hudson.

» **Radisson** et **Groseillier** bâtirent en deux jours, en 1661, le premier fort et le premier poste d'échange de pelleteries entre le Missouri et le Pôle nord.

» Ainsi commença l'exploration et la mise en valeur de ce Far-West, dont on a tant parlé et sur lequel on a tant écrit.

» La façon dont Radisson et Groseillier défendirent leur fort contre les Indiens, est intéressante. Ils étaient à plus de 3.000 kilomètres de tout secours; ils attachèrent des cloches reliées entre elles par des cordes cachées dans l'herbe : ce furent leurs factionnaires.

» Ils avaient entouré leur fortin d'un cercle de tubes d'écorce de bouleau entourées de cordes et chargées de poudre. Au moment de l'alarme, une torche y mit le feu; les Indiens virent un cercle magique de feu qui défendait l'approche des deux hommes blancs. » (*The Governor and Company of Adventurers of England Trading into Hudson's Bay during two hundred and fifty years, 1670-1920,* p. 15.)

Pendant la guerre 1914-1918, la Compagnie mit sa flotte au service des Alliés et put débarquer, dans nos ports français de l'Ouest, vivres et munitions. Elle nous a aidé de tout son pouvoir, qu'elle en reçoive l'expression de notre reconnaissance. Je reviens aux débuts de la Compagnie de la Baie d'Hudson.

Le monopole des pelleteries, octroyé à la Compagnie de la Nouvelle-France, avait suscité des concurrents sérieux parmi les colons anglais établis dans le territoire concédé à la **Compagnie de Plymouth** par le roi Jacques Ier, en 1606.

Ce territoire comprenait la Nouvelle-Écosse, le Nouveau-Brunswick, le Canada, la Nouvelle-Angleterre, le New-York, la moitié du New-Jersey.

Cette Compagnie payait les peaux plus cher aux Iroquois, et un trafic important de pelleteries se faisait déjà par New-York.

D'un autre côté, le Français **Groseillier**, dont j'ai parlé, le prince **Rupert**, amiral anglais sous Charles Ier et Charles II, le **duc d'Albemarle** et le **comte de Crawe** fondèrent une société pour une expédition à la Baie d'Hudson.

Groseillier et l'Anglais **Gillam** en eurent le commandement et établirent le **fort Charles**.

A leur retour, en janvier 1670, le roi Charles II leur octroya une charte qui leur assurait la possession de la Baie d'Hudson et de tous les territoires à l'est de celle-ci.

Ce fut le commencement de la **Compagnie de la Baie d'Hudson**. Elle ne resta pas sans concurrence. Dès 1783, des Canadiens avaient formé la **Compagnie du North-West**, et bientôt les deux Compagnies en vinrent aux mains.

L'État ne se mêlait pas de leurs affaires, puisqu'elles étaient chez elles ; elles furent obligées d'avoir chacune leur troupe armée, et elles établirent des forts sur leur territoire.

Ces forts servirent en même temps de magasins d'approvisionnements et de postes d'échanges avec les indigènes et les trappeurs pour la récolte des pelleteries.

Après des années de luttes, qui ruinaient les Compagnies et amenaient les dividendes à zéro, elles fusionnèrent, et la Compagnie de la Baie d'Hudson resta seule maîtresse du terrain. En 1863, une Société financière, genre du Crédit mobilier, a racheté tout l'actif de la Compagnie, et, pour les actions qui étaient émises à 100 livres sterling et qui en valaient à ce moment le double, elle paya le triple de la valeur d'émission, soit 300 livres sterling = 7.500 francs. Le capital fut porté à deux millions de livres sterling, soit cinquante millions de francs.

Les échanges avec les indigènes se faisaient, comme indiqué plus haut, dans les forts disséminés sur la surface du territoire ; ces forts sont actuellement au nombre de 129, sur lesquels flotte le drapeau de la Compagnie avec ses initiales H. B. C.

Je ne citerai que les principaux, avec les initiales par lesquelles ils sont désignés sur les catalogues de pelleteries mises en vente par la Compagnie et qui indiquent la provenance tout au moins régionale des pelleteries offertes : YF : Fort d'York ; MKR : Mackensie River ; MR et EM : Moose River et East-Maine ; FG : Fort Georges ; EB : Baie des Esquimaux (Labrador)'; Can⁸ : Canada (contrée du Saint-Laurent); NW: North-West; LWR : Little Whale River.

Chaque année, la Compagnie d'Hudson fait tenir un compte exact de tous les approvisionnements procurés par les chasseurs dans chacune des stations du Grand Nord, afin de régler la marche des voyageurs et de donner rendez-vous aux Indiens, fournisseurs de pelleteries.

Souvent les trappeurs n'ont eu d'autre nourriture que les courroies dont ils se servent pour envelopper leurs paquets de pelleteries : ballots d'environ 40 kilogrammes, composés de peaux fines, qu'enveloppent des fourrures plus grossières. (É. Reclus.)

Les peaux, soigneusement écorchées et séchées par les trappeurs, étaient échangées suivant un tarif élaboré par la Compagnie, lequel avait pour étalon la valeur d'une peau de Castor. Encore en 1863, la Compagnie estimait que : une peau de Castor valait trois peaux de Martres, un Castor valait un Lynx ou une Loutre, mais un Renard argenté valait quatre Castors.

Le trappeur recevait des pièces de métal, frappées aux armes de la Compagnie, au recto. Le verso indiquait le district par des initiales et la valeur en unité de Castor, soit l'unité, ou la moitié, ou le quart, ou le huitième.

Ces pièces servaient de monnaie pour l'achat, dans le magasin de la Compagnie, des objets usuels également tarifés par la Compagnie. Ainsi, pour la représentation en monnaie de : une peau de Castor, il pouvait avoir une once de couleur rouge, ou bien un linge, ou six onces de tabac, ou une petite glace, ou six pipes en terre, ou un peigne en corne, ou un couteau, ou dix pierres à fusil, ou dix-huit balles de plomb, ou douze boutons en laiton ; mais, pour obtenir une couverture en laine, il lui fallait avoir livré la valeur de 10 Castors ; pour une chemise de coton, 3 Castors ; pour une veste de matelot, 12 Castors ; pour un chaudron de cuivre, 16 Castors ; pour un fusil, 20 Castors.

On voit, par ce tarif, qui constituait cependant une énorme différence entre le prix d'achat primitif et le prix présumé de vente pour certains articles demandés (cette proportion pouvait arriver au 1/100ᵉ), quels frais généraux considérables la Compagnie devait avoir à supporter pour ne réaliser que des bénéfices ordinaires. Il faut dire cependant que la moyenne des dividendes était de 10 %, plus un boni supplémentaire de 10 % tous les vingt ans.

A la dernière Assemblée générale des actionnaires de la Compagnie, tenue le 29 juin 1914 au City Terminus Hotel, à Londres, le rapport des Commissaires indiquait pour l'exercice 1913-1914 une baisse générale sur la valeur des pelleteries. Seuls, les Renards bleus et croisés avaient réalisé une hausse de 16 % et plus. Par contre, les Rats avaient baissé de 40 % ; les Lynx, de 38 % ; les Martres, de 30 % ; les Visons, de 26 % ; les Renards blancs, de 19 % ; les Ours, de 35 % ; les Hermines, de 39 %. La Compagnie distribua un dividende total de 40 %.

Elle avait réalisé, par la vente des terrains, une somme de onze millions et demi de francs, au prix moyen d'une centaine de francs par journal (25 ares).

L'année précédente, cette vente de terrains avait produit dix-sept millions et demi de francs.

Mais, pour la Compagnie, comme en tous commerces, la concurrence s'est faite de plus en plus âpre ; les trafiquants américains n'ont pas craint d'affronter des voyages longs et dangereux pour acheter aux trappeurs et aux Indiens les plus belles peaux de leur collection, en les leur payant en monnaie, et surtout en leur vendant bien cher l'eau-de-vie. L'eau de feu (ainsi l'appellent les indigènes), dont ils sont si friands, plus que le fer, le feu, la faim, finira par avoir raison de cette race aujourd'hui déchue, et dont les survivants sont réduits à vivre misérablement en fabriquant et vendant, surtout aux étrangers, des objets de vannerie, de peaux ou d'autres curiosités du pays. « Et c'est tout ce qui reste de ces Hurons et de ces Iroquois, qui s'étaient superbement qualifiés d'« hommes supérieurs à tous les autres. » (É. Reclus.)

Quelles leçons et quels enseignements !

A l'honneur de la Compagnie de la Baie d'Hudson, il faut dire qu'elle s'est opposée aussi longtemps qu'elle l'a pu à la vente d'eau-de-vie aux indigènes, et a dû moderniser ses systèmes commerciaux ; aujourd'hui, elle paie les peaux suivant leur valeur, et elle donne aussi quelques milliers de francs pour une belle peau de Renard argenté foncé.

C'est à propos du Castor que j'ai rappelé l'histoire du Canada et de la Compagnie de la Baie d'Hudson. On vient d'en voir la raison ; c'est que le Castor est l'ancien étalon de valeur des pelleteries, et, en outre, il nous rappelle nos frères les Canadiens français (les Jean-Baptiste, comme on les appelle là-bas) ; le Castor est leur symbole, comme la Louve était celui des Romains.

Les Ventes aux enchères à Londres

J'ai dit comment les marchandises étaient classées sur les catalogues par qualités : Ire, IIe, IIIe, IVe, V^e ; je vais indiquer comment les enchères se déroulent.

Ce que je dirai du Castor s'appliquera à toutes les pelleteries vendues par la Compagnie de la Baie d'Hudson, je n'y reviendrai pas. Les peaux étant amenées à Londres par les bateaux de la Compagnie, le *Pélican,* le *Discovery*, elles sont emmagasinées dans les bâtiments de la Compagnie, Lime-Street dans la Cité.

Là, des garçons de magasin, généralement d'anciens serviteurs de la Compagnie, que les années, les fatigues obligent à une vie moins dure que le travail des postes, classent ces peaux par qualités et les mettent en lots d'environ 150 peaux ; l'ensemble des lots de même sorte, provenance et qualité forme, si le nombre est plus considérable, un certain nombre de lots identiques, et compose ce qui s'appelle en anglais « a string » (une corde).

Quelques jours avant l'ouverture de la vente, les lots sont soumis à l'inspection des acheteurs ; ceux-ci reçoivent un catalogue imprimé indiquant : 1° la nature de la marchandise (Castors, Martres, Visons, etc.) ; 2° le nombre total de peaux de cette nature mis en vente ; 3° une ou deux initiales indiquant la provenance (par exemple, YF pour les Yorkfort) ; 4° le numéro d'ordre du lot ; 5° le nombre de peaux dont se compose le lot ; 6° un chiffre romain indiquant la qualité des peaux. Par exemple : YF — 123 — 1800 III indique que le lot n° 123 est composé de 1.800 peaux (dans l'espèce, il s'agit de Rats) de troisième qualité, provenant de la région du fort d'York.

Les lots sont indiqués : *dark* (peaux foncées), *pale* (claires), *small* (petites), *greasy* (tachées), *damaged* (endommagées) ; *cub* pour les jeunes peaux. S'il y a plusieurs lots semblables, ils se suivent sans autre annotation et sans séparation ; lorsque le string, la série semblable est épuisée, une barre horizontale sépare ces lots du lot suivant non pareil.

L'amateur, ayant vu l'échantillon (une liasse de quelques peaux) représentant aussi fidèlement que possible le lot, inscrit sur son catalogue ses remarques personnelles et le prix de son estimation.

Le jour de la vente arrivé, il se rend à la salle de vente, disposée en hémicycle, comme une salle de conférences, et s'assied à un des pupitres vis-à-vis de la tribune où le broker (commissaire priseur) de la Compagnie venderesse se place en face des acheteurs, aidé de deux ou plusieurs assistants et secrétaires. A l'heure précise fixée par le catalogue, la vente commence, et le premier lot est mis à prix.

Le vendeur indique une valeur et descend jusqu'à ce que l'un des acheteurs fasse signe, ne fût-ce que par un clignement d'yeux à l'adresse du vendeur qu'il accepte le lot à ce prix. Alors commence véritablement l'enchère. En tête de chaque marchandise indiquée au catalogue, est stipulée l'avance (c'est-à-dire le montant obligatoire) à laquelle chaque nouvelle offre est tenue pour enlever l'offre précédente. Cette avance varie depuis 1 farthing, soit un demi-sou, jusqu'à 5 livres sterling (125 francs) et toujours par unité de peau.

Supposons qu'un lot soit tenu à 6 shillings la peau par un acheteur. Si un concurrent veut lui enlever ce lot, il indiquera qu'il consent à payer l'avance indiquée. Si elle est de 3 pence, le broker dira : six trois ; un deuxième signe d'un autre acheteur, il dit : six six, puis six neuf, sept, etc., jusqu'à ce que personne ne bronche plus. Alors le broker répète une ou deux fois la dernière valeur offerte, et il frappe sur son pupitre avec un marteau. Le lot est adjugé ; les secrétaires prennent note du nom de l'acheteur et du prix, et, pendant ce temps-là, on est passé au lot suivant. Ces enchères sont ainsi poussées sans bruit, car on n'entend guère que les nombres répétés par le broker, et cela va très vite. On vend ainsi environ vingt lots en un quart d'heure. Il faut donc à peine une minute pour chaque lot.

On comprend, dans ces conditions, que l'acheteur doit avoir une expérience consommée et une grande sûreté dans ses estimations pour prendre une décision aussi rapide et qui se traduit quelquefois, pour lui, par un gros chiffre acheté. S'il n'était pas connu de la Compagnie venderesse, ou qu'il ne lui ait pas versé une provision suffisante, ou qu'il ne soit pas représenté par un commissionnaire connu acceptant la responsabilité des engagements pris par son client, la Compagnie peut exiger le paiement immédiat du quart de la valeur du lot acheté.

Le paiement est soumis à des conditions assez dures ; la délivrance des marchandises ne se fait qu'à l'acheteur ou à son représentant autorisé, sans réclamation possible, la marchandise étant sortie des magasins ; elle doit être enlevée et payée avant le jour de l'échéance (*prompt day*), soit trente jours après la date d'ouverture des ventes, quelle que soit la date de l'adjudication des lots achetés.

L'acheteur doit payer 1 shilling 6 pence par lot, plus un demi pour cent pour frais de brokerage.

Les pelleteries vendues par d'autres maisons le sont dans des conditions très peu différentes ; je n'aurai plus à en parler.

Pour en finir avec les Castors, on signale qu'à la première vente de la Compagnie de la Baie d'Hudson, en 1672, à laquelle assistaient le prince de Galles, le duc d'York (futur roi Jacques II) et le poète Dryden, avec beaucoup d'autres grands personnages, il fut vendu 3.000 livres en poids de peaux de Castors, qui furent alors payées de 45 à 70 francs la livre.

Voici, d'après M. H. Poland, de Londres, les quantités de peaux de Castors importées par la Compagnie en diverses années :

En 1723, 58.044 peaux, valeur moyenne 6 francs la livre, vendues au poids ; en 1814, 17.818 peaux, valeur moyenne 72 francs la livre (ce fut le plus haut prix, jamais atteint jusqu'à ces dernières années qui détiennent le record des prix) ; en 1863, 113.015 peaux, prix moyen 20 francs la peau ; en 1910, 35.451 peaux (les YF I réalisèrent 44 francs la peau) ; en 1911, 36.907 peaux (les mêmes YF I n'ont produit que 29 francs la peau) ; en 1912, 51 francs ; en 1913, 54 francs ; en 1914, 53 francs ; en 1915, 38 francs ; en 1916, 70 francs ; en 1918, 130 francs. Ce prix a encore augmenté depuis, et une bonne peau de Castor apprêtée a valu jusqu'à un millier de francs.

Jusque vers 1850, les Castors furent presque exclusivement achetés pour la chapellerie.

Ce fut le triomphe du chapeau de Castor blanc : la suprême élégance de nos « lions » du moment.

Outre les pelleteries, la Compagnie de la Baie d'Hudson met en vente le Castoréum, produit sécrété par les glandes que porte le

Castor comme le Rat. Ce Castoréum sert en médecine et pour la parfumerie. Elle fait vendre également des tonnes d'huile de poisson, des dents de morse, des dépouilles d'oiseaux, du saumon conservé, etc.

Les Marmottes

L'ordre des Rongeurs, qui nous fournit tant de pelleteries, nous offre, après les genres Lièvre et Rat, dont je viens de parler, une autre famille, nombreuse aussi, c'est celle des Marmottes.

Je commencerai par la variété que nous connaissons le mieux, car elle habite nos montagnes des Alpes et du Dauphiné. C'est elle que nous avons vue, dans notre jeunesse, promenée dans nos rues

Fig. 6. — LA MARMOTTE DES ALPES
(1/5ᵉ de grandeur naturelle)

par les enfants de la Savoie, qui la faisaient danser, attachée à la jambe de son montreur, pendant que celui-ci jouait de la vielle, apportée de son village.

Les alpinistes, faisant l'ascension des glaciers, entendent fréquemment, dans ces solitudes, retentir le sifflememt aigu de la Marmotte, pendant qu'ils voient planer l'aigle au-dessus de leur tête.

La Marmotte se tapit et s'endort en hiver dans le logis qu'elle a savamment préparé, mais pour s'éveiller au premier rayon de soleil du printemps, et venir alors prendre ses ébats et jouer avec ses compagnes.

« Ces animaux ne produisent qu'une fois l'an ; les portées ordinaires ne sont que de trois ou quatre petits ; leur accroissement est prompt, et la durée de leur vie n'est que de neuf ou dix ans : aussi l'espèce n'en est ni nombreuse ni bien répandue. » (Dr Chenu.)

Comme tous les Rongeurs, la Marmotte vit en troupes, et, souvent, plusieurs familles occupent le même terrier.

C'est en découvrant, par le haut, le monticule formé par ce terrier que l'homme s'empare de la Marmotte, qu'il recherche surtout pour sa chair.

Il la tire hors de sa demeure avec un crochet aigu ; c'est pourquoi les peaux qui nous viennent des Alpes ou du Tyrol, où elles sont plus abondantes, sont souvent percées d'un assez grand trou et passablement ensanglantées.

La taille de la **Marmotte des Alpes** est d'environ 50 centimètres de longueur et de 15 centimètres de queue.

Le poil est gris jaunâtre, quelquefois plus foncé à l'automne qu'en saison d'hiver. Les côtés du flanc sont plus jaunes ; la couleur est plus cendrée sur la tête.

Depuis les énormes valeurs atteintes par la plupart des pelleteries, la peau de Marmotte des Alpes, qui n'était guère employée que pour des couvertures de voiture, a retrouvé un emploi important dans la fourrure. La Marmotte des Alpes étant teinte en nuance zibeline, en façon skunk et en noir, a été beaucoup employée, et atteint, aujourd'hui, un prix plus que quadruple de celui d'avant-guerre.

La Marmotte de Sibérie ou Tarbagan

La Marmotte de Sibérie ou Tarbagan (angl. *Marmot*). Une Marmotte, qui a beaucoup d'analogie et même de ressemblance avec celle que je viens de décrire, mais qui habite les plaines au lieu de la montagne, est la Marmotte des steppes de la Sibérie, que nous appelons à tort **Murmelle**, parce que c'est le nom allemand *Murmel*, francisé. C'est la **Marmotte Tarbagan**.

Voici ce qu'en dit Élisée Reclus :

« Les steppes de l'Irtisch, du Yénissei, de la Transbaïkalie et d'autres régions de la Sibérie méridionale sont percées de terriers, s'étendant en cités souterraines partout où le sol est dépouillé d'arbres, sablonneux, et en même temps d'une consistance assez forte pour que les galeries des rongeurs ne risquent pas de s'effondrer au moindre changement de température ; dans ces steppes, la terre est habitée par des peuples de fouisseurs ; l'espace entier, d'un horizon à l'autre, est recouvert de buttes régulières, semblables à des volcans de boue desséchés, et le sous-sol appartient à des millions d'animaux y creusant leurs allées en un labyrinthe infini ; ici, la Marmotte Tarbagan (*Arctomis bobac*), ailleurs, le Lièvre sifflant (*Lagonis agostonis*), ou telle autre espèce ayant des mœurs analogues, se sont emparés du sous-sol.

» A la fraîcheur du soir, chaque butte de terrier porte un petit Rongeur, se dressant sur ses pattes de derrière ; et, regardant autour de lui, il s'enfuit au moindre frisson de l'air, au passage de la moindre bestiole, mais revient aussitôt examiner curieusement l'objet qui l'effraie. Parfois, les rangées de Tarbagan, se tenant à l'entrée de leurs palais souterrains, se prolongent à perte de vue comme les sentinelles d'une innombrable armée. »

Le Tarbagan, quoique commun comme on vient de le voir, a trouvé un grand emploi en fourrure, car son poil se prête facilement à la teinture pour imiter la Martre ou le Vison.

Bien que le nom de Tarbagan soit le nom générique de cette famille d'animaux, le pelletier désigne ainsi la variété la plus forte en taille et élevée en poil, qui provient de latitudes plus septentrionales et d'altitudes plus élevées. Ces peaux proviennent des montagnes de l'Altaï. La longueur des poils et leur finesse font préférer cette sorte pour imiter la Martre.

Celles qui viennent de la contrée d'**Orenbourg** et sont connues sous ce nom, sont fines en poil, et imitent bien le Vison.

Enfin, les plus plates, mais les plus nombreuses en quantité, sont les **Beisky**. On les a travaillées en vêtements et en toutes sortes d'objets.

Les fourreurs de Vienne, en Autriche, s'étaient fait une spécialité de cet article, et l'envahissement du marché par les fourrures fabriquées à l'étranger, envahissement dont nous avons été les victimes et que nous ne voulons plus supporter, doit nous inciter à former des apprentis et par suite des ouvriers capables de lutter comme fini de travail et prix de façon avec leurs concurrents étrangers.

La Marmotte de l'Amérique du Nord

La **Marmotte des plaines de l'Amérique du Nord** a les mêmes habitudes que celle des steppes russes.

Comme aspect, elle rappelle plutôt la Marmotte des Alpes. Par les poses gracieuses que l'animal prend, assis sur ses pattes de derrière, et se servant de ses pattes de devant comme un Écureuil, il fait un des ornements et des attraits de quelques-uns de nos jardins zoologiques. Sa chair est bonne à manger. Son cri ressemble à l'aboiement d'un petit chien, c'est pourquoi on le connaît sous le nom de **Chien des prairies**.

Sa fourrure a été peu importée jusqu'ici ; elle pourrait parfaitement être utilisée, et il est probable que nous ne tarderons pas à voir ces peaux affluer sur le marché, car, si l'offre crée la demande, le besoin de nouveau créera aussi l'apport à un moment donné. Il arrivera ce qui est arrivé à beaucoup de peaux qui ne figuraient, il n'y a pas longtemps, que comme « sundries » (diverses) sur les catalogues, et qui maintenant fournissent des lots importants.

Le Souslick

Parmi ces millions de petits Rongeurs qui habitent les plaines de la Russie, dont vient de nous parler Élisée Reclus, il en est un qui est passablement employé en fourrure pour le doublage des vêtements.

Le **Souslick** a absolument les mêmes mœurs que les autres Rongeurs terriens. Il a le corps petit et trapu ; les oreilles sont presque cachées dans le poil ; il a des bajoues comme celles du Hamster.

Le **Souslick** habite principalement dans le pays situé entre le Volga et le lac Baïkal. Il emmagasine des provisions de céréales dans son terrier, profond d'environ deux mètres et ayant de deux à cinq issues. Il s'endort en hiver.

Sa fourrure consiste en un poil gris fauve, tacheté de petites taches blanches ; le flanc est d'une couleur plus uniforme ; le ventre a très peu de poil.

Les Russes travaillent les peaux de Souslick en nappes carrées, mais, comme ils laissent la peau entière sans abattre le ventre, il se produit par l'assemblage des deux ventres une partie très vide de poils entre chaque dos ; au travail, il faut séparer chaque peau, enlever les parties nues et assembler les dos à nouveau. Cette fourrure est solide et légère, mais elle a toujours une odeur assez désagréable. Je ne sais si cette odeur tient à l'animal lui-même ou si elle provient de l'apprêt des Russes.

Une variété de **Souslick**, plus grande en taille et plus fournie en poil, nous vient de la Bokharie. Comme le Souslick dont je viens de parler, la fourrure peut aussi se teindre en imitation de Vison du Canada.

Fig. 7. — Le Souslick
(1/4 de grandeur naturelle)

Il y a, en outre, plusieurs variétés de ces Souslicks connus sous le nom zoologique de **Spermophiles**, qui habitent l'Amérique du Nord et qui, par leur jolie coloration de raies ou de taches claires sur fond foncé ou inversement, conviendraient pour faire de jolies doublures de vêtements de dames ; malheureusement, elles ne viennent pas en assez grande quantité dans le commerce. Les fourreurs les emploient pour faire des mosaïques en fourrure. La plus jolie variété est celle à robe de Léopard, qui vient des bords du Mississipi.

Plus près de nous, dans les plaines de l'Allemagne, vit aussi un Rongeur, dont nous devons craindre l'invasion comme un fléau, car ses déprédations sont énormes. C'est le Hamster.

Le Hamster

Le **Hamster**, de la grosseur d'un gros Rat ou d'un petit Lapin, porte, comme le Souslick, deux bajoues ou poches extensibles formant sacs, dans lesquelles il transporte les grains qu'il ramasse pour les emmagasiner dans les galeries de son terrier. Il est bien le contraire de la Cigale du fabuliste.

Aussi, le paysan, au détriment duquel il a glané sa provision, détruit ses galeries au printemps et à la fin de l'été, non seulement pour avoir sa peau, mais aussi sa chair, qui, dit-on, n'est pas mauvaise au goût; mais surtout pour récupérer sur son parasite le grain qui lui a été soustrait et dont la quantité s'élève, pour un seul magasin, jusqu'à 100 livres de graines diverses.

Les meilleures peaux sont celles de la récolte du printemps, au mois de mai. Celles d'automne sont moins fournies en poil. La couleur du Hamster est brun jaunâtre, le dos plus grisâtre que les extrémités. Il a des taches blanches de chaque côté de la tête sur les joues, sur les pattes de devant et la poitrine. La face interne des avant-bras et des cuisses, comme le dessous du cou et de la gorge, est noire, de sorte que, par l'assemblage des peaux, il se forme entre les dos un dessin assez élégant de noir et de taches blanches sur le fond jaunâtre.

La fourrure du Hamster est de bonne qualité; le cuir est léger. On en fait des doublures de vêtements.

Mais, depuis la guerre, cette fourrure étant essentiellement un produit allemand, on ne doit plus en trouver en France. Les fourreurs allemands la travaillaient en nappes de 48 peaux, soit quatre hauteurs de 12 peaux en largeur.

J'ai épuisé à peu près la liste des Rongeurs vivant dans l'eau, sous terre ou sur la terre. Il me reste à parler de ceux vivant sur les arbres, comme les oiseaux.

LES ÉCUREUILS

Le Petit-Gris

Je ne décrirai pas l'Écureuil de nos bois, que tout le monde a vu ; je dirai seulement tout de suite que le **Petit-Gris**, si souvent et depuis si longtemps employé en fourrure, n'est autre qu'un Écureuil provenant de contrées plus septentrionales.

En effet, la latitude, l'habitat ordinaire de ces animaux font varier leur pelage depuis le gris très pâle jusqu'au gris très foncé, passant par des gris légèrement rayés de rouge sur l'arête dorsale jusqu'au rouge uni ; sauf, toutefois, le ventre qui est toujours blanc et la queue toujours plus noire que le dos.

« L'Écureuil des bois de pin sylvestre est roux ; celui de la taïga des cèdres et des sapins est brun et d'autant plus foncé que la forêt est plus épaisse. » (É. Reclus.)

En pelleterie, les diverses qualités de Petits-Gris sont distinguées par les noms des localités d'où elles proviennent, car il faut tenir compte de l'immensité de l'Empire russe. Et, depuis le Caucase jusqu'à l'embouchure de la Léna et au détroit de Behring, il y a une telle étendue que les variétés du même animal diffèrent considérablement.

Ce sont les **Kasan**, les **Beisky**, les **Tobolsky**, les **Lensky**, les **Iénisséisky**, les **Obskoï**, les **Okhotsky**, les **Nertchinsky**.

Comme ensemble, on dit d'une façon générale : les **Lensky** pour les claires unies et les **Sakamina** pour les sortes foncées.

Les sortes de Petits-Gris rougeâtres et claires, qui viennent de Kasan, de Wiatka, de Beisky, arrivent sur le marché généralement déjà travaillées en Russie en sacs, c'est-à-dire en deux nappes carrées, attachées l'une à l'autre, le poil en dehors. Nous disons **sacs de dos de Petits-Gris russes**. Ces nappes sont habituellement formées de 85 peaux environ ; les sortes unies ou foncées sont plutôt vendues sur les marchés de Sibérie, ficelées par paquets de 20 peaux brutes. Il y a généralement 10 %, de peaux de demi-saison qui sont courtes en poil.

Le dos, le ventre et la queue du Petit-Gris sont ordinairement travaillés séparément.

On enlève le ventre qui est blanc en lui laissant de chaque côté un filet de flanc gris qui se perd avec les cuisses du bas ; la partie interne de la patte de devant qui est blanche également, est remontée à contre-poil contre la gorge, de sorte que le ventre forme un rectangle allongé, lequel, étant assemblé, produit un dessin à fond blanc coupé en long de bandes grises, étroites, et en travers de bandes grises légèrement plus foncées, et plus larges.

Ce sont les **nappes de ventres de Gris.**

Les dos sont ficelés par les cous en paquets de 20 peaux ; on les travaille aussi en nappes et souvent en forme de rotondes.

Les **queues de Petits-Gris** sont travaillées (sans être tannées) par des spécialistes, qui en font des boas, des colliers ou des queues servant d'ornement aux objets et qui complètent des fourrures tout à fait différentes.

Ces queues sont formées par l'assemblage sur une ficelle, d'une ou plusieurs queues de Petits-Gris, et teintes en diverses nuances pour aller avec le Skunk, la Martre, le Vison, l'Opossum, etc. On les classe en simples, doubles, triples, quadruples et même beaucoup plus grosses. On en fait de la grosseur d'une queue de Renard.

La partie du front entre le nez, les yeux et les oreilles s'assemble aussi ; cette partie forme un triangle allongé, qui, assemblé à contre-poil, donne une bande, et les bandes ajoutées bord à bord forment des **sacs de têtes de Petits-Gris.**

Même les extrémités des pattes étaient assemblées selon le même principe que les têtes ; ces morceaux sont si petits qu'il fallait en assembler environ 6.000 pour faire la doublure d'un vêtement ordinaire de dame. Le poil de la tête et des pattes est plus résistant que celui du dos ou du ventre, et les doublages de têtes sont chauds, légers et solides.

La queue du Petit-Gris s'emploie aussi pour la fabrication des pinceaux, comme substitution aux pointes de queues de Martres, excessivement chères.

Le Petit-Gris est une des fourrures le plus anciennement employées. Au moyen âge, on la connaissait sous le nom de Vair, menu Vair et Gris.

La pantoufle de Cendrillon était bordée de Vair, c'est-à-dire de Petit-Gris. A part le Petit-Gris, travaillé en sacs en Russie, tout le

Petit-Gris, qui s'employait pour le reste de l'Europe et de l'Amérique, était apprêté, c'est-à-dire tanné, réparé et assemblé dans deux localités autour de Leipzig (Weissenfels et Naumbourg). La première de ces villes s'était fait une spécialité de ce travail, et près de 6.000 femmes et enfants étaient occupés à cette industrie. Il se produit, chaque année, environ 10 millions de peaux de Petits-Gris.

Depuis la guerre, nous nous servons des Petits-Gris directement importés de Russie, et nous espérons que des relations de plus en plus directes avec la Russie, et l'écoulement de ses produits par nos marchés de Paris et notre foire de Lyon nous affranchiront à jamais du lourd tribut que nous avons payé jusqu'ici, sous forme de main-d'œuvre, à nos ennemis.

Et, à ce propos, je me suis toujours demandé pourquoi notre Parlement avait cru pouvoir laisser introduire, exemptés de droits de douane, certains articles cousus, ouvrés, comme le Petit-Gris et le Hamster, le Lapin blanc, les croix de Kids, sous la rubrique de « Pelleteries dénommées » ; et ne pas avoir adopté le principe que, si une matière première peut entrer en franchise, une marchandise ayant subi une main-d'œuvre doit payer, comme droits de douane, une compensation pour le préjudice causé au travail national.

On dit que l'on détruit une grande quantité de Petits-Gris par le poison.

Les indigènes sibériaques attireraient dans les clairières ces animaux par des graines répandues, et, lorsqu'ils auraient pris l'habitude de s'en repaître, on leur jetterait des grains empoisonnés. Tous les habitants du village se mettraient alors à la recherche des animaux tombés dans les fourrés, et, quelquefois, ces dépouilles ne seraient retrouvées que longtemps après, au moment d'un dégel, ce qui expliquerait la quantité de peaux endommagées, plus ou moins échauffées, et les nombreux pelés qu'on trouve dans les peaux de Petits-Gris apprêtées.

Je donne ce renseignement sous toutes réserves ; il m'a été raconté, mais je ne l'ai trouvé relaté dans aucun ouvrage sérieux.

J'ajouterais plus de créance à ce que dit un voyageur : que les Petits-Gris sont tirés avec de très petites charges de poudre et un seul grain de plomb, comme par exemple avec un Flobert, et que tout particulièrement les paysans des rives de la Léna se livrent à cette chasse par l'emploi de pièges.

Il ne nous faut pas oublier que l'Écureuil est la proie préférée

de la Martre et spécialement de la Zibeline. Là où il n'y a pas
d'Écureuils, il n'y a pas de Martres des bois, pas plus en France
qu'au Canada ou en Sibérie.

Les indigènes ont donc intérêt à ne détruire que l'excédent
d'Écureuils, et non à les décimer de façon continue, tout en tenant
compte de leur prodigieuse capacité prolifique.

J'ai dit que la fourrure du Petit-Gris était employée depuis
longtemps dans nos pays.

Cela est vrai, mais seulement pour les habits de demi-cérémonie,
de la noblesse et du clergé.

Des lois somptuaires très rigoureuses défendaient aux bourgeois de porter des fourrures plus riches que le Mouton; l'Hermine
était réservée aux rois et aux princes, pour le grand luxe; la
noblesse devait se contenter de la Martre et du Renard. Le Vair
(la représentation du Petit-Gris) est un des attributs héraldiques; il
est composé de rangées de cloches d'argent sur champ d'azur.
(Larousse.)

M. Paul Toussenel, dans une étude sur les **Foires de Chalon**,
dit que, « le 19 avril 1370-1371, **Mathey de Bouloigne**, pelletier,
demeurant à Chalon, vend au duc (c'était à ce moment Philippe le
Hardi) 422 ventres de Vair pour fourrer une longue cote de drap
d'or parfiléè de létices : 27 francs d'our; et deux fourrures de Gris
pour fourrer deux cotes de drap pers : 5 francs, tout pour le corps
de Monseigneur ».

En 1372, ce sont encore « 1.000 ventres de menu Vair », que
la duchesse fait acheter pour elle-même à Chalon. Elle fait acheter,
en outre, « 250 dos de fin Gris pour Jehan, Monseigneur » (son fils,
Jean sans Peur).

En février 1381-1382, il fut acheté, à la foire froide (foire de
février), « un millier de ventres d'Escurieux pour fourrer une robe
d'escarlate pour Monseigneur Jehan de Bourgogne ». Nous voyons
aussi que le Lapin était employé pour les personnages subalternes;
ainsi, le 31 mars 1379-1380, il fut acheté, à la foire froide, « ung
cent de doz de Conins pour la norrice de Mlle Katherine de Bour-
goingne, au prix de 5 francs demi » (1).

____

(1) Dans le travail si documenté, intitulé : *Inventaires mobiliers et Extraits des comptes
des ducs de Bourgogne, de la maison de Valois, 1363-1477*, recueillis par Bernard Prost et
publiés par Henri Prost, je trouve cités les noms de pelletiers et de fourreurs ci-dessous :
Robert le Lonc, pelletier à Arras. — Pierre Beutin, pelletier à Lille. — Guillaume de

Je remarque, à ce sujet, combien notre appellation de Lapin, en vieux français : *Conin*, est presque semblable à l'anglais vulgaire *Coney* et à l'allemand *Canin* (prononcez *Canine*). Sans doute, le Lapin, originaire du Midi, a conservé son étymologie latine de la variété *Cunicula* jusqu'à ce que celle de la race *Lepus* ait prévalu chez nous.

Il y a beaucoup d'autres variétés d'Écureuils, qui sont peu ou prou employées en fourrure, et qui le seraient certainement davantage si elles arrivaient sur le marché en quantités un peu plus considérables, car leur fourrure est souvent très jolie et bonne de qualité.

Je citerai spécialement l'Écureuil de la Baie d'Hudson, qu'importe la Compagnie de ce nom.

Son poil est gris rougeâtre, le poil un peu court, le ventre moins blanc que celui de l'Écureuil de Sibérie.

La queue, peu fournie en poil, ne peut servir que pour le pinceau.

Le Malabar fournit un très bel Écureuil, de taille double du nôtre, brun-roux vif sur le dos ; les épaules et les cuisses sont noires ; le ventre, la poitrine et les jambes de devant, d'un beau jaune.

Madagascar nous offre un joli Écureuil aux nuances vives, noir foncé dessus, blanc jaunâtre sur le cou et les joues ; le ventre gris-brun mêlé d'un peu de jaune ; queue longue, grêle et noire. (Ch. d'Orbigny.)

Bouyes, pelletier à Bruges. — Regnaul Chevalier, tailleur et varlet de Monseigneur, « a fourni une houppelande fourrée de sebelines ». — Robin Langlon, fourreur de robes à Paris. — Martin le Lievre, fourreur et varlet de chambre de Madame. — Girart Brayer, pelletier à Paris. — Simon de Langres, pelletier à Paris. — Estevenin Rolant, pelletier à Dijon. — Jacquemard, chaussetier, pelletier et bourgeois d'Arras. — Jehan le Breton, fourreur de Monseigneur (cité plus tard sous le nom de Jehannin le Berton). — Symonnot Monart, demourant à Paris. — Colin Constantin, pelletier, demourant à Rouen. — Thevenin l'Orfèvre, dit de Senz (souvent cité Thevenin de Sens, dit l'Orfèvre), drappier et bourgeois de Dijon. — Hennequin de Quindre, fourreur et valet de chambre de Monseigneur. — Laurent Brouillard, valet de chambre et fourreur. — Jean Nyvart. — Jehan de Marbryan, pelletier de Mons. — Jehan de Coustre. — Aert Lefèvre, pelletier de la Reine. — Conrart Vit, pelletier à Bruxelles. — Godschalck de Busschère, à Anvers. — Weyt Herl, à Anvers. — Pierre le Lorrain (plus loin Perreçon le Lorrain, fourreur de robes, demorant à Paris). — Jehan le Clerc, chapelier à Paris. — Jehan Rosty, pelletier à Paris. — Jehan de la Croix, marchand pelletier de Tournay. — Jehan Bruyant, pelletier, demorant à Paris. — Jean Payen, pelletier d'Arras. — Perrot Broullart, fourreur de robes de Monseigneur.

Mes lecteurs trouveront dans l'ouvrage cité des détails très intéressants sur les sortes et quantités de pelleteries employées par ces anciens fourreurs. Ils y trouveront aussi des données sur la valeur, en ce temps-là, des diverses peaux, ainsi que sur les prix de façon payés, depuis l'Agneau et le Lapin jusqu'à l'Hermine, à la Martre de Zweghe (*de Suède*) et aux peaux de Sable (Zibeline).

L'Écureuil volant

Il y a des Écureuils que l'on dit volants ; l'un d'eux est l'**Assapan** des États-Unis, appelé ainsi par Cuvier. Buffon l'a nommé le **Polatouche**.

Ces Écureuils ne volent pas, à proprement parler, mais, étant pourvus de membranes qui relient leurs membres antérieurs aux membres postérieurs, et même ceux-ci avec la queue, ils peuvent

Fig. 8. — Le grand Écureuil volant
(1/10ᵉ de grandeur naturelle)

s'élancer dans l'air en étendant leurs pattes, et leur corps forme comme un parachute. Ils peuvent ainsi facilement franchir d'assez grands espaces en descente et paraissent voler.

L'Assapan n'est pas plus grand que notre Écureuil, mais un **Écureuil volant de la Chine** est d'une taille deux fois plus grande. La fourrure est fine et fournie ; de couleur brun foncé, semée de pointes blanc jaunâtre. Le cuir est très fin, et si ces peaux venaient en plus grande quantité sur le marché, elles trouveraient certainement un bon emploi en fourrure. La queue mesure environ 45 centimètres, presque la longueur du corps, et les poils longs et fins de la queue en font un joli pendentif au bas d'un objet confectionné avec les peaux.

L'Écureuil volant des Philippines et de l'Archipel indien est de la taille du précédent.

C'est le **grand Écureuil volant**, de Buffon, ou **Taguan**.

CHAPITRE II

LES INSECTIVORES

LES INSECTIVORES

La Taupe

Après les Rongeurs, les animaux qui se rapprochent le plus de ceux-ci, et particulièrement des Rats et des Marmottes, sont les **Insectivores.**

Ce n'est guère que par leur dentition qu'ils se différencient des Rongeurs.

Leur genre de nourriture n'étant plus le même et se rapprochant de celui des Carnivores, l'importance des incisives se perd ; les canines, qui n'existaient pas chez les Rongeurs, deviennent proéminentes et généralement recourbées en arrière pour retenir la proie ; les molaires ne sont plus des meulières, ce sont des pointes aiguës entrant les unes dans les autres pour percer et déchirer la nourriture.

Obligés de chercher les insectes dans leurs retraites (je ne parle pas des Chauves-Souris qui les prennent au vol comme les oiseaux et qui se rapportent plutôt aux Frugivores), ils sont puissamment armés d'un museau très musclé, sorte de groin ou de trompe, et de pattes comme des pelles, munies d'ongles robustes pour fouir et creuser des galeries afin d'arriver à leur proie.

Le type d'animal qui nous représente le mieux ce genre est sans contredit la **Taupe** (angl. *Mole*).

C'est une erreur assez répandue de croire que la Taupe mange les racines des plantes ; la Taupe ne se nourrit que de chair ; elle attaque même la grenouille ; elle dévore escargots, limaces, vers de terre, et elle périrait de faim plutôt que de manger une betterave, si succulente fût-elle. Mais c'est une terrible mangeuse que la Taupe.

On dit qu'il lui faut son poids de nourriture journalière ; c'est pourquoi, sans trêve, le matin et le soir surtout, elle creuse ses galeries, dévore tout ce qu'elle trouve de proie vivante ou morte : larves, vers, insectes, et rejette derrière elle la terre qu'elle a excavée.

Si elle fait du mal, c'est dans les jardins, dans les terres trop meubles, en dénudant les racines des plantes, ce qui les fait sécher, ou en les coupant lorsqu'elles obstruent la galerie qu'elle creuse.

Travaillant ainsi toujours dans l'obscurité, la Taupe n'a pas besoin d'yeux ; aussi les siens ne sont-ils que deux têtes d'épingles noires sur un fond de velours.

Toute la fourrure de la Taupe est d'une merveilleuse finesse, et aucune autre fourrure ne peut lui être comparée pour ses reflets métalliques.

La Taupe est très répandue dans toute l'Europe ; les plus recherchées sont celles de l'Écosse, pour leur élévation de poil, pour leur nuance foncée à reflet argenté et enfin pour leur taille.

En Asie, elle ne s'étend que jusqu'à l'Himalaya ; les espèces africaines et du nord de l'Amérique diffèrent sensiblement de la nôtre ; l'Amérique du Sud et l'Australie n'ont pas de Taupes.

Il n'y a guère qu'une dizaine d'années que la mode s'est emparée de la Taupe ; il y a un demi-siècle, les fourreurs vendaient chaque année peut-être une douzaine de peaux pour mettre sur la tête des petits enfants ; on prétendait que cela leur facilitait la dentition.

La fourrure de la Taupe est solide, mais elle rougit assez vite à l'air et à la lumière.

Pour obvier à cet inconvénient, et donner à l'ensemble de l'objet un ton plus uniforme, on la teint légèrement seulement sur le cuir, ou même sur le poil. Il s'en fait actuellement une énormé consommation tant pour des écharpes que pour des collets et des vêtements entiers ; aussi le prix qui était très minime et ne payait pas la peine de dépouiller l'animal est-il assez rapidement monté, et a atteint jusqu'à 5 et 6 francs pour les bonnes peaux.

La Taupe habitant sous terre, dans une température plus uniforme que celle de l'air extérieur, subit aussi moins de variations dans la densité de son pelage ; cependant le poil est plus élevé en hiver qu'en été. Lorsque la mue se produit, la nouvelle pousse forme des plaques plus courtes en poil que la fourrure voisine : ce sont des repousses. Le poil n'ayant pas atteint son développement montre sa racine du côté de la chair; le cuir écorché et séché est noir, tandis qu'en pleine saison d'hiver le cuir est blanc. Les peaux qui ont le cuir blanc sont seules considérées comme recette et payées au cours du jour. Les peaux à cuir noir ne valent que moitié prix.

Le Desman

Un autre genre de Taupes, mais vivant dans l'eau comme nos Rats d'eau, est le **Rat musqué de Russie**, appelé aussi **Musc argenté**.

Il est très fréquent sur les bords du Volga, et il paraît que,

Fig. 9. — LE RAT RUSSE OU MUSC ARGENTÉ
(1/3 de grandeur naturelle)

lorsqu'un gros poisson a avalé un de ces Rats, sa chair devient immangeable, tellement elle est imprégnée de l'odeur de musc que répand cette Taupe, dont le nom en histoire naturelle est le **Desman**.

Il a le museau pointu et s'en sert comme d'une trompe. Il a le poil serré et fin comme la Taupe, mais plus long. Le dos est noir brunâtre, à reflets mordorés; mais le ventre est d'un magnifique blanc argent, ce qui le fait employer comme objet de parure pour les jeunes filles.

C'est, pour l'usage, une des meilleures fourrures que je connaisse, mais le Desman doit devenir assez rare, car on ne trouve maintenant que peu de ces peaux dans le commerce de la pelleterie. Elles valaient déjà 5 à 6 francs il y a une trentaine d'années, je suis certain qu'on les paierait assez cher actuellement. Cela tient évidemment à la difficulté d'importation des marchandises provenant de tous les pays russes.

LES CARNASSIERS

LES CARNASSIERS

LES CANINS

Le Chien

Les **Carnassiers** sont les animaux qui se nourrissent de chair. On dit aussi **Carnivores**, mais ce terme s'applique plutôt aux animaux qui, tout en faisant de la chair leur nourriture principale et préférée, se contentent fort bien aussi d'autres aliments ; tels sont les Chiens, les Chats, les Ours, etc.

Mais ce qui distingue avant tout les Carnassiers des autres animaux et particulièrement des Rongeurs dont nous nous sommes entretenus dans le premier chapitre, c'est la dentition.

Tandis que, chez les Rongeurs, les incisives, taillées en forme de biseau pour ronger la nourriture, jouent le principal rôle ; chez les Carnassiers, par contre, les incisives perdent de leur importance.

Ils ont, pour déchirer et retenir leur proie, des dents aiguës, tranchantes, s'emboîtant les unes dans les autres comme des ciseaux, et surtout quatre dents fortes, longues et légèrement recourbées en arrière, en forme de crocs, qu'on appelle des canines, et qui séparent les incisives des molaires. « La canine est l'attribut distinctif du Mammifère carnassier. » (J. Macé.)

Les dents molaires n'ont plus la forme plate d'une meule comme chez les animaux herbivores, mais elles offrent des tubercules ou des lames d'autant plus tranchantes que les espèces se nourrissent plus exclusivement de matières animales. (Larousse.)

Le sens de l'odorat est très développé, les fosses nasales sont très grandes et donnent aux Carnassiers ce museau allongé et proéminent, qui caractérise la plupart des espèces.

Ce flair leur sert à éventer de loin leur proie, et, comme ils sont souvent obligés de chercher et de poursuivre celle-ci sur de grandes distances, ils sont, comme on dit communément, taillés pour la course.

Corps allongé, thorax bien développé, ventre plat, jambes longues et nerveuses, tels sont les caractéristiques de la plupart des individus de cet ordre.

Pour les passer rapidement en revue, je prendrai d'abord comme type celui que nous connaissons le mieux : le **Chien** (angl. *Dog*).

« Le Chien est l'ami de l'homme », a dit Buffon. Nous le connaissons si bien qu'il est inutile d'en écrire les différentes variétés que nous avons tous les jours sous les yeux et dont les principales, pour simplement les mentionner, sont le Chien de berger, l'Épagneul, le Griffon, le Caniche, le Lévrier, le Dogue, le Chien des Pyrénées, le Terre-neuve.

Comme chez tous les animaux domestiques, la taille et la coloration des Chiens diffèrent considérablement d'une race à l'autre, et, en fourrure, le Chien de nos pays est peu employé; on conserve sa peau pour le cuir qui sert à faire des gants; cependant, on teint en noir les fourrures des Chiens à poils ras, et on en fabrique des paletots imitant le Phoque à longs poils (Whitecoat) ou le Veau.

Le **Chien de Chine** fournit un assez grand nombre de peaux. Depuis la hausse et la grande vogue des Renards de toutes sortes, ce Chien, étant lustré de diverses teintes, s'emploie beaucoup pour la confection de cravates et d'écharpes, comme remplaçant le Renard et le Loup.

Les Chinois en font aussi des tapis plus ou moins grands, appelés **mats** et **robes**, et qui sont vendus en Europe sous cette forme et pour les mêmes usages que les peaux, mais après avoir été teints. Le cuir du Chien domestique est spongieux et lourd, le poil n'est pas très résistant; aussi la qualité des objets fabriqués avec ces peaux est toujours de second ordre.

La Laponie, la Sibérie et l'Amérique du Nord fournissent la race de Chiens, qui, dans ces contrées, sert au transport des traîneaux et à la garde des troupeaux de Rennes.

Ces Chiens ont l'aspect d'un gros Chien loulou, leur endurance au froid et à la faim est extraordinaire. Ils sont l'auxiliaire indispensable des explorateurs au Pôle nord. Ils vont là où toute végétation a disparu, où le Renne ne peut plus trouver sa nourriture,

Le Chien se nourrira, dans ces contrées désolées, de toute chair que la terre ou la mer fournira à l'homme par la chasse ou la pêche. Il est son intrépide compagnon dans ces solitudes glacées.

Le **Chien des Esquimaux** s'accouple facilement avec le Loup, et les Indiens recherchent les métis produits afin d'augmenter la taille de leurs Chiens. Celui-ci peut être considéré comme une sorte de Loup domestiqué. (H. Poland.)

La fourrure de ces Chiens ressemble d'ailleurs à celle du Loup, dont elle a presque la finesse ; elle fait, étant teinte en noir, une meilleure imitation de Skunk ou de Renard teint que le Chien de Chine. Le cuir en est aussi plus léger.

La Compagnie de la Baie d'Hudson en importe chaque année une petite quantité, dont la valeur en brut suit celle du Loup.

Le **Dingo** est le Chien sauvage de l'Australie ; il a le poil dur, et, comme le Chien de Chine, n'a qu'une valeur minime ; il s'emploie pour la fourrure et pour le tapis.

Le Loup

Le Carnassier, le plus proche parent du Chien, est sans contredit le **Loup** (angl. *Wolf*). En France, bien que le Loup soit devenu très rare, grâce à la chasse acharnée que lui font les louvetiers et aux primes payées par l'Etat pour sa prise, nous ne sommes pas encore parvenus à nous débarrasser de cet hôte incommode et dangereux.

Nos voisins les Anglais, grâce à leur position insulaire, ont pu mettre à mort le dernier représentant de cette espèce dans leur pays, en 1766.

Chez nous, quelques Loups existent encore dans les parties très boisées et sauvages du pays.

La chasse au Loup est malaisée ; le même animal se montre, à un court intervalle de temps, à des distances assez considérables, c'est un vrai coureur de bois, et le dicton qui dit : « La faim fait sortir le loup du bois » est parfaitement vrai.

Car, si sa voracité est extrême, sa couardise et sa peur de l'homme égalent sa voracité. Aussi, dès qu'il sent l'homme, il détale de toute la vitesse de ses grandes jambes ; heureux, si, par surprise, il a pu, comme un voleur, se saisir d'une proie vivante, que, après l'avoir étranglée, il emportera au loin, grâce à la puissance musculaire de sa mâchoire et de son encolure.

Il ne dépècera pas sa proie sur place, il la cachera avec soin ; et, sa faim assouvie, il en enfouira les restes que son instinct et son flair sauront lui faire retrouver.

Les Renards, les Chiens mêmes, ceux-ci, plutôt par instinct que par nécessité, cachent en terre leurs provisions.

Le pelage de nos Loups est gris-roux, l'arête du dos et la queue plus foncées que le reste du corps, le ventre blanc-roux sale, la pointe de la queue noire. En Espagne et dans les Pyrénées, il y a des exemplaires de **Loups presque noirs**. Ceux-ci sont rares dans le centre de la France, et, pour ma part, je n'en ai eu entre les mains que deux peaux de cette nuance, provenant d'individus authentiquement tués dans nos pays : l'un provenant de l'Isère, l'autre du Charolais. On peut se demander si ce sont simplement des individus mélaniens, ou bien s'il y a des familles de gris et quelques-unes de noirs.

Le **mélanisme** est l'anomalie que présente un animal de teinte noire lorsque tous ses pareils sont de nuance claire. C'est le contraire de l'**albinisme**. Un Rat blanc est un albinos, un Loup noir est un mélanien.

Je reviendrai sur ce sujet, à propos des Renards noirs, car la question est controversée. Les peaux de Loups étant **rares en France**, celles-ci sont généralement conservées par les chasseurs qui ont tué les animaux, afin d'en faire des descentes de lits, ou des trophées de chasse, avec les têtes.

Les Balkans possèdent encore des Loups en assez grande quantité. Ces Loups ont la couleur des nôtres, peut-être un peu plus foncée ; la taille est grande, le poil assez rude. Nous les connaissons en fourrure sous le nom de **Loups de Bosnie** ; on s'en sert pour des couvertures et des vêtements avec poil extérieur.

Les **Loups de Russie** ont les mêmes mœurs que les nôtres, mais, étant plus nombreux, ils sont moins solitaires, et, la faim les poussant, par les terribles hivers russes où tout est glacé, ils se réunissent en troupes pour attaquer tout être vivant qu'ils rencontrent, et quelquefois pour s'entre-dévorer, les faibles devenant la proie des plus forts.

Leur fourrure sert aux mêmes usages que celle des Loups de Bosnie, mais elle est plus fine et a plus de valeur,

Le Loup le plus employé est celui qui nous vient de la Sibérie, de l'Amérique du Nord ou des plaines des États-Unis.

Les **Loups du Canada** ont le cuir plus mince, le poil plus épais et plus fin que ceux que nous avons cités précédemment. La nuance va du gris fauve jusqu'au blanc.

Il y en a même de presque noirâtres, que nous appelons **Loups bleus**. Les **Loups blancs**, comme les bleus, fins en poil, ont une assez grande valeur ; on les paie bruts de 400 à 800 francs la peau. Les Indiens ne considèrent pas le Loup noir comme une variété distincte ; ils prétendent que, dans une même portée de Louveteaux, on trouve un ou deux petits noirs parmi les gris.

La fourrure du Loup est en vogue actuellement : on l'emploie à l'état naturel ou lustré. On en a beaucoup bleuté et, avec de belles peaux fines et claires, on arrive à une très bonne imitation du Renard bleu.

Le **Loup de Sibérie**, comme celui du Canada, et peut-être plus grand que ce dernier, n'attaque l'homme que poussé par la faim ; il attend avec une patience extrême le renne sauvage et aime à se jeter sur les chiens qui succombent fatalement sous ses crocs.

Quelquefois, il cherche aussi à s'approcher d'une troupe de chevaux ; mais alors les étalons et les juments, enfermant les poulains dans un cercle, présentent non leurs fronts, mais leurs sabots au Loup trop entreprenant, et l'éloignent bientôt par leurs ruades répétées.

Les foires d'Irbit et d'Irkoutsk en Sibérie fournissent à la vente, chaque année, environ 20.000 peaux de Loups valant de 200 à 600 francs la pièce.

Les États-Unis nous livrent le **Loup des prairies** ou **Coyote**, de la taille de nos Chiens de berger. Cet animal vit en assez grandes troupes, depuis le Manitoba jusqu'au Texas ; il s'en produit environ 70.000 par an, valant de 40 à 100 francs.

Les peaux fines s'emploient pour couvertures ou pour teindre en remplacement du Renard ; quant aux peaux grossières, elles s'emploient pour vêtements avec fourrure extérieure et, dans certains pays, comme doublures intérieures.

Le Chacal

L'Afrique, l'Asie du Sud et l'Amérique nous offrent des variétés de Loups qui sont les intermédiaires entre les Loups et les Renards; ce sont les **Chacals**.

La variété la plus grande de ces derniers est celle qui nous est fournie par la Macédoine; elle est presque de la taille du Loup des prairies de l'Amérique du Nord; la fourrure est assez élevée en poil et rouge jaunâtre en couleur; le poil, demi-fin. Le Chacal d'Asie Mineure est plus petit et plus gris; le poil est plus fin.

Le **Chacal d'Algérie**, lorsqu'il vient des contrées montagneuses de la province de Constantine, est assez fin et fourni en poil; sa nuance est bonne, assez grise. Seulement la plupart des peaux sont mal soignées et séchées; beaucoup, en outre, ont la gorge coupée, les Arabes les achevant avec leur façon accoutumée de sacrifier les animaux. Celui du sud de l'Afrique est plus grand et plus foncé en nuance.

L'Amérique du Sud produit plusieurs variétés de Chacals. On peut considérer comme le type de ceux-ci celui qui vient du Rio-Négro. Il est de la taille de nos bons Renards de France, mais moins fin en poil. Sa couleur est grise avec la pointe noire mélangée de blanc, et le poil est assez fourni. Le **Chacal de Patagonie** est grand comme un de nos Renards et habite les bois. Il a le dos gris avec le ventre rougeâtre.

Le Chacal de la Terre de Feu, ou **Loup chicaille**, est le plus petit des Chacals; il a la taille d'un de nos Renards, mais il est fin en poil et d'une jolie nuance gris argenté. Il se nourrit principalement des oiseaux qui pullulent sur les rives de l'océan Antarctique.

Toutes ces peaux de Chacals ont le grand défaut, pour le pelletier, d'être très mal soignées; la plupart sont retournées le poil en dehors avant que le cuir ne soit sec, et, par suite, sont échauffées. D'autre part, trop de peaux d'animaux tués avant les froids sont mélangées aux peaux de saison, et, finalement, un lot de Chacals donne facilement 15 à 20 % de déchets à l'apprêt.

L'emploi de la peau de Chacal, jusqu'à ces années dernières, était limité, en France, à la fabrication des carpettes, du vêtement

ou du col de paletot pour automobile ; en Grèce, on s'en servait pour
doublures ; en Angleterre, comme tapisserie de halls. Mais, aujour-
d'hui, avec les hauts prix des Loups et des Renards, les peaux fines
sont utilisées pour la teinture comme succédanés du Renard, ou
employées dans leur nuance naturelle. Valeur : 25 à 40 francs.

Le Renard

Par une simple gradation descendante, nous arrivons à un
genre, proche parent du Chien, moins cependant que le Loup, car
nous ne croyons pas que le Chien s'accouple avec lui comme avec
le Loup ; nous voulons parler du **Renard** (angl. *Fox*).

Le Renard de nos pays a été si souvent reproduit par les arts
du dessin que tous nos enfants le reconnaissent à première vue.

Et il était si souvent le héros des fables de La Fontaine, que nos
mioches récitent ses prouesses et le connaissent avant même de
savoir lire.

Son museau pointu, son corps allongé, sa queue longue et
droite, jamais recourbée comme celle du Chien, ses jambes courtes
et surtout ses yeux vifs, perçants, quoique à moitié fermés, et ne
regardant jamais en face, lui donnent vraiment l'aspect d'un rusé
coquin.

La sagesse des nations en a fait le type de l'astuce et de la
fourberie. Si le Loup est le brigand de grand chemin, le Renard
est le cambrioleur nocturne que la lumière fait fuir et qui ne s'attaque qu'à des victimes faibles et sans défense.

C'est à lui tout particulièrement qu'on peut appliquer cette
maxime : « A vaincre sans péril, on triomphe sans gloire. »

Nul animal n'est aussi rusé que lui ; et cette renommée lui a
valu d'être un des acteurs les plus en scène dans nos vieux fabliaux
et dans nos romans du temps de la chevalerie.

C'est probablement dans nos vieux manoirs féodaux, après une
journée de chasse bien remplie, les chasseurs attablés racontant les
tours que maître Renard leur avait joués (et un peu d'hyperbole
saint-hubertesque aidant), que sont nées sur ce personnage ces
légendes qui remplissent notre littérature moyenâgeuse.

Le Renard charbonnier et le Renard rouge

Le Renard de nos pays se distingue facilement en deux variétés : le Renard au pelage grisâtre et foncé, la gorge et le ventre d'un blanc très mélangé de noir avec le fond gris, la queue généralement uniformément de nuance foncée, l'extrémité noire. Nous l'appelons le **Renard charbonnier;** il habite les plaines et même les montagnes du massif central de la France, ainsi que le Midi.

La seconde variété, qui vit dans nos montagnes du plateau de Langres, du Jura, du Doubs, de la Savoie, des Vosges et même des Pyrénées, est le **Renard rouge.**

Comme son nom l'indique, son pelage est uniformément rouge jaunâtre sur tout le corps, sauf la gorge, le ventre, les parties internes des pattes et l'extrémité de la queue qui sont blancs. Le ventre a sur la ligne médiane une teinte bleuâtre, causée par les pointes noires qui parsèment le fond clair.

Nos chasseurs ont souvent l'idée que le Renard charbonnier est plus beau que le Renard rouge.

C'est certainement une affaire de goût et de mode, et, mis en tapis ou en cravate dans sa nuance naturelle, un **Renard charbonnier** offre une diversité de nuances que n'a pas le Renard rouge ; mais la vérité est que le Renard rouge a ordinairement plus de valeur que le Charbonnier. Il est d'ailleurs généralement plus grand et, habitant des altitudes plus élevées, a le poil beaucoup plus fin.

Il a aussi plus de similitude avec le Renard des pays du Nord, et notre Renard rouge est employé en fourrure comme succédané du Renard russe ou du Canada.

Par la finesse de son poil, le Renard rouge se prête mieux à la teinture que le Charbonnier ; aussi en fait-on des imitations du Renard noir naturel, dont je parlerai plus loin. On appelle ces imitations des **Renards Sitka,** du nom d'une ville de l'Alaska.

Nous venons de prononcer le nom du Renard noir. Il y a, en effet (nous le verrons lorsque nous en serons aux Renards de l'Amérique du Nord et de la Sibérie), des Renards noirs ou presque noirs. On les appelle Renards argentés lorsqu'ils sont couverts plus ou moins de pointes blanches sur le fond noir.

Mais, pour le moment, comme nous en sommes aux Renards de nos pays, je veux seulement observer qu'il se présente, même en France, quelquefois des individus absolument identiques (en nuance) aux célèbres Renards noirs ou argentés.

Je puis affirmer que, dans la contrée de Nuits-sous-Beaune, qui, dans notre Bourgogne, fournit les meilleurs vins rouges, il se rencontre, à l'intervalle d'un à deux ans, des exemplaires de Renards de cette nuance noir argenté.

Et, à ce propos, on peut se demander si ces individus sont les descendants d'une seule famille qui se reproduit ou si ce ne sont pas plutôt des individus isolés qui, dans les portées, reproduisent, par atavisme, un de leurs ancêtres offrant cette particularité.

Nous penchons pour cette dernière hypothèse, et nous indiquons cette explication pour répondre à l'assertion de M. Brass, qui, à propos du Renard argenté, dit : « En outre, il est surprenant que le Renard argenté ne se présente que dans le haut Nord et jamais dans les contrées plus méridionales et tempérées. Si ce n'étaient que des variétés ou même des individus noirâtres de Renards rouges, il faudrait bien que, parmi les nombreux Renards rouges produits par ces contrées, il se trouvât une fois un Renard noir ou argenté, ce qui n'a encore jamais été le cas. »

Les faits positifs que nous signalons de l'existence de Renards noirs ou argentés dans nos pays, viendraient en opposition à ce qui précède. De même, nous avons vu que le Loup noir, d'après les Indiens, se trouverait mélangé avec les gris ou blancs dans les portées.

Nous lisons d'ailleurs, dans l'ouvrage de la Hudson Bay Company, à la page 58, ces mots : « Silver foxes are born in red families » (les Renards argentés naissent dans les familles de Renards rouges), ce qui confirme péremptoirement notre opinion.

Nous disons aussi que nous ne voyons pas la ligne de démarcation bien marquée, dans l'Amérique du Nord, entre le Renard rouge et le Renard croisé, d'une part, puis, entre le Renard croisé et le Renard argenté, d'autre part, et, enfin, entre le Renard argenté et le Renard noir.

Nous croyons que tous les Renards, de quelque nuance que soit leur pelage, ne sont que les chaînons d'une même chaîne. Nous allons voir combien petites sont les différences qui séparent les variétés les unes des autres, différences dues surtout, comme nous l'avons déjà dit, à l'habitat, à l'altitude et surtout à la latitude.

Le **Renard du Piémont, des Apennius, de l'Espagne**, ressemble à notre Renard charbonnier; le **Renard des Montagnes de l'Algérie** est rouge et fin en poil, mais plus petit que celui de nos montagnes; par contre, le **Renard** de la Suisse, du Tyrol de la Bavière, de la Poméranie, ressemble aussi à notre Renard du Jura ou de la Savoie, mais il est généralement plus grand.

L'Angleterre considère la chasse à courre au Renard comme un sport national; mais ce sport ne peut guère être pratiqué que dans ce pays où des landlords possèdent quelquefois des étendues de terrain plus considérables qu'un de nos départements.

Bien que l'Angleterre puisse fournir un certain nombre de peaux de Renards, il n'en vient presque pas dans le commerce.

Avant de passer aux Renards du Nord et à ceux des autres continents, je signalerai en passant l'énorme quantité de Renards produits dans le bassin de Méditerranée.

Je considère comme tels ceux provenant de l'Europe centrale, depuis l'Allemagne du Sud, par le bassin du Danube, la Hongrie et les Carpathes, jusqu'à la mer Noire, enfin le Tyrol, la Suisse, la France, l'Italie, l'Espagne, l'Algérie.

Je ne crois pas me tromper en évaluant à au moins 300.000 peaux par an la production totale en Renards de ces contrées.

Souvent, un seul ramasseur, en Suisse, peut offrir en vente jusqu'à 3.000 Renards; ce petit pays en produit, à lui seul, près de 20.000 peaux par an. A la foire de la Saint-Joseph, à Budapesth, en mars 1912, il s'est mis en vente près de 30.000 Renards; nos foires en France, comme à Chalon, à Rodez, à Clermont, offrent chacune jusqu'à un millier de peaux.

Il est à considérer que, malgré une opinion contraire, très répandue, la Faune de l'Europe occidentale est certainement aussi nombreuse que celle des autres continents, si l'on tient compte de l'énorme différence des superficies.

Il y a à peine une dizaine d'années que la mode s'est mise à adopter la fourrure du Renard de nos contrées comme imitation des Renards fins du Nord, et à en faire des objets de parure pour dames. Précédemment, l'emploi du Renard de nos pays était restreint. Quelques peaux, surtout celles des animaux tués par les chasseurs, étaient mises en tapis avec têtes naturalisées; la presque totalité était employée pour la Grèce, la Turquie et la Russie.

La peau de Renard, séchée, bien étendue et planchée en

fourreau (comme nous écorchons les Lapins), était divisée, déjà à l'état brut (c'est-à-dire sans être tannée), en plusieurs parties.

On commençait par prélever une bande d'environ 6 centimètres de large, comprenant l'arête dorsale avec la queue. Puis, les deux parties adjacentes, comprenant la nuque et les deux flancs, formaient une seconde partie ; enfin, il restait le ventre et la gorge avec les pattes de devant et de derrière.

Les bandes d'arêtes (naturellement après le tannage), de même que les entre-flancs, étaient travaillées ensemble, séparément, en doublures de vêtements. Les pattes étaient aussi assemblées pour le même usage.

La houppelande du palikare était doublée et garnie du dos des Renards, tandis que le Russe, pour le même emploi, utilisait l'entre-flanc et le ventre. Celui-ci, léger et chaud, servait à doubler les vitchouras des dames de Pétrograd, de Moscou ou de Varsovie.

Au moyen âge, en France, les vêtements des bourgeois étaient souvent garnis de Renard ; et, à la Révolution, les sans-culottes portaient une queue de Renard, pendue derrière leur bonnet, sans doute pour remplacer la queue en cheveux qui était déclarée anticivique.

La queue du goupil (Renard, en vieux français) servait même aux offices religieux pour l'aspersion de l'eau bénite, et c'est de là que nous est venu le mot de goupillon.

La queue du Renard a été, ensuite, beaucoup employée par la bourrellerie, au temps du roulage et des diligences, pour l'ornementation des harnais, afin de chasser les mouches des yeux ou du poitrail des chevaux ; la patte non fendue constituait le soufflet de l'appeau dont se servaient les braconniers pour attirer dans leurs filets caïlles, gelinottes et autres oiseaux.

Aujourd'hui, on emploie le Renard en écharpes et en manchons. On l'utilise tout entier, corps, tête, pattes et queue. Ce n'est plus le serpent froid et visqueux qui enveloppe de ses replis le corps des belles Ève modernes ; la fourrure chaude, douce et légère de maître Renard lui a servi, et, détrônant le serpent malin, il est devenu le séducteur.

Mais la grande tentation pour la jeune fille et pour la matrone, c'est d'avoir une écharpe en Renard exotique, blanc ou bleu, pour la jeune femme ; rouge, croisé, argenté ou noir, pour la dame.

Avant d'arriver à ces Renards de luxe, continuons l'énumération et la description des autres variétés de Renards employés en fourrure.

Le Renard fennec

Faisant partie des rivages baignés par la Méditerranée, l'Égypte et l'Abyssinie nous offrent le joli petit animal connu sous le nom de **Renard fennec**. Il a de grandes oreilles et est de couleur fauve.

Le centre de l'Afrique jusqu'au Cap, de même que la contrée du golfe Persique, produisent aussi quelques variétés de Renards se différenciant des nôtres seulement par leur nuance plus ou moins rouge et par la finesse de leur poil.

Les quantités importées de ces peaux sont trop minimes pour en faire état comme emploi en fourrure.

Le Renard d'Australie

Lorsque l'Australie était désolée par la pullulation des Lapins, on tenta de faire exterminer ceux-ci en introduisant dans le pays un certain nombre de nos Renards d'Europe, et particulièrement de l'Angleterre.

Ces Renards se sont parfaitement acclimatés, et aujourd'hui, s'ils n'ont pas notablement diminué la quantité des Lapins, ils se sont si bien propagés, eux, que l'Australie en exporte, chaque année, plus de 50.000 peaux.

Ils sont de la taille des nôtres, assez régulièrement rouges, mais plus plats. On les emploie aux mêmes usages.

Ces peaux sont vendues en Australie aux enchères publiques, comme les Lapins, et assorties par douzaines et par qualités dans les sortes suivantes : premières; deuxièmes; troisièmes; inférieures et très endommagées. Le prix s'établit à la douzaine de peaux.

Le Renard Kitt ou de Podolie

Le sud du Canada et seulement les États du nord des États-Unis nous fournissent un petit Renard de nuance mastic à pointes blanchâtres, que nous appelons **Renard Kitt**, comme le nomment les Anglais.

En France, on le connaissait comme **Renard turc** ou **de Podolie**, à cause de sa similitude avec le Renard de Turquie comme nuance, et, je suppose, parce que les Turcs employaient cette fourrure pour la doublure de leur caftans, à cause de sa légèreté de cuir, de la finesse et de la nuance agréable de sa fourrure. Sa valeur est d'environ 25 francs la peau.

En Turquie, les fourrures sont un objet de parure et de luxe commun aux deux sexes. L'étiquette veut qu'on prenne en automne l'Hermine ; au bout de trois semaines, la fourrure de Vair, et ensuite la Zibeline pour tout l'hiver.

Les habits doublés de la peau de Renard noir sont, en principe, réservés à Sa Hautesse et aux personnes auxquelles elle en fait présent. (Larousse.)

Le Renard de Virginie

En descendant plus au Sud, c'est-à-dire dans les États-Unis jusqu'au Mexique, nous trouvons le **Renard de Virginie** ou **Renard gris**. Le dessus de la tête, le dos et le dessus des pattes de ce Renard ont le poil gris-bleu dans le fond et la pointe blanche, séparée du fond par une traverse noire, ce qui produit pour l'ensemble une nuance gris argenté.

Cette teinte grisaille est bordée à la gorge, sur les flancs et aux pattes par une bande rouge, et enfin le dessous du cou, le ventre et les faces internes des pattes sont blancs ; c'est ce qui lui a fait aussi donner le nom de **Renard tricolore**, qui appartient cependant plus spécialement à son pareil de l'Amérique du Sud, que nous signalerons tout à l'heure.

La Grèce faisait un assez grand emploi de ces peaux pour la doublure des vêtements ; on en fait aujourd'hui des objets de dames.

Sa taille est celle d'un de nos petits Renards de France. Son poil est assez long, mais pas très fin.

L'assemblage de ces peaux de Renard de Virginie produit, par la diversité des nuances, des dessins réguliers et flatteurs à la vue.

Lorsque ces peaux n'étaient pas aussi demandées pour la parure de dames et conséquemment moins chères, on en faisait, vu leurs jolies nuances, des foyères et des couvertures de voitures.

L'Amérique du Sud a un genre de Renard ressemblant beaucoup au Renard de Virginie, que nous venons de décrire, mais avec des nuances encore plus vives.

Le Renard de Bolivie, de Patagonie et du détroit de Mangellan

La Bolivie et plus spécialement la Patagonie nous envoient un genre de Renard ressemblant, en finesse et fourré de poil, au Renard Kitt. Mais il est plus grand et plus gris. On l'a beaucoup employé en bleuté, sous le nom de Patagonie bleuté. Du détroit de Magellan, nous vient en trop petite quantité un grand et beau Renard fin et fourré en poil, de nuance se rapprochant de celle du Loup.

Le Renard de Mongolie

La Chine fournit aussi diverses variétés de Renards rouges, qui sont en général plus fins en poil que les nôtres ; la queue est aussi plus grosse ; la nuance varie du rouge au rouge grisâtre, surtout à la croupe. Quelques-uns ont l'arête du dos et la croix assez marquées, ce qui les fait ressembler aux Renards croisés américains.

Le poil de ces Renards, à cause de sa finesse, supporte moins bien la teinture que celui des Renards de nos pays ; la pointe se frise souvent.

Le Renard rouge de Sibérie

Un des plus beaux Renards rouges est celui de la Sibérie, et notamment celui qui provient du Kamtchatka.

Il a beaucoup d'analogie avec le Renard rouge des Alpes, dont j'ai déjà parlé ; mais il est plus grand et d'une plus belle nuance. Il a aussi le poil plus fin.

La Sibérie occidentale et la frontière chinoise vers l'Amour produisent aussi de beaux Renards, moins fins et moins fournis en poil que ceux du Kamtchatka et qui se rapprochent davantage des Renards de Mongolie.

Le Renard rouge de l'Amérique du Nord

Enfin, l'**Alaska**, le **Canada**, **Terre-Neuve** et le **Labrador** produisent un magnifique Renard, d'un rouge plus ou moins foncé, mais toujours d'une nuance vive, éclatante, tranchant fortement avec la gorge et le ventre qui sont d'un blanc très peu nuancé de gris. Le dessus de la patte présente une arête noire, bien marquée.

Comme beauté et finesse de poil, ce Renard rouge surpasse certainement tous ses semblables. En le teignant en noir, et en plaçant dans le poil, soit à l'aiguille, soit en les collant, des poils à pointe blanche (par exemple, des poils de Blaireau), on arrive à faire une belle imitation de Renard argenté. Dans le commerce de la fourrure, on donne à ces peaux le nom de **Renard pointillé**.

Le Renard croisé

Au Labrador et à Terre-Neuve, nous trouvons également le **Renard croisé**, qui paraît n'être qu'une variété du Renard rouge. Ce qui le différencie de celui-ci, c'est que, sur l'arête dorsale et sur la partie au-dessus de l'omoplate, c'est-à-dire entre les deux pattes de devant et au-dessous de la nuque, le Renard croisé a l'extrémité des poils noire, ce qui produit deux raies foncées formant une croix sur le dos de l'animal, un peu comme cela se voit sur le dos de quelques ânes.

Chez beaucoup d'individus, la nuance rouge du reste du corps disparaît presque, et les pointes rouges deviennent grises en même temps que le fond du duvet devient plus foncé. Le Renard croisé se rapproche alors sensiblement du Renard argenté.

Le Renard argenté

Celui-ci, à son tour, est quelquefois couvert, de la tête à la queue, d'un poil assez foncé à sa naissance et dans le duvet, mais dont la pointe est blanche; c'est alors véritablement un Renard argenté. Dans d'autres peaux, ces pointes blanches ne recouvrent que le dos en allant en augmentant en nombre vers la queue, et la nuque seule est complètement noire. Puis, enfin, le noir descend quelquefois jusqu'au-dessous des omoplates, et le Renard argenté peut alors être considéré comme un Renard noir.

Le Renard noir

Quelques individus, enfin, n'ont plus du tout de poils à pointe blanche, ce sont alors des **Renards noirs**. Vous voyez quelle lente transition existe du Renard rouge au Renard croisé et au Renard noir.

Mais, si la progression du noir est minime, celle du prix est bien autrement ascendante. Ainsi, lorsqu'on paie, par exemple, 150 francs pour un beau Renard rouge, on paiera 500 francs pour un Renard croisé ordinaire; 800 francs pour un Renard croisé foncé; 2.000 francs pour un Renard complètement argenté; 3.000 à 5.000 francs pour un Renard ayant la nuque et les omoplates noires, et, enfin, s'il est tout noir (il n'y en a que deux ou trois exemplaires chaque année), on paiera 8.000 à 10.000 francs pour un de ces exemplaires rarissimes.

Une peau a été payée, à l'occasion d'une des grandes expositions internationales, le prix fabuleux de 14.000 francs.

A la vente de MM. Lampson, en mars 1912, il a été vendu par cette maison 374 peaux, et l'une d'elles a obtenu le prix de 410 livres sterling, soit environ 10.300 francs.

Actuellement, la mode favorise le Renard argenté au détriment du Renard noir. Est-ce parce que la nuance du Renard uniformément noir est beaucoup plus facile à obtenir par la teinture ? Ou est-ce que la production par l'élevage jette sur le marché plus de peaux noires que de jolies peaux argentées ? Ou bien est-ce seulement l'effet des caprices de la mode ?

Les prix de cette année s'établissent entre 30 et 80 livres, ce qui, aux cours actuels, donne de 2.000 à 7.000 francs.

Le Renard blanc et le Renard bleu ou Isatis

Poussons encore une pointe à l'extrême Nord, à des latitudes au-dessus de celles où habitent les Renards rouges, argentés ou noirs, et nous trouverons dans les solitudes du Pôle les deux variétés d'**Isatis** ou **Renard des neiges**; ce sont le **Renard blanc** et le **Renard bleu**. Le Renard blanc, comme l'Hermine et comme le Lièvre variable, prend une teinte rousse sur sa fourrure, en été; ce n'est que par le froid qu'il prend cette livrée éclatante de blancheur, qui le fait confondre avec la neige. Il monte plus loin au Nord que son cousin le Renard bleu.

Une peau de Renard blanc fabriquée en cravate, forme animal, a été la coqueluche de nos dames et demoiselles ces derniers hivers. On comprend cet engouement quand on considère la blancheur immaculée, le soyeux et le brillant du poil.

La légèreté de sa fourrure fait du Renard blanc le vrai type de la fourrure d'été pour les villégiatures alpestres, les villes d'eaux et les plages. Aussi, étant très demandé, la valeur actuelle d'un Renard blanc en bonne peau peut être fixée à un millier de francs environ.

Le Renard bleu, comme le Renard blanc, rôde sur la neige et sur les glaces, en quête d'un phoque mort, d'un cétacé échoué, d'un poisson ou d'un pingouin; il se contentera aussi des reliefs du repas d'un Ours blanc.

C'est surtout par le contraste de son pelage gris-brun avec la blancheur de la neige qui l'entoure, qu'il paraîtra bleu par oppo-

sition de nuances ; aussi, lorsqu'un profane voit une peau de Renard
bleu, il dit au fourreur : « Comment pouvez-vous appeler cette couleur bleue ? c'est plutôt gris sale qu'il faudrait dire », et le profane
a un peu raison, car le Renard bleu n'est pas d'un bleu de bleuet.

Fig. 10. — LE RENARD BLANC
(1/8ᵉ de grandeur naturelle)

Le fourreur n'a cependant pas tort, car, si le bleu est rare dans la
nature, c'est surtout dans la fourrure des animaux mammifères, et
le Renard bleu est d'une nuance si spéciale, qu'aucune autre fourrure ne l'imite.

L'élevage
du Renard bleu et du Renard argenté

Puisque je viens de parler des Renards bleu et argenté, je
dirai quelques mots des fermes où l'homme a cherché et trouvé le
moyen d'élever ces Renards argentés si recherchés.

Cet élevage, pour lequel la présence de l'homme doit être réduite à sa plus minime expression, tout en ne produisant pas des exemplaires aussi beaux que ceux qui vivent en liberté, donne cependant des produits encore estimés.

On a donné, de ces fermes et de cet élevage, des descriptions très intéressantes, desquelles j'extrais les renseignements suivants :

Sur les îles des côtes de l'Alaska, l'élevage des Renards bleus et des Renards argentés consiste surtout à s'occuper d'eux en leur assurant une nourriture suffisante et des abris, tout en leur laissant une quasi-liberté.

D'autre part, on a soin, au moment de la récolte en hiver, de conserver vivants les meilleurs exemplaires à cause de la reproduction. Les résultats obtenus ont été plus favorables pour le Renard bleu que pour le Renard argenté.

Au Labrador et à Terre-Neuve, comme aussi dans quelques États du nord-est des États-Unis, des compagnies commerciales se sont formées pour affermer à l'État des territoires destinés à la création de fermes pour l'élevage du Renard argenté.

Les soins consistent à leur assurer l'illusion de la liberté dans leur prison, c'est-à-dire à veiller à ce qu'ils aient une alimentation rationnelle et appropriée, et à leur éviter la vue ou même l'idée de la présence de l'homme.

A cet effet, on compte qu'il faut un emplacement d'environ 40 ares pour six paires de Renards. Cet emplacement clos est subdivisé lui-même en d'autres compartiments : les uns plus petits pour une famille, d'autres plus grands pour les ébats en commun (les deux sexes étant séparés hors la période de l'accouplement).

Ces enclos sont parsemés de quelques arbres et buissons, et séparés par des grillages en fil de fer. Ceux-ci ont 3 m. 50 environ de hauteur au-dessus du sol, et pénètrent assez profondément en terre sur un massif bâti pour arrêter tout passage souterrain. La partie supérieure se termine par un renversement intérieur de forme courbée, d'une largeur de 70 centimètres environ, afin d'empêcher toute escalade.

Dans les différents enclos sont installés des abris en forme de huttes ou simplement un gros tonneau sur le flanc.

Tout autour, enfin, est une seconde enceinte, ou chemin de ronde, également garnie d'un treillage destiné à empêcher l'accès de l'enclos depuis l'extérieur.

Ce chemin est séparé de l'enceinte intérieure par une haie qui cache à la vue des Renards le passage du gardien.

La nourriture des Renards doit être très surveillée; il la faut variée, et l'on doit éviter l'engraissement, qui influe défavorablement sur la reproduction.

On leur donne journellement au plus 125 grammes de viande, cheval, bovins ou abats; mais également du lait, des débris de cuisine, du pain, du biscuit de chiens; quelquefois, des baies, des fruits, un rat; même à l'occasion, un oiseau ou un poisson.

Ces Renards sont réunis par paires séparées, au mois de décembre; ils s'accouplent en février-mars, et, après cinquante jours, la femelle met bas de trois à huit petits.

Dès après l'accouplement, les sexes sont de nouveau séparés, et les mâles comme les femelles peuvent prendre leurs ébats dans leurs enclos distincts.

Tout particulièrement pendant la période d'accouplement ou lorsque la femelle a ses petits, il faut éviter avec le plus grand soin de déranger ou d'effrayer ces animaux, car la femelle cherche alors à transporter ses petits dans un autre abri, et souvent la portée entière est perdue.

Le jeune Renard est adulte après une année.

Il supporte bien la neige et le froid, mais l'humidité ou les périodes trop variables de gel et de dégel lui sont nuisibles.

Il est rare qu'un Renard parvienne à s'évader.

Ces animaux, privés de liberté, grimpent avec facilité sur les arbres dans leurs enclos, ce qu'ils ne font presque jamais à l'état sauvage. L'essentiel, pour réussir l'élevage de ces Renards, est donc une attention vigilante, et de ne pas leur être importun.

On ne peut se saisir d'eux; pour les séparer, il faut employer le système des couloirs à portes dans lesquels on les pousse, en ayant soin de refermer le passage derrière eux, comme nous le voyons faire dans les jardins zoologiques ou les ménageries.

Ces Renards, soit par l'effet de l'espèce de captivité à laquelle ils sont soumis, ou plutôt par suite du climat plus tempéré et des soins dont on les entoure, ont une fourrure moins épaisse et le poil moins fin que leurs congénères vivant en pleine liberté.

Ils ressemblent un peu aux Renards noirs, dont j'ai parlé et qu'on rencontre quelquefois dans notre pays.

Mais un signe caractéristique du Renard noir ou argenté, c'est que, quelle que soit sa teinte générale, l'extrémité de la queue est toujours blanche.

L'élevage des Renards se fait particulièrement sur l'île du Prince-Édouard.

Cette île, située dans l'estuaire du Saint-Laurent, a une superficie environ double de celle d'un de nos départements. Elle compte 100.000 habitants. Sa capitale est Charlottetown.

La saison de chasse va du 1er décembre à mi-janvier et produit environ 5.500 peaux, valant 1 million de dollars. Près de deux cents compagnies se sont fondées pour faire l'élevage des Renards et d'autres espèces d'animaux tels que Marmottes, Rats, Opossums, Castors. (Ces données sont extraites des numéros de la *Fur Trade Review* de New-York.)

Il me semble que la production de ces animaux n'étant plus qu'une affaire industrielle pouvant toujours répondre à la demande, la question de rareté disparaîtra, et la valeur de ces peaux tombera pour se reporter sur des espèces animales plus sauvages qui ne se laissent pas élever comme des Chats au biberon. La mode plus intelligente accordera, dans l'avenir, une valeur supérieure à une peau de Martre, de Lynx, de Loup ou de Glouton, qui ne sera pas le produit d'un élevage domestique.

Le Renard du Japon ou Tanuki

Comme genre canin, et avant de terminer avec celui-ci, je dois signaler le Renard du Japon : en histoire naturelle, *Canis procynides*. Le nom de *Tanuki* est l'appellation japonaise qui lui est souvent commune avec le Blaireau. Les Anglais le dénommaient *Racoon like Dog* (Chien-Raton), les Allemands le désignaient sous le nom de *Seefuchs* (Renard maritime). Ces divers noms indiquent bien les mœurs de cet animal qui est un intermédiaire entre les Chiens, les Blaireaux et les Ratons. Comme le Loup chicaille ou Chacal de la Terre de Feu, ce Renard souvent insulaire suit les côtes de la mer ou des fleuves, au Japon et en Chine, pour se repaître de crabes, de mollusques, ou d'oiseaux qu'il peut surprendre. Le Renard de Corée lui est semblable, mais est beaucoup plus grand de taille et a le poil plus élevé.

Le pelage de ces Renards est généralement gris-brun avec des pointes plus ou moins claires, tirant du jaune brun au gris noirâtre.

Il est fourni, plus ou moins grossier, et a beaucoup d'analogie avec celui du Raton laveur de l'Amérique du Nord, que nous appelons Marmotte.

Le poil est passablement plus court et plus foncé sur la croix, c'est-à-dire entre la nuque et les omoplates, ce qui donne à cette fourrure, lorsqu'elle est de bonne nuance, l'aspect de celle du Renard croisé.

Cet animal est plus court et plus bas sur jambe que le Renard ordinaire ; la tête est moins pointue, la queue beaucoup plus courte. Sa fourrure est employée soit naturelle, soit teinte, comme succédanée du Renard ou en imitation du Skunk.

Appartenant aussi au genre Chien, ayant de celui-ci la forte dentition, le cou musculeux, les fortes pattes et les mêmes habitudes nocturnes et voraces, je n'ai plus à citer (et plutôt pour mémoire) que la **Hyène tachetée de l'Inde britannique**, dont il a été tué 1.600 pièces en 1886 (H. Poland), et la **Hyène barrée du sud de l'Afrique**, car ces animaux ont le poil trop clairsemé ou trop grossier pour pouvoir servir à autre chose qu'à des tapis.

CHAPITRE IV

LES FÉLINS

LES FÉLINS

LES CHATS

Tous les Félins, malgré leur cohabitation bien des fois séculaire avec l'homme, ont, au contraire des Chiens, conservé leur caractère indépendant.

On a dit que le Chat s'attachait à la maison où il trouvait sa nourriture et ses aises, et non à l'homme, son maître. Il aime se faire caresser et ne caresse pas. Il suit son bon plaisir et n'aime pas obéir.

Il ne cherche pas à lire dans les yeux de son maître le désir de celui-ci. Il ne le suit pas, et, loin de lécher la main qui le frappe, il allongera sa patte, qui était de velours l'instant d'auparavant, et griffera profondément.

Les Chats ont une dentition différente des Chiens en ce qui concerne les molaires. Tandis que les Chiens ont six molaires en haut de la mâchoire de chaque côté et sept en bas, les Chats n'en ont plus que quatre en haut et seulement trois en bas. Ils n'ont donc que trente dents tandis que les Chiens en ont quarante-deux.

Leurs molaires, comme leurs canines, entrent les unes dans les autres; ils sont moins omnivores que les Chiens.

Leur langue, au contraire de celle du Chien qui est lisse, est couverte de papilles cornées, tournées en arrière et très rudes. Les pupilles des yeux se contractent tantôt en ligne verticale, tantôt en cercle; les ongles ne sont pas droits, allongés comme chez les Chiens; ils sont rétractiles, relevés dans le repos et couchés obliquement dans les intervalles des doigts. (Dr Chenu.)

Cette conformation des griffes leur permet de s'accrocher facilement à toutes les aspérités; aussi tous les Chats grimpent avec facilité ; leurs jambes nerveuses et l'élasticité de tout leur corps leur donnent une grande puissance de bonds, et ils peuvent se laisser choir d'une grande hauteur sans paraître en éprouver le moindre ébranlement.

Leur nez plus court indique un développement moins accentué du sens de l'odorat que chez les Chiens ; par contre, les sens de l'ouïe et de la vue sont remarquables chez les Chats.

On n'ignore pas comment chez les Chats l'agitaton de la queue indique souvent les passions qui agitent l'animal. Lorsqu'ils sont contents, ils relèvent cet organe sur leur dos, tandis que, lorsque la colère les anime, ils le baissent et le font mouvoir latéralement de droite à gauche et avec force. (Dr Chenu.)

L'amour des petits n'est connu que des mères. Les Chats mâles sont les plus cruels ennemis de leur progéniture.

Excepté l'homme, les Chats n'ont point d'ennemis qui en veulent à leur vie, et aucun des animaux dont ils font leur proie ne peut leur résister ; la seule ressource de ceux-ci est dans une prompte fuite.

Les Chats ne peuvent courir avec rapidité, c'est leur seule imperfection, si l'on peut toutefois appeler ainsi la privation d'une faculté qui aurait entraîné la dévastation des continents et y aurait éteint la vie animale. (Dr Chenu.)

Ayant indiqué par tous ces passages les caractères généraux du genre Félin, caractères qui se rapportent à tous les Chats, depuis notre Matou jusqu'au Tigre et au Lion, je passerai aux divers animaux de cette espèce, dont presque tous, grâce à la richesse de leur robe, fournissent une ample provision de peaux au fourreur, et ce, depuis la plus haute antiquité jusqu'à nos jours.

Je commencerai donc par le Chat domestique ou Chat de feu.

Le Chat domestique

La domesticité a varié le pelage des Chats, et il y en a de toutes nuances soit unies, soit bigarrées ; cependant les teintes dominantes sont le gris, le blanc, le jaune et le noir.

En fourrure, ce sont les Chats de couleurs unies ou ayant conservé à peu près la couleur gris tigré du Chat sauvage, qui ont le plus de valeur, et particulièrement les **Chats noirs**.

Parmi ceux-ci, les plus beaux viennent de la Hollande, du Schleswig, du Tyrol, de la Suisse.

On en fait des intérieurs de pelisses, des cols et même des objets pour dames.

La Russie, l'Amérique et l'Australie fournissent un grand nombre de Chats, et parmi ceux-ci beaucoup de noirs; la plupart des peaux de la Russie sont travaillées en nappes assemblées par paires, que nous appelons des sacs.

Ces Chats sont généralement plus bruns et moins beaux que ceux que nous avons cités plus haut. Une autre couleur estimée de la fourrure du Chat est celle qui, sur un fond gris foncé jaunâtre, présente une ligne dorsale noire et, partant de cette arête ou l'entourant, une série de barres ou d'anneaux également noirs; ce sont les **Chats tigrés**, ou **Chats à lunettes**, ou **Chats lyre**.

Ces peaux de Chats, grâce à la régularité de leurs dessins, s'assemblent bien et produisent des dessins répétés faisant un très joli effet dans un intérieur de vêtement.

Les **Chats rouges** et les **Chats gris cendré** ont aussi plus de valeur que les **Chats bigarrés**. Ceux-ci s'emploient souvent teints en imitation des Chats noirs naturels.

Les Chats, en général, ont le poil peu solide, il se casse et se frotte facilement; en outre, le Chat dépoile, cela tient à ce que le cuir spongieux ne retient pas suffisamment le bulbe du poil dans l'épiderme.

Le duvet du Chat n'est pas employable pour le feutre, comme celui du Lapin et des Rongeurs; il ne feutre pas.

La valeur des peaux de Chats est aussi diverse que leurs variétés; une peau de Chat peut valoir 50 centimes tandis qu'une autre vaudra 10 francs.

La Chine fournit également un assez grand nombre de peaux de Chats. Elle les fabrique en forme de croix. J'ai expliqué ce qu'était la forme de la croix de Chine, en parlant des croix de Lapins blancs de Chine

Le Chat sauvage

Le Chat sauvage est certainement l'ancêtre de nos Chats domestiques, avec lequel il se croise quelquefois; et souvent les Chats habitant les fermes isolées et près des bois retournent à l'état sauvage. Ils vivent, comme le Chat sauvage de toutes proies vivantes qu'ils peuvent saisir : grenouille, lézard, insecte, oiseau, écureuil rat, lapereau. Tout lui est bon, au Chat sauvage; c'est un terrible destructeur, et, cependant, il est moins avide de sang que d'autres Carnassiers, comme la Fouine, le Putois, la Belette, qui ne se contentent pas d'assouvir leur faim, mais détruisent pour le plaisir du carnage.

Le Chat se contente généralement d'une proie qu'il emporte pour la dévorer en y prenant son temps; il joue avec la souris avant de s'en repaître.

Le Chat sauvage, au contraire du Chat domestique, n'est jamais bigarré de couleurs. Le dos est gris verdâtre, rayé de bandes transversales peu accentuées ; la queue présente également quelques anneaux peu marqués et se termine par une pointe toujours noire. Le dessous de la gorge et le ventre présentent quelquefois du blanc.

Le poil est plus épais et plus fin que chez le Chat domestique; la taille est généralement aussi plus grande. On emploie la peau pour l'appliquer sur les membres souffrant de rhumatismes; on prétend que la peau du Chat développe un courant électrique continu ayant un effet thérapeutique. Ce qui est certain, c'est que la fourrure du Chat, mauvaise conductrice de la chaleur, empêche la température extérieure d'influencer la partie du corps recouverte par la fourrure, et la maintient à un degré de chaleur constant.

On sait que la peau du Chat vivant, frottée à rebrousse-poil dans l'obscurité, dégage des étincelles; c'est en frottant un gâteau de résine avec une peau de Chat qu'on développe de l'électricité sur le plateau. C'est une des premières expériences de physique que l'on montre à nos enfants lorsqu'ils commencent à étudier cette science.

Le Lynx

Le **Lynx** (angl. *Lynx*), particulièrement celui d'Europe appelé souvent **Loup-cervier**, ressemble beaucoup à un grand Chat sauvage; il en diffère surtout par ses oreilles pointues, terminées par un faisceau de longs poils, et par sa queue beaucoup, plus courte, celle-ci ayant seulement de 7 à 10 centimètres.

Il habite les pays méridionaux et orientaux de l'Europe ; aussi nous le trouvons en Espagne et dans les Balkans.

Son pelage est roux sur le dos ; le ventre est plus clair, souvent parsemé de taches foncées ; la pointe des oreilles comme le bout de la queue sont noirs.

Sa fourrure est assez dense, mais pas fine, ni longue en poils ; nous trouvons souvent les peaux de Lynx mélangées avec celles des Chats sauvages venant de Bosnie ou avec les Chacals de la Macédoine. Elles n'ont pas grande valeur.

Le Lynx de Suède

Le Lynx du nord de l'Europe a le poil plus fin et plus gris que le précédent ; le ventre est plus blanc et plus tacheté. On le trouve en Suède et en Norvège. Comme le Chat sauvage, mais avec encore plus de hardiesse, car il est plus grand que ce dernier, il se tapit sur une grosse branche d'arbre et attend avec patience sa proie ; il saisit les Lièvres, les Chevreuils, les Cerfs même au passage ; il s'élance sur le dos de sa victime, et, lui faisant une profonde morsure dans la nuque, il en suce le sang et lui ouvre la tête pour en manger la cervelle ; après quoi, il l'abandonne pour en chercher une autre. (Dr Chenu.)

Le Lynx du Canada

L'Amérique du Nord nous fournit un Lynx de grande taille, de poil d'une grande finesse et très fourni. Nous l'appelons **Lynx du Canada**. Il est gris fauve ; le ventre est blanc sale, souvent joliment tigré de taches noirâtres. Nous avons vu que la fourrure du Lynx était une des unités de valeur de la pelleterie pour le tarif d'échange de la Compagnie de la Baie d'Hudson ; c'est une des peaux qui forme un gros chiffre dans l'exportation de pelleteries du Canada.

En janvier et mars 1912, la Compagnie de la Baie d'Hudson et les autres maisons de Londres en ont mis en vente environ 9.000.

La mode favorise cet article ; on en fait des manchons, des boas, des bordures de vêtements, des étoles. Le cuir, sauf dans la partie de la nuque, est mince et léger; aussi le Lynx a-t-il toujours été employé en Grèce, en Turquie, en Russie, pour des couvertures de voitures et des doublures de vêtements.

Fig. 11. — LE LYNX DU CANADA
(1/10⁰ de grandeur naturelle)

La valeur du Lynx a subi, selon la mode, d'assez grandes variations; ainsi les Lynx provenant du comptoir Fort d'York ont été vendus : en 1909, 170 francs; en 1910, 210 francs; en 1911, 152 francs; en 1912, 190 francs.

Le Chat lynx

Une variété de Lynx plus petite, qui habite le territoire des États-Unis, est connue sous le nom de **Chat lynx**. Il est généralement plus tacheté que le Lynx; selon les provenances, son pelage est assez variable. Souvent la tête est zébrée de lignes blanches et noires, le faisant ressembler à un Tigre en miniature. (H. Poland.)

Le Guépard

L'Afrique du Sud, l'Inde, l'Afghanistan, nous fournissent le **Guépard** au pelage rouge jaunâtre, sur lequel se détachent de nombreuses taches noires, dont le poil dépasse un peu le fond rouge.

Cet animal a les jambes plus longues que les Chats et les Lynx; il saisit sa proie à la course, et, au moyen âge, il servait pour la chasse, comme le Faucon. On devrait presque le considérer comme un Chien plutôt que comme un Chat, car il n'a pas les ongles rétractiles et il ne peut grimper sur les arbres.

En Perse, on l'emploie encore de nos jours comme un Chien courant; on lui met un bandeau qui couvre les yeux, mais, dès qu'on aperçoit le gibier, on le lui enlève. L'animal, en quelques bonds prodigieux, atteint sa proie, la saisit et l'étrangle.

Le Caracal

Les mêmes pays nous donnent le **Caracal**, qui est aussi un genre de Lynx; il suit, dit-on, les Lions pour recueillir les débris de leurs repas. Les peaux de Caracals, comme celles des Guépards, n'ont pas de valeur en fourrure et ne servent que pour des tapis.

Par une pente insensible, nous arrivons au genre des Panthères et des Léopards.

L'Ocelot

Parmi les Léopards, un des plus petits et cependant un des plus jolis est l'**Ocelot**. Il nous vient du sud de l'Amérique, du Paraguay. Son pelage fauve, sur lequel se détachent des figures ovales ou rectangulaires allongées, noires, ou au milieu desquelles des taches de même nuance sont semées; ses raies transversales sur le cou, la queue marquée de taches noires, son poil doux et ras, lui font une

Fig. 12. — L'Ocelot
(1/10ᵉ de grandeur naturelle)

robe rappelant la diaprure du Serpent-Boa, ou celle du Jaguar, son terrible compatriote.

Le Léopard

Les **Léopards** sont répandus dans toutes les parties chaudes de l'Asie, de l'Afrique, de l'Amérique. Je les passerai rapidement en revue, car, au point de vue de la fourrure, tous ces animaux servent pour la naturalisation ou la mise en tapis, et leur valeur varie selon leur bon état de conservation, leur taille, leur élévation de poil et leur nuance.

Par les clichés que je fais reproduire dans cet ouvrage, le lecteur se rendra facilement compte, mieux que par des explications, de la différence de dessin du pelage du **Tigre**, de la **Panthère**, du

Fig. 13. — LE LÉOPARD
(1/12° de grandeur naturelle)

Léopard, du **Jaguar** et de l'**Once**, car, particulièrement pour les premiers, ce n'est guère que par la fourrure qu'on distingue la variété et la provenance de l'animal.

Il arrive fort souvent que les peaux de ces animaux sont importées dans nos pays par des amateurs voyageurs ou des officiers de marine, qui laissent trop facilement surprendre leur bonne foi par les mercantis. Ceux-ci offrent à la vente les peaux que les négociants ont rebutées comme n'ayant pas une valeur commerciale suffisante.

Pour qu'une peau de ce genre ait une valeur, il faut d'abord qu'elle soit en bon état, saine de cuir, c'est-à-dire convenablement séchée sans être brûlée par le soleil ou abîmée par une conservation de trop longue durée à l'état brut.

Il arrive, malheureusement, trop souvent qu'en mettant à la trempe ou au broyage une de ces peaux des pays chauds, on s'aperçoit que certaines parties ont été brûlées par la graisse en étant exposées aux rayons trop ardents du soleil.

La peau a subi la même altération qu'une paire de chaussures mouillées, qu'on fait sécher au feu, et dont le cuir se vitrifie et casse.

La conservation trop prolongée d'un cuir à l'état naturel entraîne une décomposition intime de sa structure, le derme et l'épiderme se séparent facilement, et la peau pèle.

Ce n'est pas comme dans la putréfaction produite par un manque de séchage après l'écorchage, ce n'est pas le poil qui s'enlève par touffes, c'est l'épiderme avec son poil qui s'enlève de la masse du cuir, comme une lame de mica ou d'ardoise se sépare du bloc dont elle fait partie.

En second lieu, si la peau doit pouvoir servir à toutes sortes d'emplois, tels que la naturalisation pour un cabinet d'histoire naturelle, ou pour ne monter que la tête en trophée ou la peau entière en tapis ou en tenture, il faut, autant que possible, qu'elle soit complète, c'est-à-dire ayant toutes ses parties intactes, nez, oreilles, moustaches, griffes et queue.

Troisième coefficient de valeur : la qualité de la fourrure ; je veux dire l'élévation du poil, la nuance, les dessins, s'il y en a, bien marqués, enfin la finesse. Si toutes ces qualités ne sont pas réunies, la peau de tous ces Félins ne peut guère servir que pour les dessus de selles ou d'arçon.

Jusqu'avant la guerre de 1870, les casques de nos dragons étaient garnis au-dessus de la visière d'une bande de Léopard. Enfin, le jouet d'enfant consomme ce qui n'a pas trouvé d'autre emploi de plus de valeur.

L'Asie produit un Léopard de bonne taille, aux couleurs éclatantes, bien marqué jusque sous le ventre blanchâtre et frais de nuance. Ses anneaux affectent généralement la forme d'un rond irrégulier, formé de plusieurs points ou onglets. Le centre est souvent occupé par un à trois points noirs, un peu plus petits.

La Panthère noire

L'île de Java nous offre des exemplaires noirs, connus sous le nom de **Panthère noire**.

Dans la teinte uniformément noir-brun de cet animal, on remarque, cependant, légèrement les mêmes anneaux que dans la Panthère fauve ; ceux-ci se différencient seulement du fond par une teinte noire, encore plus accentuée.

Ces animaux, bien que se produisant plus souvent dans la contrée de Java, ne sont probablement que des individus affectés de mélanisme, car on dit que dans la même portée on trouve des petits ayant la couleur habituelle du Léopard, et quelquefois un individu noir exceptionnellement.

Cependant, cette étrangeté ne se produit pas, à notre connaissance, chez la Panthère d'Afrique, qui, à quelques différences peu sensibles, est un animal de la même famille que le Léopard de l'Inde.

La Panthère d'Afrique

La **Panthère** était, il y a une soixantaine d'années, nombreuse dans notre colonie algérienne, notre compatriote dijonnais Bombonel en tua, à lui seul, plus de 600 pièces.

La Panthère habite surtout les parties élevées de l'Afrique, et on la trouve jusqu'à 2.000 pieds d'altitude, depuis l'Algérie jusqu'au Cap.

Toutes les différences que l'on voit dans la robe des Léopards tiennent ou à l'individu, ou à son âge, ou à la latitude à laquelle il

Fig. 14. — La Panthère d'Afrique
(1/10ᵉ de grandeur naturelle)

vit. Mais le Léopard ou la Panthère, c'est-à-dire le Tigre tacheté
de l'ancien continent, au contraire de ses cousins le Tigre rayé et
le Lion, grimpe sur les arbres, comme le Lynx et le Chat sauvage,
pour y poursuivre le Singe, dont il aime à se repaître, ou pour y
guetter sa proie, Gazelle ou Antilope, et s'élancer sur elle.

L'Once ou Irbis

Un Léopard au pelage presque gris, tenant le milieu entre celui
du Lynx et celui du Léopard, tacheté de points brun clair, disposés
comme ceux du Léopard, mais ayant un poil beaucoup plus épais et
plus long que celui du Léopard de l'Inde, est le **Léopard des neiges**,
l'**Once** ou **Irbis**.

Sa queue est presque aussi longue que le reste du corps, c'est-
à-dire environ 1 mètre à 1 m. 25, elle est régulière en grosseur,
très fourrée de poils gris et barrée transversalement de raies
foncées.

A ce sujet, M. Poland remarque que cet animal présente cette
singularité que sa queue est proportionnellement plus longue que
celle de ses semblables des pays chauds, tandis qu'en général, les
animaux du Nord ont la queue plus courte que ceux de même famille
du Midi. Exemple : le Chat sauvage, le Bison, le Yak.

L'Once habite les parties froides de l'Asie, le sud de la Sibérie
jusqu'au lac Baïkal, le plateau du Thibet, le nord de la Perse, l'Himalaya. La fourrure est douce au toucher et très chaude.

Le Puma ou Couguar

Retournons au nouveau monde. Nous y trouvons au Paraguay,
où nous avons laissé l'Ocelot, au Brésil, à la Guyane, le **Puma** ou
Lion sans crinière de l'Amérique.

Il a la forme du Léopard ; sa nuance est brun rougeâtre ; le
ventre, à peine plus pâle que le dos, a le poil plus élevé et plus fin ;
la queue assez longue présente quelques taches noirâtres, mais
l'ensemble n'offre aucune des couleurs variées des genres de Léo-

pards. Aussi la valeur de ces peaux est-elle minime et leur emploi peu recherché.

Le Puma est le plus terrible ennemi des autres animaux dans les parages qu'il habite. Il a soif de sang; l'Autruche, le Guanaco, la Viscache sont ses victimes; il leur saute sur le dos d'un bond prodigieux; de ses pattes puissantes, il leur renverse le cou en arrière et leur brise la nuque; puis, rassasié par quelques lampées de sang, il abandonne le corps encore chaud et pantelant de sa proie, qui fait alors les délices des Vautours.

Le Jaguar

Dans les mêmes contrées, nous trouvons un des plus beaux animaux de la création comme taille, force et souplesse, c'est le

Fig. 15. — LE JAGUAR
(1/12ᵉ de grandeur naturelle)

Jaguar; c'est le plus grand des Léopards, et il atteint souvent la taille du Tigre royal.

Mais sa grosse tête ronde, ses yeux à fleur de tête, ses membres courts et trapus, sa queue plutôt courte, ne lui donnent pas l'aspect svelte et gracieux des Léopards d'Asie ou de la Panthère d'Afrique.

Par contre, sa fourrure, nuancée de taches disposées longitudinalement à la colonne vertébrale et en forme de pentagones irréguliers composés d'un trait noir entourant deux ou trois taches de même nuance sur un fond d'une belle teinte fauve, lui fait une robe magnifiquement diaprée et rappelant les dessins d'un Boa constrictor.

Aussi, dans le pays même, les Brésiliens et les Argentins considèrent une belle peau de Jaguar comme un ornement estimé de l'habitation, et la paient fort cher pour en faire une carpette ou la joindre aux armes sur une panoplie.

Le Tigre royal

Retournons de nouveau à l'ancien continent, pour y trouver les deux rois des animaux, le **Tigre royal** et le **Lion**. Le plus beau des animaux, comme taille, force et souplesse et comme coloris du pelage, est sans contredit le **Tigre royal**.

La rareté, la difficulté de sa chasse, en font un gibier de prince ; les rajahs de l'Inde ont pu offrir ce spectacle d'une chasse au Tigre au roi d'Angleterre, empereur de l'Inde, à l'occasion de son couronnement à Delhi.

Mais, pour se rendre maître du Tigre par cette chasse à grand spectacle, il faut une levée d'hommes, de chevaux, d'éléphants ; c'est une vraie campagne.

En général, c'est avec moins de pompe et moins de danger que l'on s'empare de ce terrible voisin ; on le fait tomber dans des trappes, on le laisse entrer dans des souricières monstres, on le détruit enfin par le poison.

Quand on considère ce magnifique animal, on comprend que les empereurs romains, ivres de puissance, aient voulu faire paraître des Tigres vivants couchés à leur pied ou aux côtés de leur trône ; c'était ajouter le joyau de la nature vivante à tous les joyaux de la nature morte, le signe de la toute-puissance sur tout ce qui était terrestre.

Et encore aujourd'hui, pour nous tous, un des attraits les plus

Fig. 16. — Le Tigre royal

(1/12ᵉ de grandeur naturelle)

décisifs de nos jardins zoologiques et de nos ménageries est la vue
d'un magnifique Tigre.

Son aspect, même en cage, inspire la crainte; instinctivement,
on sent qu'il n'a pas peur de l'homme et qu'il proteste contre cet
emprisonnement obtenu par la ruse.

Le Tigre royal est réparti sur toute la surface de l'Asie. Selon
sa provenance, il diffère un peu de taille et de nuance, mais il est
toujours marqué de bandes transversales noires sur fond jaune,
tandis que le Léopard est marqué de taches.

Le Tigre, dont nous voyons le plus souvent les exemplaires en
peau, est celui de la Cochinchine. Ces peaux nous sont apportées
par nos officiers rentrant du Tonkin et de l'Annam.

Le Tigre du Tonkin est assez grand; sa mâchoire, sa muscula-
ture et ses griffes sont puissantes; la nuance est bonne; malheureusement le poil est ras, la queue est un peu courte, les jambes sont
épaisses et peu longues.

Toutefois, lorsqu'il est bien complet, sa belle tête bien zébrée
de raies noires et blanches sur le fond jaune rougeâtre, ses belles et
fortes moustaches, son ventre et sa gorge bien blancs, encadrant
l'ensemble de la peau, permettent d'en faire un beau tapis de salon
ou un trophée de chasse dans un cabinet orné d'armes coloniales et
de curiosités ethniques.

Si, même, le possesseur de cette belle peau a fait campagne
dans nos colonies asiatiques, il pourra laisser croire à ses amis que
c'est à lui que revient l'honneur d'avoir tiré ce beau coup de fusil.

Le Tigre du Bengale a les mêmes qualités, mais aussi les
mêmes défauts que celui de Cochinchine; cependant, il a les raies
noires plus larges et le fond plus vif. Le **Tigre de la Chine du Nord**
(Mandchourie, Mongolie, région de l'Amour) est le plus beau
comme fourrure.

Son poil est fourni tout particulièrement sur la nuque et les
joues, et cela lui forme comme une sorte de crinière autour de la
tête. Les raies noires sont plus espacées que chez le Tigre du Sud;
la nuance du fond est moins vive et prend quelquefois une teinte un
peu pâle; la queue est fournie et bien marquée, et se termine par
un bouquet de poils noirs.

Les Chinois font grand cas de la peau du Tigre et de toutes les
parties de son corps : les mandarins se font un honneur de se faire
offrir une peau de Tigre par leurs administrés; cette peau orne le

siège d'honneur chez les Coréens. Les griffes servent comme amulettes ; les os sont employés dans la pharmacopée chinoise, et les indigènes mangent le cœur du Tigre pour se donner du courage.

Lorsqu'on achète une peau de Tigre, il faut voir si les griffes existent après la peau et surtout veiller à ce qu'elles y restent ; car elles disparaissent souvent comme par enchantement, après que l'achat a été consommé et payé. Une bonne peau de Tigre vaut de 500 à 1.500 francs.

Le Lion

Au point de vue fourrure, je remarquerai seulement que le **Lion du Sénégal** a la crinière d'une nuance brun rougeâtre uni, que la crinière ne s'allonge pas sur les omoplates, qu'il n'a pas de touffes de longs poils sur les coudes ou sur la ligne médiane du ventre, tandis que, chez le **Lion de l'Atlas** ou **de Barbarie**, la crinière plus foncée couvre presque toute la partie antérieure du corps, s'allonge, sur les pattes de devant, et suit la ligne du ventre. La queue se termine également par une touffe assez forte de poils noirs.

Les peaux des Lions élevés en ménageries, où ils deviennent très vieux, sont plus belles que celles des bêtes tuées à l'état sauvage. Les peaux mises en vente, selon leur beauté, atteignent de 500 à 2.000 francs. La peau de Lionne n'a que peu de valeur, à peine une cinquantaine de francs.

Comme pour les peaux de Léopards ou de Tigres, l'emploi principal des peaux de Lions est la naturalisation pour les cabinets d'histoire naturelle, les panoplies ou les carpettes.

Voici la plus jolie description que j'ai lue du **Lion**. Elle est de M. Boitard :

« Le Lion atteint de 2 m. 60 à 2 m. 90 de longueur, depuis le bout du nez jusqu'à la naissance de la queue, mais seulement dans les déserts où il n'est pas inquiété et où il trouve une nourriture abondante. Le plus ordinairement sa taille ne dépasse pas 1 m. 80 de longueur sur 1 m. 15 de hauteur. La femelle est d'environ un quart plus petite que lui. Sa figure est imposante et mobile comme celle de l'homme, et ses passions se peignent non seulement dans ses yeux, mais encore dans les rides de son front ; sa démarche est légère, quoique lente et toujours oblique. Sa voix est terrible, et

tous les animaux tremblent à une demi-lieue à la ronde quand son
rugissement fait retentir les forêts pendant la nuit : c'est un cri prolongé, d'un ton grave, mêlé d'un frémissement plus aigu. Lorsque
le Lion menace, il se ride le front, montre ses énormes dents, et
souffle de la même manière que le Chat domestique ; enfin, lorsqu'il attaque, il pousse un cri court et réitéré subitement. Dans la
colère, ses yeux deviennent flamboyants, et brillent sous deux épais
sourcils, qui se relèvent et s'abaissent comme par un mouvement
convulsif; sa crinière se redresse et s'agite ; de la queue il se bat les
flancs ; il ouvre la gueule et laisse voir une langue hérissée d'épines
pointues et tellement dures, qu'elles suffisent seules pour écorcher
la peau et entamer la chair.

» Tout à coup il se baisse sur ses pattes de devant, ses yeux se
ferment à demi, sa moustache se hérisse, son agitation cesse, il
reste immobile, et le bout de sa queue ronde et tendue fait seul un
petit mouvement de droite à gauche. Malheur à l'être vivant qu'il
regarde dans cette attitude, car il va s'élancer et déchirer une
victime ! »

LES VIVERRIENS

LES VIVERRIENS

La Genette et la Civette de Chine

Comme variété du genre Chat, nous avons en France un représentant de la famille des Viverriens. C'est la Genette : nous la trouvons surtout dans les Cévennes et les Pyrénées.

La **Genette** a le corps plus allongé que le Chat sauvage. Son pelage présente de nombreuses taches noires sur un fond gris brun

Fig. 17. — La Genette
(1/8ᵉ de grandeur naturelle)

verdâtre. Sa tête ressemble plutôt à celle du Renard ou de la Martre qu'à celle du Chat; l'arête dorsale présente une ligne de poils noirs, plus longs que ceux du reste du corps, et qui se prolonge sur la queue longue et pointue, formant une suite d'anneaux noirs bien marqués.

Ce même animal est assez fréquent en Espagne et en Afrique du Nord. Sa fourrure solide fait de jolies couvertures de voitures, grâce à ses dessins régulièrement répétés ; la valeur de ces peaux est de 8 à 12 francs.

Singulièrement ressemblante à notre Genette, mais plus grande et plus fournie en poil, est la **Civette de la Chine** (en anglais *Bush Cat*). C'est cet animal qui fournit la civette, c'est-à-dire la sécrétion odorante contenue dans une glande vers l'anus, qui s'emploie en parfumerie et que nos pères mettaient dans leur tabac à priser, cet emploi amena les bureaux de tabac à prendre fréquemment comme enseigne : *A la Civette.*

La Civette de la Chine a environ 80 centimètres de longueur ; des cercles blanc jaunâtre entourent la gorge et forment comme un collier en se rejoignant. Lorsqu'on assemble plusieurs peaux, ces dessins se rencontrant produisent un joli effet ; c'est ce que font les Chinois, qui exportent une quantité peu considérable de ces tapis et de ces peaux. Les deux tiers de la production restent dans le pays.

Cependant, depuis les hauts prix des Marmottes et des Renards, les Civettes de Chine ont été considérablement employées en cravates pour dames ou en cols pour hommes. La valeur a environ quintuplé ces dernières années.

La Lonette ou Civette se trouve également au Sénégal et dans l'Afrique méridionale.

Comme le Chat sauvage, sa nourriture principale se compose de toutes sortes de petits animaux et surtout de rongeurs.

LES PLANTIGRADES

LES PLANTIGRADES

LES OURS

Les Ours, trapus, massifs et lourds, donnent l'impression de la force. Cependant, ils sont moins dangereux que beaucoup d'autres animaux, car ils sont plutôt omnivores que carnivores. Un Ours préfère généralement, en captivité, une miche de pain ou des carottes à la chair crue.

Sa dentition présente d'ailleurs quelques différences avec celle du Chien et surtout du Chat; ses molaires sont faites pour écraser ou broyer des matières végétales, et non pour couper et déchirer de la chair, ce qu'il ne fait qu'avec ses incisives.

En outre, au lieu de marcher sur les doigts, les Ours marchent sur la plante des pieds; c'est pourquoi on leur donne le nom de Plantigrades, par opposition aux Digitigrades comme le Chien ou le Chat.

Par contre, si elle ne permet pas aux Ours la marche rapide, la forme de leurs membres leur donne la facilité de se tenir debout, de monter aux arbres dont ils embrassent le tronc avec leurs pattes puissantes, et en s'aidant de leurs ongles longs et aigus.

Ils fouissent très bien la terre et sont d'excellents nageurs.

Leurs yeux sont petits, mais vifs et perçants; leur odorat est des plus subtils. Outre le développement du museau, ils ont des narines très grandes, très ouvertes; les lèvres sont d'une extrême mobilité, et la langue est très longue et très douce. Ces animaux paraissent se servir de ces organes pour palper les corps, et, chez eux, le goût est aussi fin que l'odorat. (Larousse.)

L'Ours brun

L'Ours que nous voyons le plus souvent dans nos jardins publics est l'Ours brun d'Europe. On ne le trouve plus guère à l'état sauvage qu'en Russie; quelques exemplaires assez rares sont tués quelquefois dans les Alpes et les Pyrénées. La peau de ces Ours ne s'emploie guère que pour les tapis ou la naturalisation.

Le nord de l'Asie produit des **Ours bruns** et des **Ours noirs**. Le Japon possède quelques variétés d'Ours, généralement plus petits que ceux de l'Amour et du Kamtchatka.

L'Ours Isabelle

En descendant vers la Mongolie, le Thibet et l'Himalaya, on trouve un Ours brun, fin en poil et de nuance quelquefois très claire, qu'on connaît sous le nom d'**Ours Isabelle**.

On a employé, il y a un certain nombre d'années déjà, cette fourrure en boas, et même on l'a découpée en petites bandes étroites d'un centimètre à un centimètre et demi pour en faire des franges autour des vêtements de dames.

L'Ours jongleur

Plus au Sud encore, du pied de l'Himalaya à Ceylan, on trouve l'**Ours jongleur**. Son museau est très pointu et s'allonge en forme de trompe. Il se sert de ses griffes très longues pour fouiller les fourmilières et s'en nourrir; il cause de grands ravages dans les plantations de cannes à sucre. Sa fourrure, très fine et très noire, mais moins fourrée en duvet que celle des Ours noirs du Nord, vient peu sur le marché.

L'Ours grizzly

L'Amérique du Nord fournit plusieurs variétés d'Ours ; une des plus répandues dans la pelleterie est l'**Ours grizzly**, au pelage brun, paraissant grisâtre par suite des poils blancs, mélangés à la masse brunâtre et qui, quelquefois, sont si nombreux qu'ils donnent à cette peau une nuance presque argentée. Le fourreur l'a employée pour en faire des boas et de la couverture de voiture.

Le Grizzly, appelé aussi Ours féroce, est le plus farouche et le plus terrible des Ours. Il est la terreur des chasseurs de pelleteries.

L'Ours noir ou Baribal

Le plus beau des Ours est l'**Ours noir du Canada**, le **Baribal**.

Il se trouve dans tout le nord du continent américain, depuis l'Alaska jusqu'à l'Atlantique.

Le corps atteint jusqu'à 1 m. 80 de longueur ; sa fourrure varie du noir brun jusqu'au noir bleu. Quelques exemplaires présentent des poils pointés de blanc ; il vient chaque année en vente, par la Compagnie de la Baie d'Hudson, environ 4.000 peaux d'Ours noirs, et les États-Unis en fournissent aussi 10.000 peaux de différentes qualités.

Les peaux, bien régulières en poil, bien noires et fines en cuir, servent à la fabrication des bonnets à poil pour l'armée anglaise.

Les peaux suivantes en qualité sont employées pour la fourrure ; les premières sortes fines en cuir, pour les cols et manches de cochers.

Les Russes en font un grand usage, et un équipage n'est select que si les cochers sont emmitouflés dans d'immenses cols et parements en Ours noir.

Il est vrai que, lorsqu'il fait 25 et 30 degrés de froid, on supporte bien sur la troïka une couverture de belle fourrure d'Ours noir.

Actuellement, les peaux des jeunes Ours ou **Oursons**, très légères en cuir, sont employées pour l'écharpe et le manchon.

Cette fourrure fait un très bel effet et est solide ; elle remplace bien avantageusement le Skunk et le Renard.

La Compagnie de la Baie d'Hudson classe les Ours noirs en quatre qualités et en deux tailles. Chaque qualité et chaque taille est à son tour divisée en fournis, en plats, en laineux et en défectueux. En 1911, le prix des peaux brutes a varié de 6 à 160 francs. Le prix des Oursons a triplé ces dernières années, depuis la grande vogue et les prix élevés des Skunks.

L'Ours blanc

L'extrême Nord produit enfin l'**Ours blanc** ou **Ours polaire**. Celui-ci n'est pas végétarien, et pour cause. Quand on n'a pas ce que l'on aime... il faut se contenter de poissons et de phoques, même d'un cétacé échoué.

La conformation de la dentition de l'Ours blanc montre qu'il est plus carnivore qu'omnivore. Ses canines sont plus longues ; les

Fig. 18. — L'Ours blanc
(1/25ᵉ de grandeur naturelle)

incisives, plus tranchantes que chez les autres Ours ; les molaires, moins en forme de meules. Les dents s'emboîtent mieux les unes dans les autres, comme chez le Chien.

Sa patte, très large et comme ouatée par la fourrure, lui permet d'approcher sans bruit de sa proie, et, avec ses griffes puissantes, il peut facilement déterrer sa nourriture, enfouie sous la neige et la glace.

Les navigateurs hivernant au Pôle sont souvent visités par les Ours blancs qui voudraient s'emparer de leurs provisions ; mais, comme châtiment de leur témérité, ces bêtes tombent sous les balles des carabines de précision, et leur chair fraîche fait une heureuse diversion aux menus un peu trop uniformes, dont doivent se contenter les voyageurs dans ces régions glacées.

Les plus belles peaux sont présentées par la Compagnie du Groënland et mises en vente à Copenhague. Elles sont bien soignées, complètes, c'est-à-dire ayant leur tête, leurs griffes et souvent le crâne attaché à la peau. Elles atteignent quelquefois jusqu'à 3 mètres de longueur sur une largeur de 1 m. 50 en travers des flancs. Afin de les conserver blanches, elles ne sont pas salées et encaquées comme les peaux importées par la Compagnie de la Baie d'Hudson, mais les bateaux qui les amènent les traînent à la remorque dans l'eau de mer.

De cette façon, la graisse ne pénètre pas dans le poil par les trous causés dans le cuir par le harpon ou la balle, et la fourrure reste blanche.

Cependant, il ne faut pas s'illusionner. L'Ours blanc n'est pas d'un blanc de neige ; il est le plus souvent jaunâtre, mais une belle peau, qui n'a pas été blanchie artificiellement et que l'on s'est contenté de nettoyer et laver au savon, restera plus longtemps blanche que la peau lavée plus ou moins chimiquement, et, lorsque la première sera salie et devenue grise par la poussière, elle pourra se laver à nouveau et retrouver sa blancheur originelle, tandis que la seconde deviendra de plus en plus jaune-citron.

Une belle peau d'Ours blanc obtient une valeur de 500 à 1.000 francs, tandis qu'une peau grossière sera payée de 100 à 300 francs.

Il se produit chaque année de 600 à 900 peaux d'Ours blancs, dont 50 à 100 peaux fournies par la **Compagnie du Groënland**, 100 à 150 amenées par la Compagnie de la Baie d'Hudson, 300 à 400 par la Compagnie Lampson, et le reste arrive dans les différents ports du nord de la Norvège. Ces peaux ne servent que pour tapis, trophées, couvertures, ou pour la naturalisation. Cependant, on en teint aussi en noir.

Le Raton laveur ou Marmotte du Canada

A la famille des Plantigrades appartient enfin un des animaux dont la fourrure est considérablement employée en pelleterie : nous voulons parler du Raton laveur, qu'improprement nous connaissons sous le nom de **Marmotte du Canada** (angl. *Racoon*).

Le Raton n'est, en effet, pas une Marmotte, et il ne faut pas le

Fig. 19. — La Marmotte du Canada
(1/12ᵉ de grandeur naturelle)

confondre avec les animaux de ce nom, qui sont des rongeurs, et que nous avons décrits précédemment.

Le Raton ressemble à un gros Chat à tête pointue, le corps rond, les pattes courtes, armées d'ongles acérés.

Il est carnassier et surtout vorace ; tout lui est bon : souris, reptiles, oiseaux, limaces, fruits, racines, etc.

Il offre cette singularité : c'est que, dès qu'ils s'est emparé d'une proie, il la porte dans sa gueule jusqu'à l'eau, dans laquelle il la plonge en la secouant comme pour rincer un linge, et la mange seulement après cette préparation.

C'est un noctambule, et il aime à dormir tout le jour, généralement dans le creux d'un arbre.

Le Raton est habitant de toute la surface des États-Unis. Les meilleures peaux viennent du Visconsin et de l'Illinois ; celles du Michigan sont plus petites, mais plus foncées ; celles des districts du Sud (les New-Madrid, les Kentucky, les Arkansas) sont plus plates et ordinaires en qualité.

Chez les Marmottes, comme nous l'avons vu chez les Renards et chez les Panthères, il est produit des individus plus ou moins foncés en couleur, quelques-uns même presque noirs. Ces peaux sont recherchées par la Russie, spécialement pour des cols de pelisses, et payées fort cher.

En France, nous avons employé les peaux de Marmottes, soit pour faire des vêtements avec fourrure extérieure ou des couvertures de voitures, et surtout, dans nos contrées, pour des cols sur les paletots de biques. Mais la mode s'en est emparée, et la valeur des peaux de Marmottes a passablement haussé depuis quelques années, et, actuellement, une peau de moyenne qualité coûte de 50 à 80 francs.

Les peaux de belle nuance, pouvant servir pour la fabrication des écharpes en nuance naturelle, valent de 100 à 200 francs ; les peaux bonnes pour la teinture noire, façon Skunk ou Renard, valent aussi de 60 à 120 francs.

La production de ces peaux est assez considérable ; on peut l'estimer à un million, dont une moitié environ reste au pays de production et l'autre moitié est importée en Europe.

CHAPITRE VII

LES MARTRES

LES MARTRES

LES MARTRES

Littré dit : Martre ou Marte. On peut donc employer indifféremment l'un ou l'autre nom. Je préfère le premier, qui est le vieux nom français.

Les **Martres** (angl. *Marten*) sont caractérisées par un corps allongé (vermifore, disent les naturalistes), les pieds courts, terminés par cinq doigts armés d'ongles crochus et acérés, réunis par une membrane sur une partie de la longueur.

Leur poil est doux au toucher; leur nuance diffère, selon les

Fig. 20. — La Martre
(1/8ᵉ de grandeur naturelle)

variétés et l'habitat, depuis le blanc jusqu'au brun presque noir, en passant par toutes les teintes du jaune paille au jaune brun.

Ces animaux répandent une odeur particulière provenant de la sécrétion visqueuse qu'ils peuvent projeter au dehors de deux glandes, placées à la naissance de la queue.

8

Ils sont plutôt nocturnes, marchant en silence et se glissant dans les plus petits intervalles de clôture ou de mur, à la poursuite de leurs proies.

Tout animal vivant leur est bon, et les Martres ne craignent pas de se jeter sur des animaux plus grands et plus forts qu'elles, qu'elles saignent sans merci, s'enivrant de sang chaud, et s'endormant repues auprès des cadavres de leurs victimes.

Le genre Martre se divise en plusieurs groupes : 1° les Martres proprement dites : Fouine, Martre, Pécan ; 2° les Putois, Furets, Hermines, Visons ; 3° les Blaireaux et les Skunks ; 4° enfin les Loutres. Je les examinerai en suivant cet ordre.

C'est parmi le genre de Martre que se trouvent les fourrures les plus fines, les plus belles, les plus estimées, et, naturellement, aussi les plus chères.

La Fouine ou Martre des habitations

Du premier groupe (Martres proprement dites), l'animal que nous voyons le plus fréquemment apporté par nos chasseurs ou mis en vente sur nos foires, est la **Fouine** ou **Martre des habitations** (angl. *Stonemarten*).

Elle se distingue de ses proches parents par sa teinte brune avec le fond du poil blanchâtre.

La gorge est blanche ; la queue a le poil plus long et plus foncé que le reste du corps. Sa longueur est d'environ 40 centimètres, du museau à la croupe ; la queue a de 18 à 25 centimètres.

Elle habite nos fermes et cause d'importants dégâts dans nos pigeonniers et poulaillers.

Grâce à la forme allongée de son corps, elle se glisse même entre les parois des maisons, entre les parquets, pour chasser les souris et les rats dont elle fait grande consommation.

Elle dévore aussi les fruits, les petits oiseaux, les grenouilles, les lézards, les serpents, les hérissons et les lapins. Si elle réussit à pénétrer dans un poulailler, elle saignera toutes les poules sans en laisser une seule et ne s'éloignera que lorsque le carnage sera complètement accompli.

La Fouine restera aussi facilement deux jours dans un état

d'agitation extrême, sans prendre aucun repos ni aucune nourriture, qu'elle pourra, roulée sur elle-même, dormir sans arrêt pendant tout aussi longtemps.

La fourrure de la Fouine a, de tout temps, été estimée dans nos pays ; les seigneurs, au moyen âge, en garnissaient leurs manteaux, et nos grand'mères la portaient en larges bandes autour des basquines de velours, en étoles, en grands cols-pèlerines, en manchons.

La grande vogue de la Fouine dans nos pays a été dans la période de 1855 à 1870.

La Fouine, lors de sa grande demande en France, était surtout employée teinte, on la rendait brun foncé rougeâtre; on l'appelait alors **Martre de Suède**. La teinture avait pour objet surtout de donner à la Fouine une nuance durable, car, malheureusement, le désagrément de la fourrure de la Fouine est de rougir et de pâlir très rapidement à l'air et à la lumière.

La nuance à l'état naturel joue un grand rôle dans la valeur des peaux de toutes les Martres ; plus cette nuance est foncée tirant sur le gris bleuâtre, avec le duvet gris, plus elle est recherchée ; plus le duvet est blanc et la pointe rougeâtre, moins la peau a de valeur, et alors on la teint pour lui donner l'aspect d'une peau de même nature, mais de plus belle nuance.

La Fouine des Cévennes, des Pyrénées, du Var, est généralement plus courte en poil, mais de nuance plus foncée que celle des Vosges et du Jura. Les moins bonnes sont celles des plaines du Centre et de l'Ouest.

Celles de la Savoie sont très fines en poil et de nuance plutôt grisâtre, quelquefois un peu laineuses. Les Fouines d'Italie et d'Espagne ne sont pas très grandes, plutôt courtes en poil, mais de bonne nuance. Celles de la Grèce et de la Turquie sont moins bonnes.

La Russie fournit une Fouine très grande, mais très claire, rougeâtre en nuance et grossière en poil. Ces peaux sont employées teintes pour la plupart.

De très belles peaux de Fouines proviennent de la Suisse et du Tyrol; celles de l'Allemagne sont grandes, mais claires de fond; les meilleures viennent de la Bosnie et de la Bulgarie. La Suède et la Norvège, qui, comme nous le verrons bientôt, fournissent les meilleures Martres véritables en Europe, ne donnent que des Fouines de qualité et de nuance moyennes.

On estime à 60.000 la production annuelle des États balkaniques et de la Turquie; à 70.000 environ celle de la Russie; autant la Scandinavie. La France, l'Italie et l'Espagne en donneraient 50.000; le centre de l'Europe, environ 120.000; l'Asie septentrionale, 30.000.

La valeur de la Fouine de nos pays, qui pendant longtemps avait varié entre 25 et 45 francs, a subi ces dernières années, comme toutes les pelleteries, des variations excessivement brusques, provenant, d'un côté, de la mode; mais surtout des fluctuations du change.

Ainsi, en février 1919, le prix en était, en recette, brutes, de 45 à 52 francs. En 1920, année néfaste pour le pelletier, on payait les Fouines jusqu'à 450 francs, à la foire de Clermont en février. Quinze jours après, à la foire de Chalon, on ne payait plus que 300 à 350 francs. En 1921, elles se sont payées environ 150 francs. En un an, la valeur était donc tombée à un tiers. En 1922, la Fouine était remontée à 175 francs; en 1923, à 225 francs.

On trouve dans les Fouines, comme dans toutes les Martres, des exemples assez rares d'Albinos (Fouines blanches). Je ne crois pas qu'il existe des Fouines ou des Martres absolument noires; tout au moins, je n'en ai pas vu.

La Martre des bois

La **Martre des bois** (angl. *Baummarten*) diffère de la Fouine par son habitat et sa nuance. Tandis que la Fouine vit autour de l'homme et dans nos maisons, la Martre ou Marte vit sur les arbres dans la forêt.

La Fouine a les pelotes charnues, les pattes nues, tandis que la Martre les a couvertes de poil; la Fouine a la gorge blanche, tandis que la Martre l'a jaune orangé; la couleur de la Martre est d'un brun plus jaunâtre que la Fouine; la queue est moins foncée que celle de la Fouine, elle se différencie moins du reste du corps que chez celle-ci.

Les instincts sont les mêmes; mais, habitant les bois, elle fait une grande destruction d'écureuils, de souris, de grenouilles, d'oiseaux, de lapins, de lièvres, de perdrix et de faisans.

Elle s'attaque même au jeune faon. Elle ne craint pas la vipère. Elle se régale de fruits et d'œufs. C'est un grand destructeur de gibier; aussi chasseurs et gardes-chasse lui font une guerre acharnée.

Tandis que la Fouine est le plus souvent prise au piège, les Martres (dans nos pays) sont pour la plupart tirées au fusil.

Buffon nous dit que, tandis que la Fouine, se sentant poursuivie par un chien, se soustrait en gagnant promptement son grenier ou son trou, la Martre, au contraire, se fait suivre assez longtemps par les chiens avant de grimper sur un arbre. Elle ne se donne pas la peine de monter jusqu'au-dessus des branches; elle se tient sur le tronc et les regarde passer; elle a les pattes plus longues que la Fouine, et elle court mieux.

La Martre met bas au printemps trois ou quatre petits; elle s'établit dans un nid d'écureuils, dont elle a chassé ou dévoré les propriétaires, ou dans un arbre creux.

Nous remarquons chez la Martre les mêmes différences de poil et de nuance produites par l'habitat que chez la Fouine : la Martre du Midi est plus plate; la nuance est souvent plus foncée, mais toujours plus vive que chez les individus provenant de climats plus froids.

Avant 1870, on appelait couramment, dans le commerce de la pelleterie, la Martre : Martre de Prusse; aujourd'hui, avec encore plus de raisons qu'alors, nous disons **Martre du Nord** et **Martre des bois** pour la différencier de la Fouine, qui se vend sous le nom de Martre de France.

La Martre a suivi comme valeur les mêmes oscillations que la Fouine; il faut remarquer cependant que, depuis que la mode a adopté les fourrures naturelles, la valeur de la Martre a dépassé celle de la Fouine; actuellement, en origine, la Martre vaut environ une cinquantaine de francs de plus que la Fouine; mais si cette Martre est de très belle nuance, la valeur en augmente très sensiblement et atteint facilement le double de celle d'une Martre de bonne couleur moyenne.

Sauf la longueur du poil, quelques peaux de Martres de nos pays pourraient, par leur nuance, se confondre avec des Martres zibelines, ce qui explique les hauts prix qu'elles atteignent.

La Martre de Norvège

La Martre européenne la plus estimée est celle de Suède et de Norvège. Le prix actuel est environ 50 % au-dessus de celles de nos pays; elles sont grandes et fines en poil. Nos teinturiers sont arrivés à obtenir une nuance imitant très bien la Zibeline; ces Martres ont eu un grand succès, particulièrement aux États-Unis.

La Martre du Canada

L'Amérique du Nord nous offre une variété de Martre, connue sous le nom de **Martre du Canada** (angl. *Marten*).

La taille et les habitudes de cette Martre sont semblables à celles de la Martre de nos pays, mais elle a le poil plus fin et plus serré que celle de l'Europe. Cependant, celle de la Suède est plus longue en poil.

La queue est sensiblement plus courte que celle de notre Martre d'Europe; elle a de 12 à 18 centimètres. La nuance varie du jaune pâle au brun très foncé. Les blanches sont recherchées par les Indiens, mais, dans le commerce, ce sont les plus foncées qui ont le plus de valeur.

On estime également celles qui sont parsemées de pointes blanches sur le fond foncé. La Martre américaine habite la partie septentrionale de ce continent, depuis l'État de New-York jusqu'au nord du territoire de la Baie d'Hudson, et sur tous les territoires du Labrador, de Terre-Neuve et de l'Alaska.

Par suite, la Compagnie de la Baie d'Hudson est le plus grand importateur de Martres américaines. D'après les tableaux dressés par M. Poland : en 1855, elle mit en vente 177.052 peaux; cent ans auparavant, en 1755, l'importation n'avait été que de 9.671 peaux.

Comme je l'ai expliqué à propos des Castors, et d'après les mêmes principes, les peaux sont mises en lots de même provenance, qualité, taille et couleur.

J'indique ci-dessous, pour les cinq années avant la guerre, les

prix approximatifs (en francs, chiffres ronds), obtenus par les différentes provenances de la Baie d'Hudson, et pour la première qualité,
taille et nuance de chacune de celles-ci :

| | | ANNÉES | | | |
PROVENANCES	1909	1910	1911	1912	1914
YF : Fort d'York	85	80	77	75	80
MKR : Fort de Mackensie	75	70	78	75	70
MR : Moose River	75	75	70	80	»
EM : East-Maine	120	140	125	135	110
FG : Fort Georges	170	230	190	185	200
EB : Esquimaux Bay	145	175	130	150	135
Canᵃ : Canada	60	55	55	60	45
NW : North-West	95	90	80	75	85

En 1923, en comptant la livre sterling à 70 francs, soit 3.50 le
shilling, on a payé : YF 1 pales 450; EB, premières foncées,
1.000 francs; FG, premières foncées, 1.100 francs.

Par le tableau qui précède, on voit que ce sont les peaux du
Labrador, provenant des forts Georges et East-Maine, qui sont le
plus régulièrement foncées et atteignent dans l'ensemble les plus
hauts prix.

Et, encore, le pelletier comprend que le classement ne peut
être fait assez sévèrement pour que, dans un lot d'origine, il n'y
ait pas une différence de valeur assez grande entre les peaux les
plus ordinaires de ce lot et les plus belles.

Cette différence peut se calculer à environ 50 % en plus ou en
moins de la moyenne; si donc un lot coûte 200 francs, une partie
devra s'estimer jusqu'à 300 francs, tandis qu'une autre partie ne
vaudra que 100 francs.

Les Martres de nuance claire sont beaucoup employées à l'état
naturel par la Grèce et la Turquie ; les Martres foncées sont recherchées pour les capitales européennes et américaines.

Dans la peau de Martre, tout trouve son emploi. Les têtes, pattes,
queues, sont aujourd'hui travaillées dans les objets de dames, mais,
avant cette mode, les queues étaient travaillées séparément en
bandes de garnitures et en boas. Les pointes des queues servaient
à faire les plus fins pinceaux de peintres, et se payaient environ un
millier de francs le kilogramme.

Les extrémités des pattes, les pattes seules, les pattes avec la gorge, les gorges seules, les intérieurs des cuisses de derrière, se travaillent ou séparément ou assemblées pour des intérieurs de pelisses.

Ce travail d'assemblage, qui nécessite souvent plusieurs milliers de petits morceaux cousus symétriquement, est exécuté par les femmes grecques, qui s'en sont fait une spécialité.

Les juifs polonais ornent aussi leurs bonnets de fêtes et de cérémonies religieuses avec les queues de Martre, et emploient, pour cet usage, la queue de Fouine comme celles des Martres et des Pécans. Les queues de Martre ont donc toujours eu une assez grande valeur, variant de 25 à 50 francs.

La Martre zibeline

J'arrive à la plus belle des Martres : la **Zibeline** (angl. *Sable*). Cette Martre est la plus recherchée des pelleteries : elle réunit toutes les qualités qu'on demande à une fourrure : légèreté, finesse, beauté de nuance, et, par-dessus tout, rareté.

C'est ce qui explique les prix fantastiques auxquels on est arrivé à payer les belles peaux, et la renommée dont elle a constamment joui depuis la civilisation romaine jusqu'à l'heure actuelle.

La Zibeline se trouve en Sibérie, dans ces immenses forêts millénaires (les taïgas), qui s'étendent entre les toundras du Nord et les steppes du Sud et qui occupent, de beaucoup, la plus vaste étendue du territoire sibérien ; de l'Oural au Kamtchatka, on pourrait cheminer constamment à l'ombre de la forêt. (É. Reclus.)

Elle habite également les rochers. Ce même auteur nous dit encore : « Les chercheurs de fourrures, plus encore que les soldats, ont été les véritables conquérants de la Sibérie ; en réalité, comme le dit Kohl, l'occupation de ce pays « n'a été qu'une longue expédition de chasse à la Martre zibeline ». Il est encore des villages entiers de *promíchloniye* qui s'en occupent ; ces chasseurs sont les plus nobles des Sibériens, les plus sincères et les plus vaillants. »

On peut se faire une idée de l'endurance que doivent déployer ces chasseurs quand on pense que dans ces contrées, en hiver, seule saison de la chasse, le thermomètre se maintient, pendant des semaines entières, au-dessous de — 30 degrés centigrades et descend à — 50 degrés. Le 31 décembre 1871, le thermomètre marquait à Yéniseïsk la température de — 58°6. Neverow a constaté la température de — 62 degrés à Yakoutsk, et Gmelin aurait subi des froids encore plus considérables. (É. Reclus.)

Comme nous l'avons déjà vu pour les Écureuils (Petits-Gris) et pour les Martres, plus le lieu d'origine de l'animal est alpin ou continental par son climat, plus sa fourrure a de beauté et de prix.

Dans le voisinage de la mer, tous les pelages diminuent de lustre; c'est ce qui se produit dans la Sibérie occidentale, où dominent les vents du sud-ouest.

Les Zibelines de l'Oural septentrional n'ont que peu de valeur, tandis que celles de la haute Léna, à 15 degrés de latitude plus au sud, sont d'un prix inestimable : en franchissant le Stanovoï pour descendre vers les rivages du Pacifique, on voit de nouveau les pelleteries diminuer rapidement en qualité. (É. Reclus.)

Les Zibelines les plus estimées sont celles qui proviennent des alentours du lac Baïkal, sur les rives boisées et les montagnes atteignant jusqu'à 2.000 mètres, qui couvrent la contrée où coulent le Vitim, le Bargousin, l'Angara, l'Olokma et la Léna. Elles sont connues sous le nom de Vitimes et de Bargousines. Elles sont collectées par les ramasseurs d'Iakoutsk.

Les Russes estiment particulièrement les Zibelines foncées, mais très parsemées de pointes blanches; celles qu'aux ventes de Londres, on désigne comme *extra silvery* (argentées).

La Zibeline jakutzky

Puis viennent celles de la contrée d'Iakoutsk. Comme les précédentes, elles sont très foncées et très fines. Toujours de bonne qualité et fines, mais un peu plus petites, sont celles de la contrée d'Okhotsk, qui proviennent de la chaîne de montagnes qui borde la côte sibérienne à l'est. L'ensemble de ces peaux est désigné sous l'appellation générale de **Jakutzky**. Une grande partie est apportée sur le marché à la foire d'Irbit.

La Zibeline du Kamtchatka

En traversant la mer d'Okhotsk, dans l'arête montagneuse qui occupe toute la longueur de la presqu'île du Kamtchatka, on trouve une Zibeline très grande, fournie, de bonne nuance, mais un peu moins fine, et le ventre est plus clair que les Jakutzky ; ce sont les **Kamtchatka**.

Cette sorte était moins estimée des Russes qui la trouvaient grossière, elle a, cependant, conquis la faveur du public, et est beaucoup demandée aujourd'hui, les objets fabriqués avec cette variété de Zibeline ayant plus d'apparence à cause de la longueur du poil et de la grandeur des peaux.

La nuance est, cependant, moins uniformément foncée que dans les Jakutzky; le fond du duvet est moins bleu et tire souvent sur une teinte plus jaune. Les **Nicolaïewsk** sont plus petites, quoique dans le même genre que les Kamtchatka.

La Zibeline de l'Amour

La rive gauche de l'Amour produit une Zibeline plus faible en taille et plus plate. La nuance, généralement moyenne, présente beaucoup de pointes blanches. A l'ouest de la Sibérie, nous avons les Iénisséisky, grandes peaux, pas très fines et presque toutes claires.

Les Zibelines de Chine

L'île de Sakhalin et la Mandchourie chinoise produisent des Zibelines de qualité inférieure, consommées en grande partie par les Chinois, qui les travaillent en croix. Celles-ci sont recouvertes de beaux satins de couleurs et servent à l'habillement des mandarins. Les Chinois teignent la plupart des Zibelines qu'ils emploient.

Les peaux de Zibelines du Kamtchatka sont ramassées par les négociants de Petropawlosk, de Vladivostock, et même par leurs concurrents américains de San-Francisco, qui envoient des bateaux jusqu'aux côtes sibériennes pour trafiquer avec trappeurs et chasseurs, souvent par voie d'échanges.

De ce fait, une partie des marchandises sibériennes (et spécialement les Zibelines du Kamtchatka) est envoyée, par eau ou par le chemin de fer du Pacifique, à Londres, pour y être vendue aux enchères publiques.

L'assortiment des Zibelines

Avant d'aller plus loin, puisque des enchères publiques donnent des cours officiels, indiquons par quelques chiffres la valeur actuelle des Zibelines. Celles-ci (à Londres), par la maison Lampson et C°, sont classées en deux qualités dans chaque string (assortiment), lequel se compose de cinq à six nuances. Les peaux très pointillées de blancs sont assorties à part et marquées : *extra silvery*. Les paquets sont composés de 10 jusqu'à 50 peaux environ. Les qualités sont désignées par I et II, les nuances par les lettres A, B, C, etc. Ceci étant expliqué, voici, par exemple, la suite des prix obtenus en mars 1912 par quelques assortiments de Zibelines :

La sorte I A color ayant été payée 500 francs la peau, la sorte B color a produit environ 375 francs ; la sorte C color a produit environ 250 francs ; la sorte D color a produit environ 175 francs ; la sorte E color a produit environ 150 francs.

Dans un assortiment plus beau, la sorte I A color ayant obtenu 1.000 francs, la sorte B color a fait 750 francs ; la sorte C color a fait 500 francs ; la sorte D color a fait 325 francs ; la sorte E color a fait 200 francs.

La valeur des Zibelines a suivi celle des Martres : aux prix ci-dessus (de 1912) il faut substituer aujourd'hui, au minimum, des prix trois ou quatre fois plus élevés.

Je ne cite ces chiffres que pour donner à mes lecteurs, qui l'ignoreraient, une idée de la grande différence de valeur produite dans cette marchandise par une différence de nuance appréciable surtout par la comparaison ; et la nuance seule entre en jeu, car toutes les peaux composant une des séries énumérées ci-dessus sont presque identiques en provenance, en qualité de poil et en taille. La nuance seule diffère.

On comprend que, pour avoir un assortiment d'une certaine quantité de peaux choisies foncées, il faille arriver à un très haut prix, car ces peaux représentent quelques pour cent de l'ensemble des lots achetés. Aussi, il n'est pas étonnant de voir des objets en Zibeline atteindre le prix de 20 à 50 mille francs.

La Martre du Japon

Une Martre, de forme assez semblable à la Zibeline, mais plus grande, nous vient du Japon. Son pelage est complètement jaune plus ou moins foncé, sauf la gorge qui est blanchâtre et les pattes qui sont noires.

Nous la connaissons sous le nom de **Martre du Japon**. Elle n'a pas la finesse de poil de nos Martres ; le poil est plus laineux, surtout la queue, et, vu sa nuance, ne s'emploie que teinte. Sa valeur actuelle est de 120 francs environ.

Le Pécan

L'Amérique du Nord nous donne encore une variété de Martre beaucoup plus grande que toutes les précédentes, c'est le **Pécan** (angl. *Fisher*). Bien que les Allemands l'appellent Putois de Virginie, ce n'est pas un Putois, c'est plutôt une énorme Fouine, et il n'habite pas la Virginie, car on ne le trouve qu'au 35ᵉ degré de latitude et il ne dépasse pas le 62ᵉ. Le Pécan grimpe sur les arbres comme nos Martres ; cependant il paraît affectionner le poisson, ce qui lui fait donner le nom de *Fisher* par les Anglais.

Sa nuance est brun assez foncé sur la partie postérieure de l'animal et plus clair sur la partie antérieure ; la queue est presque noire.

La longueur du Pécan est de 70 à 90 centimètres, et la queue seule mesure de 30 à 50 centimètres.

La fourrure du Pécan a toujours été très estimée en Russie, vu sa nuance agréable ressemblant à la Martre du Canada de belle nuance et la résistance de son poil.

Le cuir est assez lourd; aussi le Pécan était-il surtout employé pour les cols de pelisses d'hommes.

Les petites peaux sont généralement plus foncées sur la nuque

Fig. 21. — LE PÉCAN
(1/12ᵉ de grandeur naturelle)

que les grandes peaux et ont l'avantage d'être plus légères en cuir et plus fines en poil, ce qui en rend l'usage plus agréable. Elles se sont payées en 1923, aux enchères à Londres, 27 et 28 livres, ce qui fait encore au cours actuel plus de 2.000 francs. Ces dernières années, le Pécan a fait rage dans la mode, et toute jeune femme, ne se contentant plus du Renard, voulait se parer d'une cravate de Pécan. Si bien que celui-ci a fini par devenir aussi répandu que le Renard et a perdu un peu de son prestige dans le monde qui suit la mode; par contre-coup, il a subi une légère baisse dans son prix.

LES PUTOIS

LES PUTOIS

Les Putois

J'arrive à la deuxième classe de Martres, qui habitent sur terre et se nourrissent surtout de rongeurs, de reptiles, d'animaux aquatiques même. Ce sont les Putois, les Hermines et tous leurs semblables.

En premier lieu, commençons par le **Putois** (angl. *Fitch*). Celui-ci est très commun dans nos pays, surtout dans les plaines humides ; en Bresse, c'est un ennemi redouté des éleveurs de chapons et de poulardes.

La plaine en fournit trois fois autant que la montagne, tandis que l'inverse se produit pour la Fouine. Le Putois affectionne les fossés et les ponts qui les traversent, les cavités souterraines où il trouvera des grenouilles, des rats, des limaces ; il ne se gênera pas pour détruire une couvée de canards, ou pénétrera aussi dans un gelinier, et y causera autant de dégâts que sa parente la Fouine ; mais il ne montera pas dans les greniers, il restera dans la cour de la ferme ou dans une retraite sombre vers les écuries.

Lorsque le Putois est acculé par un Chien, il se dresse sur ses pattes de derrière et, comme un Chat, siffle, griffe et mord avec courage son adversaire.

Il est moins rusé que la Fouine, et sa capture au piège est bien plus aisée. Avec une porte de chêne posée sur un quatre de chiffre, le jardinier d'une propriété de nos environs en prenait plusieurs chaque hiver ; un autre chasseur de sauvagines en capturait une vingtaine dans ses pérégrinations hivernales, avec la seule aide d'un bon chien limier. La Hollande fournit aussi de bonnes peaux de Putois.

La taille du Putois est plus petite que celle de la Fouine : elle est assez variable entre 30 et 45 centimètres de longueur ; la queue, de 10 à 15 centimètres.

Le pelage du Putois est, dans son ensemble, noir à la pointe du poil sur un fond plus ou moins jaune doré ou blanchâtre.

La gorge, les pattes, la queue, sont noires.

Sa fourrure est solide et faisait les délices de nos grand'mères ; le paysan alsacien ornait son bonnet de velours vert, à quatre pans soutachés d'or et à gland d'or, de deux belles peaux de Putois. C'est le bonnet de l'ami Fritz, d'Erckmann-Chatrian.

Comme toutes les Martres, le Putois sécrète une liqueur qu'il peut lancer contre un ennemi et qui répand une odeur plus pénétrante et encore plus nauséabonde que celle de la Fouine. Cette odeur s'imprègne assez fortement dans toute sa fourrure et rend celle-ci désagréable à porter pour certaines personnes ; mais cependant, aujourd'hui, on arrive à la dégraisser ou, pour mieux dire, à la désinfecter suffisamment pour que ce désagrément ne soit plus un empêchement à son utilisation.

Aussi le Putois a repris dans la mode la place qu'il mérite par ses qualités de durée et sa couleur chatoyante. Sa valeur actuelle est de 40 à 60 francs.

Le Putois de Russie

La Russie, ou plutôt la Sibérie, nous fournit un Putois plus petit et plus pâle en nuance que le nôtre.

Connu sous le nom de **Putois de Pologne**, il était, comme le nôtre d'ailleurs, employé en Russie, pour doubler des intérieurs de pelisses ; mais, depuis quelques années, on le teignait en nuance imitation de Zibeline foncée, et il était employé pour faire des objets de parures de dames, manchons, écharpes, etc. La valeur était de 8 francs. Aujourd'hui, les fourreurs travaillent cette fourrure à l'état naturel, et elle avait un moment supplanté dans la mode notre Putois de pays ; mais la faveur est revenue à celui-ci.

Le Furet

Nous connaissons aussi le plus proche parent du Putois, et, probablement, seulement une variété dégénérée de celui-ci par la domestication, car on ne le trouve pas à l'état sauvage : c'est le **Furet**, ce petit animal à l'œil vif et aux dents aiguës, dont nos chasseurs se servent pour poursuivre le Lapin de garenne dans ses galeries.

Le Furet est de la taille d'un petit Putois ; sa couleur est presque uniformément jaunâtre, sauf le bout de la queue qui est noir ; la gorge n'est pas noire comme chez le Putois, mais jaune sale, ce qui le différencie facilement du Putois à première vue.

Il n'est pas assez abondant pour que sa fourrure puisse être considérée comme une fourrure répandue ; on vend les peaux mélangées avec les Putois de qualités ordinaires, et elles sont employées aux mêmes usages. La valeur en est minime.

Le Pervitzky

Une autre variété de Putois est le Putois tigré ou **Pervitzky**. Celui-ci, de petite taille, a le poil plus court que le Putois et le pelage brun parsemé de taches jaunes.

Il habite l'Asie centrale et le sud de la Russie ; il est peu abondant, et sa fourrure s'emploie pour doublures imitant les gorges de Martres du Canada.

Les anciens fourreurs s'en servaient pour confectionner, mélangé avec d'autres fourrures à poil court et de couleurs variées, des dessins mosaïques pour des dessus de chancelières, des tapis de table ou des ornementations de vitrines et de magasins.

Le Vison

L'animal qui a le plus de similitude avec le Putois est certainement le Vison (angl. *Mink*). La taille est peut-être dans l'ensemble un peu plus forte que celle du Putois ; la longueur du corps varie de 35 à 50 centimètres ; la queue, de 15 à 18 centimètres.

Le poil est court, et le jarre, comme chez les Loutres, ne dépasse que de peu le duvet. Celui-ci est gris-brun, et la pointe est brune.

La queue, quoique un peu plus foncée que le corps, n'est pas noire comme celle du Putois.

Le Vison a les doigts plus franchement palmés que le Putois ; aussi, encore plus que ce dernier, affectionne-t-il les endroits humides.

Nous verrons qu'il est très abondant dans l'Amérique du Nord et en Russie, mais il est rare en France.

Nous n'en trouvons qu'une ou deux peaux, chaque année, mélangées dans les lots de sauvagines qui nous viennent du Centre et qui sont généralement confondues par les ramasseurs avec les peaux de Putois.

Cependant, il serait intéressant, pour les collections zoologiques de notre pays, de conserver les types de cet animal, et nous savons que quelques musées désireraient se procurer un exemplaire de Vison en chair, afin d'avoir en même temps que la peau le squelette entier.

J'ai dit que le Vison aimait l'eau ; ce n'est cependant pas une Loutre ni un animal amphibie comme celle-ci, mais il se tient assez longtemps sous l'eau et se rend maître de poissons assez gros.

Le Vison diffère aussi de la Martre proprement dite par sa dentition ; il n'a que trente-quatre dents tandis que les Martres en ont trente-huit.

Le Vison du Canada

Enfin, le **Vison de l'Amérique du Nord** nous fournit une des fourrures les plus justement appréciées pour leur beauté et leur bon usage.

La fourrure du Vison d'Amérique est l'objet d'une grande consommation ; les États-Unis, qui la fournissent, en conservent, pour leur usage particulier, bien la moitié de la production totale qu'on peut évaluer à environ 600.000 peaux.

La Compagnie de la Baie d'Hudson importe les plus fines peaux de Visons.

Comme pour les Martres, les plus foncées viennent du Nord : ce sont les Labrador et les Halifax, mais il s'en produit peu dans ces contrées ; du fort d'York proviennent de grandes et belles peaux, un peu moins foncées que les précédentes.

Dans les États de l'Union, d'où viennent les plus grandes quantités de peaux, celle-ci sont moins fournies en poil, moins fines, mais souvent aussi foncées.

Les qualités, tailles et nuances des Visons étant très variables, la valeur suit les mêmes différences ; cependant, comme pour toutes les fourrures adoptées par la mode, cette valeur a considérablement progressé ; pour en donner une idée, les Visons, qui, il y a une trentaine d'années, valaient 5 francs la peau, en valaient, en 1918, 30. Les plus belles, les EB, avaient produit 70 francs brutes.

Et, cette année 1923, ces mêmes peaux ont été payées 70 shillings, ce qui, au cours de 4 francs le shilling, les met à environ 280 francs. D'après les tableaux donnés par M. Poland, la Compagnie de la Baie d'Hudson, qui en importa seulement de 100 à 400 peaux par an dans la période de 1763 à 1793, en importa environ 50.000 par an cent ans plus tard.

En 1912, la Compagnie fit mettre en vente 36.948 peaux au mois de mars. Aux États-Unis, il existe des élevages de Visons ; le premier établissement de ce genre fut organisé, en 1873, à Verona, Oneida (État de New-York). On en compte actuellement une trentaine.

Le Vison du Canada est certainement la fourrure *à la mode*, et elle le mérite, car, quoi de plus seyant, de plus chatoyant, de plus distingué qu'une écharpe ou un vêtement de Visons du Canada si agréable à porter pour une dame. Pour le fourreur digne de ce nom, y a-t-il un travail plus digne d'admiration (le mot n'est pas trop fort) que celui d'un vêtement de Visons travaillés en peaux allongées ? Quelle patience, quelles sûretés d'œil et de main, quelle habileté ne faut-il pas à l'ouvrier pour assortir, assembler, allonger ces peaux jusqu'à ramener à quelques centimètres toute la largeur initiale de la peau, et quelquefois à un petit centimètre à peine vers l'encolure, là où les têtes arrivent à se toucher! Tout ce travail doit conserver rigoureusement la succession des demi-teintes qui vont en se dégradant depuis l'arête jusqu'au flanc.

Quand on sait combien de marchandise et de temps sont nécessaires à un pareil travail, on ne s'étonne plus lorsqu'on apprend que certains chevaliers de la haute pègre ont fait main basse sur un vêtement de Visons ayant coûté 50.000 francs et quelquefois plus.

Le Vison russe

Le **Vison de Russie** est de la taille de nos Putois, mais il est plus noirâtre que le nôtre ou que celui de l'Amérique, et a le poil beaucoup moins fin.

Le Vison du Japon

La Chine et le Japon produisent un Vison plus petit, plus plat et moins fin que ceux que nous venons de décrire; ces animaux se rapprochent presque de nos Belettes, dont ils ont la couleur brune et un peu l'aspect en plus grande taille, mais ils n'ont pas le ventre blanc.

Comme le Vison du Nord, le **Vison du Japon** et de la Chine est uniformément brun; ces peaux, employées pour la doublure, ont une valeur d'environ 3 francs l'une; mais, pour signaler l'énorme quantité de marchandises dont peuvent nous inonder ces pays asiatiques, je donne l'extrait suivant : « En 1890, M. Poland estimait à 15.000 la quantité approximative annuelle de peaux de Visons importées de Chine et du Japon, et, huit ans après, cette quantité dépassait le demi-million. »

Le Kolinsky

Avant de passer aux Belettes, qui se rapprochent le plus des Visons dont je viens de parler, il nous faut dire quelques mots du **Kolinsky**. Cette variété de Martre habite la Sibérie et de préférence la partie orientale.

Elle était peu connue de nos naturalistes, et Buffon (sauf erreur) n'en parle pas; d'Orbigny, le docteur Chenu la citent sous le nom de *Chorok*.

De la taille de nos Putois, cette Martre a le poil complètement jaune; la longueur du poil est intermédiaire entre celle du Putois et celle du Vison, comme le Vison forme aussi l'intermédiaire entre la Martre et la Loutre.

Dans la nature, les différences d'un animal à l'autre sont si peu sensibles et sont d'une telle gradation dans tout leur ensemble, qu'on en arrive presque forcément à accepter la théorie du transformisme et à croire que tous les êtres ne sont que les anneaux d'une même chaîne, et qu'ils sont tous les descendants d'un même type transformé selon le milieu, et avec l'aide du temps, de ces millions d'années qui se sont écoulées depuis que la vie animale a paru sur notre globe terrestre.

Les Kolinskys sont de plus grande taille dans les districts de Kunetsk et d'Iakoutsk, et leur fourrure est aussi plus fine que ceux de l'Amour; la queue du Kolinsky avait, avant qu'on n'employât couramment la peau pour la teindre en imitation de Martre, autant de valeur que la peau; ces queues servent à la fabrication des pinceaux.

Les bonnes peaux de Kolinskys se teignent en imitation de Zibeline et font d'excellentes fourrures; il s'en produit à peu près 80.000 peaux par an.

La Belette

Enfin, les plus petites des Martres de la famille des Putois, que nous employons en fourrure, sont la Belette et l'Hermine. La **Belette** est assez commune dans nos pays.

Elle est remarquable entre tous les animaux par la forme allongée de son corps, sa tête fine, pointue, sa queue effilée.

Sa tête est brune avec le dessous de la gorge et du ventre blanc jaunâtre.

La queue est brune uniformément jusqu'à la pointe, qui ne présente pas de touffe de poils noirs, comme cela a lieu chez une variété similaire, l'Hermine.

La Belette, comme le Putois et la Fouine, ne craint pas le voisinage de l'homme et loge souvent dans les maisons.

Cependant, tout en restant généralement à la surface du sol, elle ne recherche pas, comme le Putois, les endroits humides; au contraire, elle préfère les tas de pierres, les amas de bois ou de fagots. Elle est aussi carnassière que les autres variétés de Martres, et ne craint pas de s'attaquer aux gros rats et aux lapins, même aux lièvres. Elle leur bondit sur la nuque et souvent se contente de se repaître du sang de sa victime. La fourrure de la Belette n'est pas employée.

L'Hermine

Par contre, la variété blanche de la Belette, qui est l'Hermine, a, de tout temps, été considérée comme une fourrure d'apparat, et a été choisie depuis l'antiquité pour orner les costumes des têtes couronnées

Les lois somptuaires défendaient l'usage de l'Hermine aux bourgeois, et, au moment des Croisades, Philippe-Auguste et plus tard saint Louis, par mortification, décidèrent de ne plus porter Hermine ou Zibeline.

Mais, en 1316, pour Noël, Philippe le Long se commanda un habillement complet doublé d'Hermines, et il y fut employé 1.300 peaux. (Richard Davey, *Fur Garments*.)

L'Hermine est l'emblème de la pureté; aussi son porter a-t-il été autorisé sur les toques des magistrats et sur les camails des chanoines.

Cependant, cette blancheur éclatante n'est que la livrée d'hiver de ce gracieux animal; en été, l'Hermine est rousse comme la Belette, mais le ventre reste blanc plus ou moins jaunâtre, et le tiers environ de la queue à son extrémité est toujours noire.

Au moment de la pousse, c'est-à-dire à l'automne, le fond du poil est blanc, tandis que la pointe est encore plus ou moins brune;

Fig. 22. — L'Hermine
(1/4 de grandeur naturelle)

nous appelons les peaux présentant cette coloration des Hermines grises.

En langage commun, on lui donne alors souvent le nom de *Roselet*.

L'Hermine de Sibérie

L'Hermine est très répandue surtout au nord de l'ancien comme du nouveau continent; les plus belles sont celles qui sont fournies par la Sibérie et particulièrement par les provinces d'Ischim et de Barabinsk.

. Celles de Tomsk et de Baschirsky sont de bonnes moyennes sortes; celles d'Iakoutsk sont petites, assez semblables à celles du continent américain.

Les plus petites (à peine le tiers de la taille de Barabinsk) sont les Hisky. (II. Poland.)

L'Hermine, beaucoup employée en France, sous la Restauration, pour les sorties de bal, fut abandonnée sous Louis-Philippe. Elle retrouva sa vogue sous le second Empire.

Après 1870, l'Hermine fut délaissée à nouveau pendant bien des années, mais elle a retrouvé, depuis 1906 jusqu'à aujourd'hui, la faveur de nos élégantes.

Cette faveur est justifiée, car aucune fourrure n'encadre aussi bien une fraîche figure de jeune femme qu'une écharpe d'Hermine; l'Hermine est le complément obligé d'une toilette de soirée ; entourées de cette blancheur immaculée et mate, les belles carnations du décolleté, l'éclat des diamants et des perles, les couleurs vives des rubis et des saphirs, gagnent en intensité et ressortent dans toute leur beauté. L'Hermine est vraiment la fourrure radieuse, digne de parer la pureté d'une vierge comme la beauté d'une Cornélie.

La production et la valeur ont suivi les fluctuations de la mode.

Il y a vingt-cinq ans, les meilleures Hermines se payaient 8 fr. 75 le timbre (40 peaux), toutes apprêtées. La même qualité a coûté 500 francs le timbre en 1906; en 1923, 2.000 francs.

Je me souviens avoir vendu le cent de bonnes queues d'Hermines à 3 francs, et, depuis, ces queues ont valu jusqu'à 3 francs la pièce.

Aussi, lorsque l'Hermine était sans valeur, on ne la chassait plus, et l'exportation de la Sibérie était de 20.000 peaux seulement tandis qu'elle atteint maintenant de 7 à 800.000 peaux.

L'Hermine d'Amérique

L'Amérique du Nord fournit une grande quantité d'Hermines.

Elles ne sont ni aussi fournies en poil ni aussi fines que les sibériennes.

La queue est plus longue et plus mince que chez l'Hermine de Sibérie. La partie noire de la queue est aussi moins forte.

Le cultivateur américain considère l'Hermine comme une alliée, car elle lui rend plus de services par la destruction des rats et autres rongeurs que de préjudices en tuant quelquefois une poule égarée.

CHAPITRE IX

LES SKUNKS

LES SKUNKS

Les Skunks ou Moufettes

Le **Skunk** est la **Moufette** de l'Amérique du Nord, le **Méphitis** des naturalistes.

Comme son nom l'indique, c'est l'animal puant par excellence. Sa meilleure défense naturelle est dans cette faculté qu'il a en commun avec les Belettes, les Putois et les Martres de pouvoir répandre par l'expulsion vive des glandes où elle est sécrétée d'une liqueur visqueuse, d'une odeur fétide, insupportable à l'homme et à tous les animaux.

Avant 1840, les peaux de Skunks étaient considérées comme sans valeur, et les chasseurs estimaient que la peau ne valait pas la poudre employée pour tuer l'animal.

Si on les détruisait autour des habitations pour se débarrasser de ces voisins mal odorants, c'était pour les enterrer aussitôt.

Mais on s'est bien vite aperçu que le Skunk fournissait une fourrure de première qualité, de jolie nuance noire (les raies blanches étant enlevées) et de bonne durée, par suite de la finesse de son poil.

D'autre part, il était abondant et d'une chasse facile, double motif pour l'introduire sur le marché.

Et il a fait fortune.

C'est aujourd'hui un des articles les plus demandés par la clientèle. Malgré la hausse qu'il a subie, il est encore d'un prix relativement abordable, et, vu sa solidité, son aspect cossu, l'écharpe ou le collet de Skunk est le rêve de toutes nos dames.

Disons tout de suite que, en dépouillant le Skunk de la couche de graisse qui tient à la peau après l'écorchage, on empêche cette vilaine odeur de s'imprégner dans le poil, et que, par le nettoyage, on arrive à l'en débarrasser à peu près complètement.

Le Skunk est généralement noir avec deux raies blanches, qui, partant du sommet de la tête, s'écartent, dès la naissance du cou, pour courir en forme d'un compas d'épaisseur allongé ou des dents d'une fourche, de chaque côté du dos, pour se rejoindre à la naissance de la queue.

Celle-ci est garnie de très longs poils; elle est relevée en forme de panache sur le dos.

Le corps est allongé, mais le ventre est plus large que chez les Martres, la tête et les pattes sont comme celles du Putois (tête fine, petite et pointue, jambes courtes et grêles).

Il y a des Skunks presque complètement noirs, c'est-à-dire chez lesquels les raies blanches manquent complètement, de même qu'il y en a à qui le noir manque et qui paraissent presque entièrement blancs.

Dans le commerce de la pelleterie, on appelle les raies blanches des fourches ou fourchettes; on dit : des Skunks noirs à petites fourchettes, à longues fourchettes, ou enfin des Skunks blancs.

Les Skunks sont des animaux nocturnes, qui vivent dans des terriers et se nourrissent de petits mammifères, d'oiseaux, d'œufs, de miel, qui pénètrent parfois dans les habitations des hommes et causent de grands dégâts dans les basses-cours et dans les volières.

Ils mangent également des vers et des larves d'insectes... (Dr Chenu). Ils sont donc moins carnivores que les Martres, et se rapprochent déjà, comme mœurs et comme habitat, des Blaireaux, dont nous parlerons tout à l'heure.

Avant la guerre, le fourreur français avait à lutter contre une concurrence acharnée des Allemands qui s'étaient spécialisés dans la fabrication de cette fourrure. Aujourd'hui, nous sommes heureux de constater que tous nos fourreurs peuvent, excellemment, travailler les Skunks en bandes, et qu'ils n'ont plus à craindre de rivaux pour ce travail.

L'Annuaire (*Blue Book*), édité par la Revue américaine (*Fur Trade Review* de New-York), cite aux États-Unis et au Canada, en 1922, un très grand nombre de fermes d'élevage de Skunks, de Renards, d'Opossums, de Rats, de Visons et d'autres animaux.

Le Skunk de la Baie d'Hudson

Il y a en Amérique plusieurs variétés de Skunks; celui qui provient de la Baie d'Hudson et qui est mis en vente par la Compagnie de ce nom, est le plus grand de tous.

Il est, presque toujours, assez fortement rayé de blanc; sa taille

Fig. 23. — LE SKUNK DE LA BAIE D'HUDSON
(1/10ᵉ de grandeur naturelle)

atteint jusqu'à 1 mètre, du museau à l'extrémité de la queue; celle-ci a les poils grossiers, mélangés de nuance noire et blanche. La fourrure en est fournie, mais laineuse et brunâtre; le duvet est plutôt gris cendré.

La Compagnie en importe un nombre plus considérable d'année en année; en 1890, cependant, l'importation de la Compagnie de la Baie d'Hudson avait déjà été de 12.000 peaux.

Le Skunk des États-Unis

Au sud de la Baie d'Hudson, le Minnesota fournit un Skunk ressemblant beaucoup au précédent.

Puis viennent les Illinois, les Missouri; mais les plus fins et les plus noirs viennent des États de l'Ohio, du Michigan et de New-York.

Ceux de l'Ouest sont rouges et de peu de valeur. J'ai déjà dit qu'avant 1840, les peaux de Skunks n'étaient pas considérées comme une fourrure de consommation; même, quelques années avant 1863,

Fig. 24. — LE SKUNK DE L'OHIO
(1/6ᵉ de grandeur naturelle)

l'importation de ces peaux en Europe se chiffrait par 1 à 2.000 peaux; en 1868, ce nombre était monté à environ 120.000.

En 1916, 1.043.146 peaux ont été mises en vente, à Londres, par les maisons Lampson, Nesbitt et Huth.

Si on ajoute à ces chiffres le nombre de peaux travaillées sur place en Amérique, ou expédiées directement de ce pays, on arrive à une production totale annuelle d'environ 2 millions de peaux.

Le Skunk, de plus en plus demandé, vaut maintenant de 50 à 150 francs la peau, tandis qu'il y a cinquante ans on l'avait pour 5 francs.

Le Skunk de l'Amérique du Sud

L'Amérique du Sud produit un Skunk plus petit que celui du Nord; nous le connaissons sous le nom de **Skunk du Chili**.

Il a le poil assez fin, mais brunâtre, et souvent l'ensemble du dos est blanc sans qu'il existe, comme chez le Skunk, une partie noire entre les deux raies blanches.

La valeur de ces peaux est minime ; elles ne s'emploient guère qu'en doublures.

Le Skunk civette

Une variété de Skunk, de la taille de notre Putois, est le joli petit animal que les fourreurs connaissent sous le nom de **Civette d'Amérique** ou Chat lyre (angl. *Civet-cat*).

Cette petite Moufette, qui habite également les États du centre et du sud de l'Union américaine, a, sur le fond de son pelage noir, au lieu de raies comme le Skunk, des taches blanches, disposées en forme de lyre, d'où son nom.

Elle ne paraît pas avoir de glande vesiculaire comme le Skunk, car elle n'a pas l'odeur caractéristique du Méphitis.

Il s'en produit environ 150.000 par an ; on employait ces peaux légères en cuir et fines en poil comme doublures de vêtements, mais la mode les a adoptées pour des objets de parure comme écharpes, et leur assemblage de dessins blancs sur fond noir produit un joli effet. La valeur en est d'une dizaine de francs la peau.

La Zorille du Cap

L'Afrique nous offre en ce genre d'animaux la Zorille du Cap, qui diffère peu, en somme, de notre Putois ; mais, jusqu'à présent, il vient trop peu de ces peaux dans le commerce pour qu'on ait pu les lancer dans la consommation.

Le Pahmi

Le **Pahmi**, qui provient de la Chine, forme un intermédiaire entre les Skunks et les Blaireaux. Il habite, comme ces derniers, des terriers, et sa nourriture est la même. L'ensemble de la fourrure est gris ardoisé ; le ventre est plus clair et jaunâtre. La taille est celle d'un bon Putois.

Le Pahmi présente à la tête les mêmes dispositions que notre Blaireau, mais une seule ligne de fourrure blanche se continue derrière les oreilles, le long de la nuque. Le toucher du poil est celui d'un Loutreau qui serait un peu grossier en fourrure.

L'emploi le plus conséquent du Pahmi, qui en ait été fait ces années dernières, est de le lustrer, couleur Zibeline, ou brun pour imiter le Vison du Canada. On l'a également épilé en le laissant naturel pour imiter le Nutria. Malheureusement, le cuir en étant, malgré tout, assez épais et lourd, l'objet fabriqué en Pahmi n'est jamais d'un porter agréable.

La valeur actuelle de la peau apprêtée de Pahmi est d'environ une quinzaine de francs.

Le Glouton ou Carcajou

Le **Glouton** (angl. *Wolverene*) habite le nord de l'ancien continent, et aussi bien la Sibérie septentrionale que les territoires de la Baie d'Hudson et du Labrador.

Il pourrait fournir la démonstration que, par le détroit de Behring, la Faune de l'ancien continent et celle du nouveau se confondaient, et que certains animaux de ces contrées inhospitalières se trouvaient indifféremment sur les unes ou sur les autres.

« Les Gloutons, dit le docteur Chenu, sont des animaux très carnassiers, très féroces, qui vivent à la manière des Martres et dont la chair fait la principale nourriture.

» Ils sont audacieux et attaquent même les grands ruminants. Ils grimpent sur les arbres, attendent au passage les animaux dont ils espèrent se rendre maîtres, et s'élancent sur eux en ayant soin de les saisir au cou et de leur ouvrir les gros vaisseaux de cette région.

» Par ce moyen, ils les ont bientôt épuisés, et, d'après le récit des voyageurs, les pauvres animaux qu'ils ont atteints précipitent en vain leur course ; en vain, ils se frottent contre les arbres et font les plus grands efforts pour se délivrer : l'ennemi, assis sur le cou ou

quelquefois sur leur croupe, continue à leur sucer le sang, à creuser
la plaie, à les dévorer en détail avec le même acharnement jusqu'à ce
qu'il les ait mis à mort. »

La quantité de ces animaux est, heureusement, partout minime,
et c'est probablement au plaisir que cause aux trappeurs la capture de
ce terrible cambrioleur de pièges et voleur de butin déjà pris par
d'autres, qu'il faut attribuer la haute valeur que les Indiens, comme
les Sibériaques, donnent à la peau du Glouton. « L'animal le plus
habile à déjouer les pièges est le **Carcajou**, que les Cris et les Bois-
Brûlés appellent « diable ». (É. Reclus.)

La renommée de la voracité du Glouton lui a fait appliquer ce
nom. Il est bas sur jambes et a la forme générale d'un Blaireau. Sa

Fig. 25. — Le Glouton
(1/12e de grandeur naturelle)

fourrure est généralement brune ; mais les deux flancs, étant plus
clairs que la tête, le ventre et les pattes, laissent sur le dos comme
une selle qui est de la nuance foncée de la tête.

Les deux bandes claires sur les flancs se réunissent, comme chez
le Skunk, à la naissance de la queue. Celle-ci est courte, environ
15 centimètres, et est garnie de poils touffus et assez longs.

Dans son ensemble, la fourrure du Glouton a un beau brillant,
mais le poil est assez raide, mais très solide.

Les Gloutons de Sibérie et de Norvège sont de meilleure nuance
que les Américains. On a fait, avec des bandes découpées dans la selle
des Gloutons foncés, de jolies imitations de queues de Martres.

Le Glouton a profité, avec le Renard et le Lynx, de la mode qui a
adopté pour les cravates la forme même de l'animal entier, avec sa
tête, ses pattes et sa queue. Aussi le Glouton, travaillé en forme
de tapis, a eu un grand succès.

Sa nuance générale se rapproche de celle du Pécan ; il a l'avantage d'être plus grand, mais le poil en est bien moins fin. Sa valeur actuelle est assez élevée; on paie une bonne peau de Glouton, selon sa nuance et sa finesse, de 300 à 800 francs.

Le Blaireau d'Europe

Le **Blaireau** (appelé communément par nos paysans **Taisson**) est assez commun dans nos contrées. Chacun connaît son aspect lourd et ramassé. Il a la tête large mais peu longue, le cou trapu, le corps gros, les pattes courtes, la queue courte; aussi, lorsqu'il a son pelage d'hiver, les longs poils qui garnissent ses flancs et qui tombent à terre lui donnent l'apparence de ramper, car il marche assez vite.

Le dessous de la gorge et le ventre sont peu garnis de poils noirs; par contre, la nuque et le dos sont couverts d'une bonne fourrure, composée de poils assez raides et très résistants à l'usure.

Le fond en est blanc jaunâtre, puis vient une bande noire, et enfin la pointe du poil est blanc argenté.

On se sert de ces poils pour la brosserie et spécialement pour les pinceaux à barbe, qu'on désigne souvent par le simple nom de Blaireau.

La bourrellerie emploie aussi le Blaireau pour garnir les harnais des Chevaux de roulage.

Le Blaireau, qu'on trouve surtout dans l'Europe méridionale, est carnivore; il fait la chasse aux mulots et aux lapins; il mange le miel des abeilles-bourdons; les sauterelles, les serpents, les œufs d'oiseaux lui servent aussi de proie.

Cependant il ne dédaigne pas du tout les racines et les fruits, car, dans notre vignoble bourguignon, les vignerons se plaignent des ravages que les Blaireaux, ainsi que les Renards, font dans les vignes.

Le Blaireau est gros mangeur, mais il est surtout dormeur.

Il passe, dit Buffon, la nuit entière et les trois quarts du jour à dormir; mais c'est une erreur de croire qu'il s'engourdit l'hiver, comme la Marmotte et le Loir.

Il est toujours très gras, et sa graisse doit le préserver du froid, car il est très frileux.

On prétendait que sa graisse était employée en pharmacie :
j'ignore quelles seraient ses propriétés particulières; mais, par
analogie, puisque les Américains paient bien un dollar pour la graisse
d'un Skunk, peut-être bien que la graisse de notre Taisson aurait
aussi une certaine efficacité contre les rhumatismes, puisque c'est la
qualité qu'on attribue à celle du Skunk, son parent.

A nos chasseurs d'essayer; les remèdes de bonne femme ont
quelquefois du bon.

La peau du Blaireau de nos pays n'est employée en fourrure que
pour en confectionner des tapis ou des fonds de voitures, jolis et
solides; mais actuellement les poils de Blaireau sont recherchés
pour la brosserie et le pinceau, et on paie le Blaireau assez cher.

Le Blaireau du Canada

La Chine et le Japon fournissent également des peaux de
Blaireaux, qui n'ont pas grande valeur.

Par contre, le **Blaireau du Canada** est estimé pour sa fourrure
longue et soyeuse.

Il est de taille un peu supérieure à celle de notre Blaireau
d'Europe; sa nuance est plus blanchâtre, et il a plus de duvet. Son
poil atteint sur le dos jusqu'à 10 centimètres de longueur.

Il habite les prairies du Canada et le nord-ouest des États-Unis.

Il n'est pas très abondant; la Compagnie de la Baie d'Hudson
en a mis, en 1912, 102 peaux en vente, ayant réalisé 20 francs la
peau; la maison Lampson en offrait 9.664 peaux, dont les bonnes
qualités se vendirent environ 15 francs.

Le Blaireau du Canada offre cette particularité que le poil
retombe de chaque côté sur les flancs, et se sépare à l'arête dorsale.
Les poils d'entre-flanc sont plus longs que ceux de l'arête.

On tient compte de ces dipositions pour le travailler, et nous en
dirons deux mots à l'article concernant le travail des fourrures. Il
est employé pour des cravates, forme tapis, et également pour des
parements et cols de dames.

Le poil du Blaireau du Canada est trop fin et trop mou pour
pouvoir servir, comme celui du nôtre, pour la brosserie et la fabrication des pinceaux.

LES LOUTRES

CHAPITRE X

LES LOUTRES

Les **Loutres** (angl. *Otter*) ont la dentition des Martres, mais leur forme est adaptée au milieu où elles vivent. C'est un cylindre allongé, terminé par un cône tronqué d'un bout, c'est la tête, et se continuant à l'autre bout par ce cylindre étiré jusqu'à la pointe terminale, c'est la queue.

Les pattes sont courtes et très palmées; c'est en somme un animal fait pour nager.

Aussi la Loutre marche-t-elle difficilement : on pourrait dire qu'elle se traîne sur terre.

Elle ne peut cependant pas vivre longtemps sous l'eau, et elle choisit généralement sa retraite entre des rochers ou sous des racines, mais toujours sans s'éloigner de la rivière ou de l'étang où elle trouve sa nourriture, composée surtout de poissons ou de tous animaux aquatiques, rats d'eau, grenouilles, crustacés, vers.

Elle doit aussi manger des châtaignes d'eau, car les chasseurs se servent comme appât d'une miche de pain trempée dans du lait et placée sur une partie de terrain découvert qu'ils surveillent à l'affût.

La Loutre est très sauvage et ne chasse guère que la nuit.

La Loutre d'Europe

La nuance de la **Loutre** de nos pays est uniformément brune, sauf le dessous de la gorge et du ventre qui est grisâtre.

Le poil est dense, le jarre ne dépasse guère le duvet; celui-ci, très serré et fin, est un des meilleurs poils pour la fabrication du feutre, et seulement moins long que celui du Castor.

En fourrure, on emploie la Loutre généralement à l'état épilé, c'est-à-dire débarrassée du jarre, le duvet seul restant et faisant, par sa compacité, l'effet du velours.

On teint presque toujours ce duvet d'une couleur marron très foncé, nuance à laquelle on a donné pour cela le nom de Loutre.

Comme usage, la fourrure des Loutres est une des meilleures qui existe ; le seul défaut est l'épaisseur du cuir, qui rend les objets un peu lourds.

C'est pourquoi on emploie la Loutre en fourrure plutôt pour des objets ne nécessitant pas l'assemblage de plusieurs peaux, et elle convient spécialement pour des cols de pardessus d'hommes.

Au temps du roulage, tous les conducteurs de diligences qui sillonnaient alors nos routes, les Messageries royales (les Laffitte et Gaillard, les Françaises), mettaient leur coquetterie à avoir leur casquette de Loutre. On en faisait même des gilets.

Pendant longtemps, les chasseurs prétendaient vendre les Loutres de nos pays au poids et comptaient 1 franc par livre. Comme une Loutre adulte pèse de 12 à 20 livres, la valeur en était donc de 15 à 20 francs ; mais, depuis ce temps, les prix ont bien changé, et nous payons ces années les Loutres à peu près le quadruple.

La Russie est encore aujourd'hui le consommateur le plus sérieux pour les peaux de Loutres, quelle qu'en soit la provenance.

Les meilleures peaux viennent du nord de la Suède et de la Norvège, puis celles de la Bavière, de l'Autriche, de la Suisse, puis celles de France, enfin celles de l'Italie et des pays méditerranéens.

La Loutre de l'Amérique du Sud

L'Asie et l'Afrique, de même que l'Amérique du Sud, produisent différentes variétés de Loutres, quelques-unes presque meilleures que les nôtres, d'autres, quoique grandes, moins fines en poil et encore plus lourdes en cuir.

Mais nos pays, ne consommant même pas les peaux de Loutres qu'ils produisent, n'ont pas intérêt à importer ces peaux exotiques qui n'ont pas d'emploi dans nos contrées.

La Loutre du Canada ou Loutre de Virginie

L'Amérique du Nord, par contre, nous fournit la Loutre connue sous le nom de **Loutre de Virginie** ou **Loutre du Canada**. Plus grande que la nôtre, beaucoup plus fine en poil et plus foncée, elle fait l'objet d'une importante exportation.

Elle habite tout le nord du continent américain jusqu'au Labrador et à l'Alaska.

Les plus belles, noires et fines, viennent de Terre-Neuve. Toutes ces Loutres, pour la plupart, sont employées en Allemagne et en Russie, une petite partie même dans nos pays, pour des cols de pelisses d'hommes.

La production en est assez considérable; en 1912, aux ventes de mars à Londres, la Compagnie de la Baie d'Hudson en mit en vente 5.829 peaux, et la Compagnie Lampson 5.109.

La valeur d'une peau moyenne est aujourd'hui d'environ 200 francs, mais les très belles peaux se vendent jusqu'à 600 francs. La plupart sont vendues pour la Russie.

La Loutre marine ou Loutre du Kamtchatka

Toutes les Loutres dont nous venons de parler sont des Loutres terrestres et d'eau douce, mais la reine des Loutres est la **Loutre marine**, connue sous le nom de **Loutre du Kamtchatka**. Les Anglais lui donnent bien son vrai nom de *Loutre de mer* (angl. *Seaotter*), mais il ne faut pas la confondre avec la fourrure que nos clientes et nous-mêmes, quelquefois, désignons sous le nom de *Loutre de mer*.

La fourrure ressemblant à un beau velours à longs poils, que nos dames demandent pour un paletot de Loutre, n'est pas de la Loutre, c'est celle d'un Phoque, et j'aurai bientôt l'occasion de parler de lui.

La véritable Loutre marine, dont nous nous occupons, habite les rives de l'océan Pacifique, sur les côtes de l'Alaska et des îles Aléoutiennes.

On en trouve même sur les côtes de Californie et du Japon, mais elles sont moins belles que celles des côtes septentrionales.

C'est un des animaux qui tend à disparaître de la surface du globe, car, si, au commencement du siècle dernier, on pouvait en amener jusqu'à 20.000 peaux à Canton (la Chine était alors le grand pays de consommation de cet article); déjà, en 1891, la production était tombée à 3.000 peaux, et aujourd'hui il s'en met en vente, chaque année, de 200 à 300 peaux seulement.

Il faut dire qu'au Kamtchatka, la chasse est complètement interdite, et que, sur les îles du détroit de Behring, celle-ci est monopolisée par le gouvernement russe, qui en envoie les peaux à la maison Lampson, à Londres, pour la vente aux enchères.

La **Loutre du Kamtchatka** (l'**Enhydre** des naturalistes) varie beaucoup de taille selon l'âge auquel est arrivé l'animal.

Les peaux des jeunes (*cubs*) ont environ 60 centimètres de longueur.

La queue est plus courte en proportion du corps que chez les Loutres terrestres; même dans une grande peau, la queue n'a que 30 centimètres de longueur. Une peau petite (*small*) a environ 1 mètre de longueur sur 0 m. 35 de largeur; une peau moyenne (*middling*), 1 m. 25 sur 0 m. 45; une grande peau (*large*) donne jusqu'à 1 m. 50 sur 0 m. 60.

Le pelage de la Loutre marine est d'un beau brun plus ou moins foncé jusqu'au noir. Le toucher donne la sensation d'un velours de soie qui serait très long en poil, mais en même temps très compact. Le dessus du cou est généralement parsemé d'une assez grande quantité de poils gris-brun.

Les plus belles peaux sont à fond noir, parsemé très régulièrement de pointes blanches; d'autres sont tout à fait noires sans pointes blanches; d'autres sont brunes avec pointes blanches. Enfin, les moins belles sont brunes sans pointillé. Si les poils grisâtres sont trop abondants, on désigne ces peaux du nom d'Anes (*Donkeys*).

Le cuir de la Loutre marine est assez épais; aussi cette fourrure n'est-elle guère employée pour les objets de dames. Les Chinois, reculant devant la dépense qu'elle entraînait, l'ont un peu abandonnée, et aujourd'hui ce sont surtout les Russes qui, pour les cols de leurs pelisses, se paient le luxe de la Loutre du Kamtchatka.

Nous employons en France plutôt les petites peaux, jolies en poil, mais plus légères en cuir.

Le poil de la Loutre enhydre a beaucoup d'analogie avec celui du Castor, mais il n'a pas cette différence de longueur entre le jarre et le duvet qui oblige d'épiler le Castor. Chez la Loutre, le duvet est très serré et très soyeux; il est si fin qu'il se couche facilement dans tous les sens. Le jarre est aussi fin que le duvet et ne dépasse guère celui-ci, de sorte que l'ensemble est d'un moelleux, d'une finesse de nuance et d'une sensation si douce au toucher que, seule, la Zibeline peut lui être comparée sous ce rapport.

Avec cela, sa durabilité et sa résistance à l'usure sont sans égales.

Aussi n'est-il pas étonnant que des personnes habituées à porter de la fourrure et connaissant la qualité de la Loutre marine, comme la connaissent les Russes, n'hésitent pas à payer une dizaine de mille francs pour une belle peau noire 'et bien semée de poils blancs. Aux ventes aux enchères de janvier 1923, à New-York, une belle peau a atteint le prix de 975 dollars, soit au cours du moment près de 17.000 francs.

Dans une grande et bonne peau, on fait plusieurs cols de pelisses; ceux-ci sont souvent travaillés en une seule bande courbée s'accrochant à l'encolure par un crochet et une boucle d'argent.

Si la Zibeline, vu sa petitesse, est la plus chère des fourrures, la Loutre enhydre est, comme unité de peau, la fourrure qui partage avec le Renard noir. le record du prix.

Je traduis librement d'un ouvrage allemand le récit suivant de la chasse à la Loutre marine : « Par la chasse sans trêve qu'on lui fait, la Loutre marine a presque disparu. Il y a dix à quinze ans, on pouvait, dans une partie de chasse, espérer rapporter un butin de vingt à trente de ces magnifiques bêtes; aujourd'hui, une partie de chasse, aussi bien organisée et aussi nombreuse soit-elle, sera heureuse si les chasseurs rapportent une ou deux pièces, et encore rentreront-ils souvent bredouille.

» Les Loutres étant généralement poursuivies sur l'eau, afin de s'en rendre maître, une flottille de dix à quinze canots est au moins nécessaire pour pouvoir les cerner et les tirer.

» Il faut donc d'abord que l'eau soit transparente et calme, car les moindres ondulations empêcheraient d'apercevoir les animaux.

» Que les Loutres se méfient ou soient effrayées, aussitôt elles sortiront à peine le museau et les yeux de l'eau.

» La flottille se met donc en quête; chaque chasseur a ses balles personnelles et marquées; dès que l'un d'eux a aperçu le nez d'une Loutre, il fait le signe convenu au canot voisin, et ce signal fait aussitôt le tour de la flottille qui forme tout de suite le cercle.

» En peu d'instants, la flottille a entouré l'animal, et quelques balles ont été tirées sur le point noir visible à la surface; celui-ci disparaît sous l'onde.

» La bête peut plonger jusqu'à une grande profondeur, et plusieurs minutes se passent avant que l'animal ne remonte à la surface. Mais, aussitôt qu'il reparaît, des coups de fusil lui sont tirés, et le cercle se rétrécit de plus en plus. La bête se montre à nouveau, et chaque fois à un intervalle de temps moins prolongé.

» Les forces l'abandonnent, et, respirant à peine, elle est obligée, et souvent, de mettre la tête complètement hors de l'eau jusqu'à ce qu'enfin une dernière balle vienne mettre fin à son angoisse.

» La Loutre est immédiatement dépouillée, et la recherche des balles dans le corps commence.

» La règle suivante est alors appliquée : 10 dollars sont pour le chasseur qui le premier a signalé l'animal, 5 dollars sont attribués à chacun des chasseurs de la société, et enfin le surplus de la somme obtenue par la vente de la peau est partagé entre les chasseurs dont les balles ont été retrouvées dans le corps de la bête. » (E. Brass, *Aus dem Reiche der Petze.*)

Les achats de la Sauvagine du pays

Avant de continuer la description des animaux à fourrures, voici quelques indications sur la façon dont le pelletier se procure la plupart des pelleteries que je viens d'énumérer et particulièrement celles qui vivent à l'état sauvage dans nos pays et qui constituent ce que nous appelons la Sauvagine du pays.

Ce sont le Chat sauvage, la Genette, le Renard, le Putois, le Blaireau, la Loutre, la Fouine et la Martre.

Les achats en foire

Lorsque ces marchandises sont achetées soit directement sur les lieux de production, ou aux foires, il faut que l'acheteur prenne l'ensemble de la marchandise offerte par le vendeur; cette partie contient donc toutes les qualités et nuances (bien que de la même provenance), et c'est à l'acheteur de faire son estimation et d'établir la valeur moyenne de l'ensemble, afin de se fixer sur le prix maximum qu'il pourra finir par offrir au vendeur.

Il est certain que celui-ci commencera par surfaire le prix et ne se gênera pas pour demander le double de la valeur réelle, et ce n'est qu'après de longs pourparlers et toujours avec l'assistance d'un courtier (généralement un juif) qu'acheteur et vendeur, particulièrement dans les foires de Russie et de Sibérie, finissent par se mettre d'accord et échanger la tape dans la main qui confirme le marché.

Dans nos foires françaises, et lorsque nous achetons à des ramasseurs de Sauvagines (généralement des négociants en chiffons), nous achetons à la recette, c'est-à-dire que le prix est fixé pour l'unité de pièce, mais de bonne qualité.

Si la peau n'est pas acceptable comme peau de saison ou qu'elle soit endommagée, nous disons qu'elle n'est pas de recette, et alors elle compte pour une demi-peau ou un quart de peau. Ainsi il faut deux demi-peaux ou quatre quarts pour la valeur d'une peau recette.

(Voir, à la fin du chapitre, le tableau indiquant le cours des Sauvagines de notre pays, de 1881 à 1923.)

Les foires étrangères

Et puisqu'il est question des foires, ouvrons une parenthèse et donnons quelques renseignements sur les places, hors d'Europe, où se tenaient les réunions d'acheteurs de Sauvagines et où étaient amenées quelquefois de très loin les pelleteries produites et chassées dans le pays.

Il va sans dire que ce qui se rapporte aux foires de Russie ne peut être qu'une relation de ce qui s'y faisait avant que ce malheureux pays fût devenu la proie du bolchevisme et qu'il ait, par là, laissé perdre la plus grande partie des ressources qu'il tirait de ses produits naturels, et spécialement des pelleteries.

La ville d'Irbit était le lieu de la principale foire de pelleteries en Sibérie.

J'emprunte, en traduction libre, les lignes qui suivent au travail de MM. Larisch et Schmidt : « Depuis qu'en 1643 le commerce de la pelleterie fut organisé en Russie, la place et la foire du mois de février, à Irbit, furent de plus en plus fréquentées.

» Il n'était pas facile, il n'y a pas très longtemps encore, pour les Européens, d'arriver à Irbit ; mais, depuis l'ouverture de la grande ligne transsibérienne et des bifurcations pour Ekaterinenbourg et Tjunien, chaque année, beaucoup d'Européens et particulièrement des Anglais, des Français et des Allemands visitent cette foire, et, ces années dernières, souvent 30.000 étrangers de toutes les parties de l'Europe et de l'Asie y étaient présents.

» Le voyage d'Irbit est aujourd'hui facile. En trois jours et trois nuits, par le train de luxe partant de Moscou, on atteint Tscheljabinsk à la frontière sibérienne.

» On monte au nord, à travers l'Oural jusqu'à Ekaterinenbourg. De là, en une nuit, on arrive à la station d'Irbit-Kamijtchlow. Là, on prépare sa toilette ; car il reste encore 110 kilomètres à parcourir en traîneau, ce qui prend dix à douze heures, bien que les relais de chevaux frais soient toujours prêts.

» En février, par 30 degrés de froid, ce ne doit pas être une promenade d'agrément. (Aparté de l'auteur.) Enfin, presque subitement, on voit Irbit, qui s'étend derrière une éminence.

» Irbit (en 1890, 5.614 habitants) ne posséde pas ce qu'on peut appeler des hôtels. Il faut loger chez l'habitant, ce qui ne manque pas d'être très coûteux, même si on sait se satisfaire avec un très modeste confort. »

Les marchandises offertes en vente sont exposées sur la place de la foire et se composent surtout de cuirs, de peaux, de pelleteries, de poils de chameaux, de thé, de graines et de métaux, toutes marchandises provenant du pays et même de la Chine, que les Sibériens et les Tartares ont apportées sur leurs traîneaux. Le trafic en pelleteries, sur la place d'Irbit, se chiffre par 10 à 12 millions de francs.

Le marché de Kiakhta

Avant l'ouverture du transsibérien, une place importante pour l'échange de marchandises entre la Russie et la Chine était Kiakhta. C'était la ville frontière, le siège de la douane. Kiakhta compte un millier d'habitants. Il s'y fait un très grand commerce de thé de Chine, qu'on appelle thé des Caravanes, et aussi de pelleteries. Précédemment, les Sibériens payaient le tribut au gouvernement russe en pelleteries et principalement en Zibelines.

Selon leur âge, les indigènes étaient tenus de livrer un certain nombre de peaux de Zibelines; ce nombre allait en augmentant d'une unité d'année en année jusqu'à une vingtaine de peaux (sauf erreur), puis redescendait pour s'arrêter enfin à la douzaine.

Ces peaux étaient remises aux agents de l'État comme une dîme et étaient connues sous le nom de Zibelines de la Couronne. Elles auraient dû être les meilleures de la production, mais ce n'était pas le cas, car elles passaient par tant de mains qu'à force de fraude et d'échange, les peaux de qualité très inférieure arrivaient seules à la chancellerie de Moscou. En fin de compte, si la famille impériale, pour ses besoins, voulait de belles Zibelines, elle était obligée de s'adresser au fourreur de la Cour et de les acheter.

La chasse aux Martres

Nous avons vu que toutes les Martres, vu la valeur de leur peau, étaient l'objet d'une chasse active de la part de l'homme. Non seulement les Indiens de l'Amérique du Nord, où les Iakoutes font de la chasse leur occupation hivernale; mais, même dans nos pays, des chasseurs de Fouines circulent dans nos campagnes, visitant toutes les fermes, s'assurant si des traces ne décèlent pas la présence de ces hôtes dangereux pour la volaille, et tendent la nuit leurs pièges sur les passages qu'ils ont découverts. Et ce n'est pas chose facile que de ne pas éveiller le flair d'une Fouine.

Généralement, c'est du piège à ressort que le chasseur se sert; il s'occupe de le graisser et de s'assurer de son bon fonctionnement, de ne le toucher qu'avec des mains gantées, et, enfin, de le dissimuler avec soin sous une légère couche de foin menu.

Il devra préparer son piège et son appât, un œuf ou un oiseau, à la même place où, plusieurs fois auparavant, ayant relevé le passage de l'animal, il aura disposé des fruits secs sans piège pour l'allécher et finir par surprendre la sagacité de la Fouine méfiante et sauvage.

La Martre habitant les bois est plus souvent tirée au coup de fusil, au moment où, éventée et pourchassée par le chien, elle essaiera de se sauver en se réfugiant sur une branche où elle se croira à l'abri du chien, mais non du plomb du chasseur.

Les carabines Winchester sont un des articles d'échange très demandés par les chasseurs sibériens. Aussi les peaux des Martres sont-elles plus souvent endommagées que celles des Fouines.

Les trappeurs du Canada, comme les chasseurs sibériens, façonnent des pièges sur le principe du quatre de chiffre, c'est-à-dire un assemblage de trois morceaux de bois étayés l'un par l'autre en forme de 4, et soutenant de façon très instable une trappe ou une fermeture assommant, écrasant ou enfermant l'animal qui, par la moindre secousse au morceau sur lequel est fixé l'appât, aura dérangé l'édifice et amené la chute de la pièce mobile.

Souvent, devant un creux d'arbre, une fermeture en forme de guillotine tombera sur la nuque de l'animal qui, alléché par une proie fixée dans la cavité, aura remué le léger cran d'arrêt soutenant cette trappe meurtrière.

Le trappeur, qui, aux premières neiges, a préparé ses pièges sur une assez grande étendue, est obligé de les visiter souvent, afin que les bêtes prises ne lui soient pas enlevées et dévorées par d'autres animaux; enfin, à sa rentrée sous sa tente, il lui faut écorcher et sécher son butin.

Puis, dans sa hutte primitive, où un trou dans le toit sert à l'évacuation de la fumée, il suspendra ses peaux de Zibelines, qui, dans cette atmosphère, prendront une teinte artificielle foncée : nous appelons ces peaux « fumées ».

L'œil du praticien distingue facilement cette nuance de celle de la nature, et, par suite du nettoyage, elle disparaît; mais il n'en est pas de même lorsque les peaux sont teintes. Cette teinture peut faire illusion, et, comme on arrive à imiter assez bien la nuance foncée naturelle, il faut se méfier et ne pas acheter de la Zibeline touchée pour de la peau naturelle.

Le fourreur honnête ne vendra pas l'une pour l'autre et saura garantir à sa cliente qu'il lui vend de la Zibeline naturelle et non teinte, car les deux peaux, bien que se ressemblant quelquefois étrangement, n'ont qu'un rapport très lointain comme valeur.

TABLEAU

indiquant les prix payés année par année, de 1881 à 1923, à la foire de février à Chalon-sur-Saône, pour les diverses Sauvagines du pays.

Années	Martres	Fouines	Putois	Renards	Loutres	Lapins au kilogr.
1881		13 »	3 50	3 75	13 »	2 75
1882		13 50	2 50	4 »	13 50	2 50
1883		13 50	3 50	4 50	14 »	3 50
1884		10 »	3 25	4 »	12 »	2 30
1885		9 »	4 »	5 »	9 »	2 25
1886		7 50	2 25	2 75	8 »	2 »
1887		10 »	2 »	3 50	10 »	2 »
1888		8 50	2 25	3 50	9 »	1 50
1889		9 50	3 »	5 50	9 50	1 60
1890		8 »	3 50	4 »	9 50	1 80
1891		9 »	6 »	5 »	15 »	1 80
1892	au prix de la Fouine	6 50	2 75	5 »	12 »	1 80
1893		8 50	3 »	5 50	14 »	2 »
1894		8 50	4 50	6 »	15 »	1 90
1895		8 50	3 25	5 »	12 »	2 »
1896		9 »	3 50	5 »	12 »	1 50
1897		10 »	4 »	5 »	8 »	0 95
1898		10 »	4 »	5 »	8 »	0 95
1899		11 »	3 »	4 »	10 »	2 50
1900		18 »	4 25	5 50	13 »	1 85
1901		13 »	3 50	4 50	16 »	2 50
1902		13 »	3 25	4 50	16 »	2 50
1903	25 »	18 »	4 »	7 »	19 »	2 »
1904	25 »	15 50	4 50	7 »	18 »	1 60
1905	25 »	17 »	5 »	5 50	20 »	1 80
1906	36 »	23 »	4 25	7 »	25 »	2 60
1907	45 »	28 »	4 50	7 »	28 »	2 25
1908	43 »	25 »	4 25	7 »	30 »	4 25
1909	48 »	31 »	6 »	15 »	30 »	2 50
1910	45 »	30 »	6 »	17 »	30 »	3 50
1911	45 »	30 »	6 50	14 »	32 »	5 »
1912	48 »	33 »	6 25	12 »	33 »	5 »
1913	50 »	31 »	6 »	15 »	35 »	3 25
1914	50 »	31 »	12 »	18 »	40 »	2 25
1915	20 »	18 »	5 »	8 »	18 »	1 25
1916	50 »	32 »	14 »	20 »	25 »	4 »
1917	45 »	32 »	19 »	23 »	26 »	5 »
1918	60 »	40 »	20 »	40 »	50 »	10 »
1919	60 »	50 »	18 »	40 »	35 »	6 »
1920	400 »	350 »	80 »	130 »	90 »	45 »
1921	165 »	145 »	25 »	35 »	60 »	2 50
1922	220 »	175 »	27 »	50 »	80 »	13 »
1923	250 »	225 »	40 »	100 »	85 »	24 »

LES PHOQUES

LES PHOQUES

LES PHOQUES

Les **Phoques** (angl. *Seals*) se rapprochent, par leur organisation, des Loutres dont nous venons de parler.

On les considère comme des amphibies, c'est-à-dire pouvant vivre indifféremment dans l'air ou dans l'eau; et, cependant, dit M. Boitard (*Dictionnaire d'Histoire naturelle*), à deux ou trois exceptions près, tous les animaux n'ont qu'un seul système de respiration et ne peuvent, par conséquent, respirer dans deux éléments différents.

Il n'y a guère que quelques reptiles qui ont, dans leur jeunesse, des branchies comme les poissons et une respiration aquatique, tandis que, dans leur vie adulte, ils ont de vrais poumons et une vie aérienne.

Les Phoques, comme les Loutres, peuvent donc rester plus longtemps sous l'eau que les animaux terrestres; mais ils sont essentiellement des animaux à respiration aérienne, et ils sont obligés de venir à la surface de l'eau pour respirer l'air en nature. On voit donc que ce ne sont pas réellement des amphibies véritables. (Dr Chenu.)

Ils sont carnivores, mais on trouve dans leur estomac des fucus, des pierres et du gravier.

Les habitants des côtes de la Dalmatie assurent formellement que les Phoques viennent à terre pendant la nuit pour sucer les raisins mûrs des vignes.

Le Phoque est polygame; les mâles se livrent de furieux combats pour la possession d'un harem d'une dizaine de femelles qui, après avoir assisté passivement au combat, se livrent avec docilité au vainqueur.

La femelle met bas, sur terre, d'un à deux petits et ne les emmène à l'eau qu'après une quinzaine de jours.

Pendant ce temps, le mâle pourvoit à la nourriture de la femelle.

Ce n'est guère qu'à six mois que le jeune Phoque peut subvenir seul à ses besoins ; alors le père le chasse et le contraint d'aller s'établir dans un autre endroit. (Larousse.)

Les Phoques peuvent être divisés en deux grandes familles : les Phoques sans oreilles ou Phoques proprement dits, et les Phoques à oreilles ou Otaries, que nous appelons *Loutres de mer*.

Le Phoque de la Méditerranée

Les Phoques sans oreilles sont ceux que nous voyons assez souvent exhibés dans nos jardins zoologiques et même sur nos foires ; le plus connu dans nos contrées est celui de la Méditerranée, qui a donné son nom à la ville de Phocée, dans l'Asie Mineure, près du golfe de Smyrne.

Les Phocéens avaient pour emblème, sur leurs monnaies, le Phoque ; c'étaient des navigateurs intrépides et des trafiquants avisés ; ils furent les fondateurs de Marseille.

Les Phoques, aimant à s'ébattre sur les bords heureux de la Méditerranée, ont inspiré les poètes grecs, qui les ont parés de toutes les brillantes fictions de leur imagination ingénieuse.

Ils ont fait les Tritons, les Sirènes, les Néréides et toute la cour aquatique de leur dieu Neptune. (Boitard.)

Du même auteur nous extrayons le passage suivant :

« Encore aujourd'hui, lorsque le ciel est voilé de noirs nuages, lorsque le vent gémit dans les arbres de la forêt et ride la surface des eaux, par une nuit d'automne, le marin, assez imprudent pour approcher sa nacelle de ces antres ténébreux, laisse tomber tout à coup sa rame de saisissement et d'effroi en entendant les sons lugubres qui viennent frapper son oreille épouvantée.

» Qu'il se hâte de dresser sa voile triangulaire, de tourner sa proue vers la haute mer et de saisir son aviron, car, s'il tarde un instant encore, il verra sa barque entourée par les fantômes des matelots morts dans les flots ; et, pour peu qu'il ait un vieux parent, victime de la tempête, il le reconnaîtra probablement à la pâleur de sa figure blanche, au sombre feu qu'exhalent toujours les yeux caves d'un mort qui a quitté le séjour des spectres pour venir jeter encore un dernier regard sur ce qu'il aimait sur la terre.

» Il apercevra ces âmes fantastiques glisser sur les eaux en les ridant à peine, et si le vent chasse un instant dans le ciel le nuage qui obscurcissait la lune, il les verra se traîner sur cette terre qu'elles regrettent et, désespérées, se replonger en gémissant dans la mer où elles resteront jusqu'à la consommation des siècles. »

Suétone nous dit qu'Octave-Auguste portait toujours une peau de Veau marin pour se préserver du tonnerre et des éclairs qui le glaçaient d'effroi.

Encore aujourd'hui, entrez dans la cabane du premier pêcheur que vous rencontrerez sur la côte, asseyez-vous à côté de lui, à son foyer, et vous apprendrez, en comparant les longues histoires qu'il vous débitera sur les cavernes de la mer, que, depuis Charybde et Scylla, les mêmes faits ont donné lieu à des superstitions aussi différentes que les siècles qui les ont vues naître.

Les Sirènes, monstrueuses filles d'Achéloüs et de Calliope, au corps de femme et à queue de poisson, au chant mélodieux et perfide, pouvaient plaire aux imaginations grecques et romaines du temps d'Homère et de Virgile ; mais elles ont été détrônées par les fées et les génies du moyen âge ; et puis sont venus les premiers naturalistes qui ont remplacé les unes et les autres, en les dépoétisant, par des évêques, des moines et des capucins.

Les Phoques, plus encore que les Loutres, sont conformés pour nager ; toutes les lignes de leur corps sont arrondies ; insensiblement, leurs formes se rapprochent de celles des Mammifères marins, les Cétacés.

Leurs pattes ne sont plus faites pour marcher : elles ont la forme d'avirons et de gouvernails ; leur poil, serré et lisse, laisse immédiatement couler l'eau sur le corps, et ils sèchent tout de suite dès qu'ils sont sortis de l'eau.

Leur pelage et leur nuance varient beaucoup avec l'âge.

Les animaux adultes chez les Phoques sans oreilles, dans presque toutes les variétés, sont caractérisés par une tête ronde, de gros yeux à fleur de tête, le corps presque cylindrique, les pattes courtes et palmées, présentant la forme d'une nageoire coupée obliquement, du premier doigt, le plus long, au cinquième, qui est le plus petit. (Dr Chenu.)

Le Phoque du Groënland

La plupart des Phoques sans oreilles n'ont que peu d'emploi pour la fourrure ; la variété la plus utilisée est le **Phoque du Groënland** ; selon l'âge de l'animal, le poil et la nuance changent ; l'animal jeune est de couleur gris cendré, parsemé de taches plus foncées, rondes ou oblongues. La peau paraît tigrée.

En cet état, le poil est assez fin et brillant, et on a employé ces peaux pour en faire des vêtements pour hommes et pour dames.

Lorsque le Phoque avance en âge, le poil devient plus rude, les taches s'agrandissent, et la nuance prend une teinte roussâtre ; le ventre n'a plus cette jolie teinte gris blanchâtre qu'on trouve chez les jeunes, il devient plus ou moins jaune. Quelques peaux de ce genre sont employées par les selliers pour faire des sacs d'écoliers.

Une autre variété de Phoque plus employée que le Phoque du Groënland, et qui provient des mêmes parages, est le Phoque à capuchon.

On lui donne ce nom, parce que le mâle porte au sommet de la tête comme une espèce de sac susceptible de se gonfler d'air et de se porter plus ou moins en avant sur le museau, comme un casque ou capuchon.

Ce Phoque, jeune, a le poil assez fin, bien touffu en duvet et d'une couleur uniformément blanc jaunâtre ; c'est pourquoi les Anglais lui ont donné le nom de **Whitecoat**, c'est-à-dire « habit blanc ».

La peau a alors une longueur de 50 centimètres à 1 mètre ; on teint cette fourrure en noir ou en marron très foncé, et elle a été considérablement employée sous le nom de **Castor de l'Inde**.

On la coupait, comme nous l'avons vu pour le Lapin, en bandes assemblées en sens contraire, genre appelé *marabout*.

On y collait ou cousait des poils blancs de Blaireau ou de Skunk pour le parsemer de pointes blanches, et on le connaissait alors comme **Castor de l'Inde argenté**.

On en a fait des objets de dames et des vêtements. Cette fourrure est solide, et mériterait de retrouver la vogue dont elle a joui un moment.

La valeur des peaux de Whitecoats, suivant la taille et la qualité, est de 40 à 80 francs. Lorsque ce Phoque à capuchon est plus âgé, il a alors une teinte gris bleuté sur tout le dos, avec les flancs blanc jaunâtre.

De même que le jeune a pris le nom d'habit blanc, l'animal adulte est connu, à cause de sa couleur, sous le nom de **Blueback** (dos bleu, en anglais).

Le Blueback

Le **Blueback** est peu employé à l'état naturel, mais on le teint soit en noir, soit en marron très foncé, ou même en imitation de Léopard. Cette fourrure, teinte en noir ou marron foncé, est employée pour des vêtements avec poil extérieur ; on l'a aussi utilisée pour des cols et des parements sur des vêtements de dames. Enfin, quelques armées européennes emploient le Blueback pour des coiffures et, en imitation de Panthère, pour la garniture des selles et des arçons. La valeur actuelle est de 80 à 100 francs.

L'emploi le plus considérable qui se fait du Phoque n'est pas celui de sa fourrure, mais bien celui de son cuir, de sa graisse huileuse et même de sa chair.

Les Phoques adultes ont le cuir assez épais et résistant. On le tanne et on le graine comme le chagrin et le maroquin, pour en faire des objets de toilette pour dames, tels que les sacs à mains.

Les plus grands des Phoques, que nous ne citerons que pour mémoire, car ils ne peuvent être utilisés pour la fourrure, sont le **Morse** et l'**Éléphant de mer**. Le Morse, qu'on a appelé **Vache marine**, porte à sa mâchoire supérieure deux énormes canines, descendant sur la poitrine comme les défenses de l'Éléphant, sans se recourber en avant.

Ces dents, qui atteignent jusqu'à près de 60 centimètres de long et 6 centimètres de diamètre moyen à la base, sont constituées par un excellent ivoire.

Le **Phoque à trompe**, ou **Éléphant de mer**, est aussi, comme le Morse, un énorme animal ayant jusqu'à 6 à 8 mètres de long, et plus gros qu'un Bœuf.

De son cuir épais, on taille des bandes qui, tannées, font de belles courroies de transmission ; de sa graisse, on extrait jusqu'à un quintal d'huile.

Toutes les variétés de Phoques sont indispensables à la vie des habitants des contrées désolées où elles habitent.

Le Lapon, le Samoyède et l'Esquimau se nourrissent de la chair du Phoque ; l'huile sera leur éclairage et leur chauffage ; la peau leur fera des vêtements et des chaussures.

Ils couvriront leurs huttes et même leurs barques avec les grandes dépouilles ; des intestins même, ils feront des vitres et des sous-vêtements chauds et imperméables. Enfin, la peau d'un Phoque écorché et vidé complètement par l'orifice de la bouche formera un sac dans lequel la Laponne, faisant dans cette peau une fente entre les deux pattes de devant, mettra son enfant comme dans un porte-feuille et berceau en même temps, et pourra ainsi le déposer sur le sol, sous la garde d'un chien fidèle.

Mais si la chasse de ces grands Phoques est fructueuse, elle est poursuivie avec tant d'acharnement que ces espèces tendent à bientôt disparaître.

Les Phoques à oreilles plus connus sous le nom de Loutres de mer

Les **Phoques à oreilles** ou **Otaries** (*fur Seals,* en anglais) ont une bien plus grande importance pour les fourreurs.

Ils diffèrent du Phoque commun ou Veau marin, non seulement en ce qu'ils ont des oreilles, mais, dans l'ensemble, l'aspect général n'est plus le même.

La tête est moins ronde ; elle est plus allongée du museau, plus surbaissée du sommet et enfin comme aplatie sur les côtés.

Les pieds de devant sont aussi placés plus en arrière, ce qui fait paraître le cou plus long.

Le dos présente une courbure très prononcée, mais le ventre paraît plus retombant et n'a plus l'aspect cylindrique du Phoque commun.

Les pieds, assez longs, se terminant par cinq lobes dépassant les doitgs ; ceux de derrière, très resserrés à leur jonction à l'épine dorsale, s'écartent l'un de l'autre comme une hélice.

Si la plupart des Phoques ordinaires habitent plutôt l'océan Arctique, les Otaries se trouvent dans le Pacifique et principalement dans le détroit de Behring.

Leur séjour préféré, lorsqu'ils viennent sur terre, sont les

Fig. 26. — LA LOUTRE DE MER
(1/20ᵉ de grandeur naturelle)

îles de ce détroit, et particulièrement les îles Pribilow, Saint-Paul et Saint-Georges.

M. Brass dit qu'il y a une trentaine d'années, au minimum, un million de ces Phoques se réunissait sur ces rocs isolés, et la quantité annuelle de bêtes tuées était d'environ cent mille.

Des photographies montrent ces Phoques serrés les uns contre les autres sur une grande étendue, comme un immense troupeau de Moutons.

L'abatage de ces Phoques sur ces îles et la chasse en mer ont fait l'objet de conférences internationales entre la Russie, l'Angleterre, les États-Unis, le Canada et le Japon, afin d'empêcher le dépeuplement et l'extinction de ces animaux précieux.

M. Victor Révillon, avec la haute autorité et la compétence qui s'attachent à sa personne et à la maison qui porte son nom, a donné, dans le numéro de mai 1912 de la *Revue de Paris*, un article excessivement bien fait et intéressant sur *Les Phoques à fourrure*.

Nous ne pouvons qu'engager tous nos collègues, qui pourront se procurer ce travail, à le lire.

Ils y trouveront, bien résumées, toutes les connaissances *vraies* que nous trouvons éparpillées dans presque tous les ouvrages traitant de la fourrure ou dans les histoires naturelles au sujet des Otaries.

L'Otarie est donc cet animal connu sous le nom de *Loutre de mer*.

Elle a les mêmes habitudes que tous les Phoques dont nous avont déjà parlé; les vieux mâles se forment des harems, et beaucoup des jeunes mâles restent célibataires, un peu par force.

Au mois de juin, les vieux mâles (en anglais *Bulls*, Taureaux) viennent s'établir sur la terre ferme, et lorsque, après maints combats, les compagnies composées de dix à douze femelles et d'un mâle se sont formées, elles occupent les parties basses du terrain près de la mer.

Les compagnies des jeunes, moins nombreuses, et enfin les célibataires (*pups*) et les jeunes sont repoussés plus haut et plus loin à l'intérieur des terres.

Peu après l'installation, les femelles mettent bas leur petit et, un mois après, procèdent à de nouvelles noces.

Les jeunes Phoques naissent presque noirs : on les nomme alors *black pups*; de trois à six mois, leur couleur tourne au gris : ce sont alors des *grey pups*.

Ce n'est guère qu'à quatre ans que le Phoque est adulte, mais, tant qu'il n'a pas procréé, il reste dans la catégorie des *pups*; les adultes sont classés par taille : petits (*small*), moyens (*middling*) et grands (*large*).

Les vieux mâles, dont la fourrure n'est généralement plus bonne, sont appelés *whigs*. Le classement général des peaux de Loutre de mer à l'état brut est donc le suivant :

Grey pups . . . . }
Extra small pups . . . . . } peaux de Phoques d'un an d'âge.

Small pups	⎫ peaux de Phoques de 2 ans d'âge.	
Middling pups	⎭	
Large pups	— — 3 ans —	
Smalls	— — 4 ans —	
Middlings and Smalls	⎫	
Middlings...........	⎭ — — 4 à 5 ans.	

Enfin viennent les *larges* et les *whigs*. (H. Poland.)

La fourrure des *pups* est plus fine et plus serrée en duvet que celle des adultes; leur fourrure est aussi plus estimée et plus chère. Les femelles sont aussi moins bonnes en poil que les jeunes mâles.

J'emprunte à M. Victor Révillon, qui m'en a gracieusement donné l'autorisation, les passages suivants, qui représentent, en un beau style plus vivant qu'un tableau, la vie et la mort de ces pauvres Phoques, immolés au Minotaure moderne qu'est la mode :

« Après l'équinoxe d'automne, les harems sont dispersés, et les femelles devenues libres, n'ayant plus ni maître à redouter, ni petits à surveiller, s'éventent avec leur nageoire comme pour se donner un maintien, flirtent sans vergogne avec les *Bachelors* sous l'œil paternel des *Bulls* qui baillent d'un air détaché.

» Le départ du troupeau vers le Sud a lieu dans les premiers jours de novembre. Pourtant, certains de ces animaux ne quittent pas les îles Saint-Paul et Saint-Georges avant la fin de décembre. Il en est même qui y restent jusque vers le 12 janvier, mais généralement, à la fin d'octobre ou au début de novembre, tous les adultes âgés de cinq ans et au-dessus ont quitté les îles pour entreprendre audacieusement, à travers l'Océan, un voyage de circumnatation. Longue randonnée à travers les flots changeants du Pacifique, au cours de laquelle ils rencontrent tous les temps, tous les climats et tous les êtres du monde de la mer, depuis le protozoaire stupide jusqu'à l'homme audacieux.

» En quittant les parages désolés du détroit de Behring, ils louvoient d'abord le long des falaises embrumées des Aléoutiennes, nageant dans les eaux lourdes et grises de ces mers froides, sur lesquelles flottent presque toujours les nuées et les brouillards hyperboréens. Puis, toujours gouvernant au Sud et marchant en escadrons serrés, après des jours et des nuits de croisière, ils atteignent les côtes d'azur et d'or de la Californie.

» Ils jouissent alors tranquillement de la douceur des flots bleus qui, pendant les nuits sereines, s'allument de mille lueurs phosphorescentes. Les Phoques profitent des grands calmes qui, le plus souvent, règnent dans ces parages, pour musarder le long des côtes, contournant les îlots, plongeant dans les trous tapissés d'oursins mauves, explorant les grands fonds où dorment la pieuvre et l'encornet, frôlant les méduses immobiles et flasques qui flottent entre deux eaux, visitant les épaves toutes incrustées de lourds coquillages où fréquentent les crabes. Le seul ennemi vraiment redoutable des Phoques est l'homme qui, monté sur son « cayak », se glisse dans le creux des lames, les guette au passage, et profite de leur sommeil pour les harponner ou les fusiller. Du reste, autant la vie leur a été douce dans le Sud, autant elle leur sera pénible pendant le voyage de retour. Ils auront à lutter contre les pêcheurs canadiens et japonais qui les traquent le long de la Colombie britannique; ils subiront les fortes bourrasques du nord-ouest, qui les assailliront presque à chaque crépuscule, à mesure qu'ils monteront vers le Nord. Sous ces latitudes, le climat deviendra de jour en jour plus rude, les eaux plus froides, et, après avoir doublé l'île de Vancouver, il leur faudra souquer dur pour faire tête à la mer qui déferle, et escalader les crêtes neigeuses des vagues qui se pressent en rangs serrés, pendant que la foudre gronde et que les éclairs se succèdent en zigzags à l'horizon. Enfin, en mai, après un dernier effort, ils atteignent les abords des îles Saint-Paul et Saint-Georges, et, abordant avec joie sur les grèves qui les ont vus naître, ils y installent pour quelques mois leur nouveau foyer.

» Cette longue croisière en haute mer est, pour les Phoques, un temps de grandes pêches et de ripailles. Ils font souvent jusqu'à 300 milles dans les vingt-quatre heures, à la poursuite des bancs de morues ou de flétans; lorsqu'ils les ont atteints, ils foncent sur ces malheureux poissons, happant à droite et à gauche, engloutissant à chaque coup de mâchoire des kilogrammes de nourriture.

» Après quelques heures de cette orgie, à bout de souffle, n'en pouvant plus, ils s'allongent paresseusement sur le dos, les nageoires bordées le long du corps, comme des avirons au repos; alors, passant le nez hors de l'eau, ils rêvent en regardant monter la lune dans le ciel étoilé, et, bercés par la longue houle, ils s'endorment en songeant à de nouveaux festins.

» Il naît à peu près autant de mâles que de femelles. Aussi

peut-on, sans inconvénient pour la reproduction, sacrifier sept mâles sur dix. Ce sont les Bachelors qui font les frais des tueries.

» A terre, les Bachelors ne s'éloignent pas beaucoup du voisinage de l'eau, et les indigènes, qui les poussent vers les lieux d'abatage, doivent prendre beaucoup de précautions pour éviter de leur donner l'éveil. Ils rampent sur le rivage ; puis, une fois à la hauteur du troupeau, ils se mettent à courir, coupant ainsi la communication avec la mer et refoulant vers l'intérieur les Phoques terrorisés. Une douzaine d'hommes suffisent, lorsque le temps est propice, pour couper la route à des milliers de Bachelors.

» Les Otaries ainsi cernées sont poussées vers la terre. Les indigènes se placent sur les flancs et en arrière de la colonne pour diriger ces malheureux animaux vers le lieu où ils seront exécutés. Autant les Bulls sont batailleurs, autant les jeunes Bachelors sont pacifiques ; on les conduit à l'abattoir avec la même facilité qu'on y mène un troupeau de moutons. Les guides ont soin de ne pas précipiter la marche et de laisser de temps en temps reposer les Phoques qui s'arrêtent alors, soufflent bruyamment, et se donnent de l'air en s'éventant avec leurs nageoires ; puis la colonne se remet en marche.

» Les hommes qui forment l'arrière-garde du convoi agitent des sortes de castagnettes formées de clavicules de Phoques, afin d'effrayer et de faire avancer les retardataires qui, clopinant, reniflant et soufflant, s'attardent à chaque touffe d'herbe pour y brouter. Le troupeau arrivé à destination, on laisse les victimes se reposer une dernière fois afin d'éviter l'échauffement des peaux, qui ferait tomber le poil par endroits au moment de la préparation. Avant de donner le signal de l'exécution, le chef des indigènes passe en revue les condamnés ; il décide alors s'il doit faire grâce à quelques-uns d'entre eux, soit en considération de leur jeune âge, soit au contraire parce qu'il les juge trop vieux et trop couturés de cicatrices.

» L'heure du sacrifice est alors arrivée ; les indigènes, armés de lourdes mattes de bois, se placent auprès des animaux dont le pourvoi vient d'être rejeté, et, sur un signe du chef, les victimes sont étourdies d'un coup violent sur le crâne, puis achevées d'un coup de coutelas au cœur.

» Le travail de dépouillement réclame beaucoup d'habileté et une longue pratique, car les Phoques ont des muscles très développés. Les indigènes emploient pour cette opération des couteaux tranchants comme des rasoirs, mais qui s'émoussent facilement sur le sable contenu dans le poil de l'abdomen, aussi doit-on les aiguiser fréquemment.

» Un ouvrier habile peut enlever la peau d'un animal de taille moyenne en une minute et demie ; mais, en général, la durée de ce travail est d'environ quatre minutes.

» Les peaux, une fois enlevées, sont transportées au saloir, grand hangar au milieu duquel se trouve un passage pour le service, tandis que les côtés sont aménagés en compartiments avec cloisons mobiles pour recevoir les peaux. Ces dépouilles, à leur arrivée au saloir, sont examinées une par une. On les empile ensuite poil contre graisse, en ayant soin de répandre sur chacune une profusion de sel du côté de la chair. Les peaux restent ainsi pendant trois semaines ; après quoi, suffisamment saturées, elles sont mises en tonneaux et expédiées en Angleterre. »

La préparation des peaux (apprêt, épilage, lustre) est longue et compliquée. J'en parlerai lorsque j'indiquerai les lignes générales de ces travaux. Je dirai seulement aujourd'hui que ces préparations qui, il y a peu d'années encore, étaient le monopole exclusif des apprêteurs et lustreurs de Londres, se font, maintenant, aussi bien à Paris et à New-York.

La Loutre de mer (nous pouvons lui donner maintenant ce nom sous lequel cette fourrure est le plus connue), à l'état naturel, est de couleur gris cendré argenté jaunâtre ; par l'épilage, on enlève le jarre assez raide et serré, qui recouvre le duvet ; celui-ci, de couleur beurre frais, généralement plus rougeâtre sur les flancs, prend un aspect de velours à petites frisures.

Lorsqu'on le teint, cette frisure disparaît, et le poil, redevenu lisse et soyeux comme un vrai velours de soie, très fourni, constitue alors la fourrure que nos dames estiment tant, et la possession d'un manteau en vraie Loutre de mer est le rêve de nos élégantes.

Les Anglaises et les Américaines ont reconnu depuis longtemps le bon usage de cette fourrure : aussi le vêtement de Seal skin formait un des éléments presque constant d'un trousseau de mariage.

Les conventions d'abord intervenues, en 1893, entre les États-Unis, la Russie, le Japon et l'Angleterre ont amené la limitation du nombre de Phoques à tuer chaque année et à interdire la chasse en pleine mer ; il arrivait, en effet, qu'une bonne partie des animaux tirés (surtout des femelles) allait périr sans profit pour le chasseur, et que, d'autre part, des navires, faisant de cette chasse un braconnage maritime et se trouvant surpris par les navires douaniers, préféraient jeter à la mer leur cargaison plutôt que de voir mettre l'embargo sur leur navire et sur l'équipage, comme cela était arrivé pour trois bateaux anglais capturés par les Américains dans la mer de Behring.

« Le rapport de 1909 donnait, en effet, des chiffres alarmants : le nombre des harems était tombé de 1.143, en 1887, à 232. Plus de 6.000 petits étaient morts de faim, leurs mères ayant été tuées au large par les chasseurs japonais et canadiens.

» Enfin, à partir du 15 décembre 1911, la chasse en mer a été définitivement interdite dans les eaux de l'océan Pacifique, au nord du 30° de latitude. Toute chasse sera suspendue si le nombre des Otaries vient à être inférieur à 100.000 sur les îles américaines et 18.000 sur les îles russes. L'importation de toute peau de Loutre ne provenant pas des chasses officielles sera prohibée. » (V. Révillon.)

J'extrais de l'excellente Revue : *Fur Trade Review* de New-York (numéro de novembre 1918), avec l'aimable autorisation de la direction de ce journal, les renseignements suivants relatifs aux Otaries :

La cause de mortalité la plus commune sur les stations est la tuerie des jeunes mâles par les vieux combattants jaloux et querelleurs.

Les Bulls (Taureaux) sont les mâles adultes, chefs d'un troupeau d'environ cinquante femelles ; il faut donc éviter l'excès, en nombre, des mâles non occupés sans s'inquiéter de l'âge ; car, d'une part, le commerce réclame des peaux de différentes tailles, et il faut aussi considérer que la mortalité hivernale, pendant les randonnées en plein océan, atteint environ cinquante pour cent des animaux dans les trois premières années de leur vie.

L'ennemi des Otaries, en plein océan, paraît être le Cachalot (*Whale orca*).

L'âge des animaux se reconnaît aisément à la couleur de leurs moustaches. Celles-ci, dans les deux sexes, tournent au blanc entre la quatrième et la sixième année.

Comme taille, les animaux de cinq ans paraissent avoir atteint tout leur développement. Un Seal augmente de taille chaque année, mais seulement pendant les mois d'août, septembre et octobre. Ainsi un Seal de trois ans tué à l'automne aura sensiblement la même taille que celle qu'il atteindra neuf mois après.

La longueur de la peau d'un animal peut être estimée, à la vue, à deux ou trois pouces près. Connaissant donc la longueur de la peau que doit avoir l'animal de tel âge, on tue ces animaux plutôt d'après leur taille que d'après leur âge.

On a établi le tableau suivant, pour indiquer la taille type, selon l'âge de l'animal :

Le Seal de l'année atteint 37 pouces (anglais), soit 0^m92 de longueur
   — de 2 ans   — 37 à 40 —   — 92 à 100 cm. —
   — de 3 ans   — 41 à 45 —   — 102 à 112 cm. —
   — de 4 ans   — 46 à 51 —   — 115 à 125 cm. —
   — de 5 ans   — 52 à 59 —   — 130 à 145 cm. —
   — de 6 ans   — 60 et au-dessus,   — 150 et au-dessus.

Le nombre de Seals tués sur les îles Pribilow en 1918 a été de 34.890, soit 27.503 sur l'île Saint-Paul et 7.387 sur Saint-Georges. (« Reprinted from the *Fur Trade Review* New York. »)

Les Loutres des îles du Cuivre et des Lobos

En descendant le long du Pacifique, nous trouvons les Loutres des **îles du Cuivre (Copper Island)** et celles des **îles Lobos** sur les côtes du Pérou.

Bien que ne valant pas celles de l'Alaska, elles sont cependant de très bonne qualité.

Les Loutres du cap de Bonne-Espérance
et du cap Horn

L'océan Antarctique fournit aussi des Loutres de mer; elles proviennent du sud de l'Afrique (cap de Bonne-Espérance) et du sud de l'Amérique (cap Horn).

Les Loutres du **cap de Bonne-Espérance** sont de taille moyenne et un peu laineuses en poil; par contre, celles des **îles Shetland**, connues sous le nom anglais de **Southsea**, sont grandes, fines et fournies.

Le duvet se sépare plus facilement en petites touffes que dans celles de l'océan Glacial arctique ; l'aspect général est moins que dans celles-ci, celui d'un beau velours serré.

La valeur des peaux de Loutres a subi une marche ascendante rapide.

En 1864, on indiquait un prix moyen de 20 à 75 francs pour la peau, tandis qu'aujourd'hui, tenant compte de ce que les façons, apprêt et lustre, représentent environ 40 francs par peau ; une peau de Loutre de mer, selon sa provenance, cap de Bonne-Espérance, cap Horn, côtes du nord-ouest américain, Lobos, îles du Cuivre et enfin Alaska, selon sa taille et sa qualité, varie entre 200 et 600 francs.

LES HERBIVORES

CHAPITRE XII

LES HERBIVORES

Avec les Phoques, j'ai terminé l'énumération et la description des animaux carnassiers dont le pelage est employé pour la fourrure. J'arrive aux Herbivores, que je diviserai en quatre grandes familles : les Chevaux, les Bœufs, les Chèvres et les Moutons.

Le Poulain russe

On ne peut guère employer, pour la confection des fourrures et particulièrement du vêtement, que des peaux de jeunes Chevaux, dont le poil encore court offre à l'œil de jolies moirures, et dont le cuir léger permet de fabriquer un vêtement souple et agréable au porter.

Ces qualités ne se trouvent réunies sur un animal que pendant une très courte période de son existence : s'il est trop jeune, le poil est par trop ras et les coutures se voient; s'il est un peu trop âgé, le poil perd de son brillant et de sa finesse : il devient mat et laineux, et le cuir devient aussi trop lourd.

Non seulement, alors, cette peau ne convient plus pour la fourrure, mais elle a davantage de valeur pour la tannerie, c'est-à-dire pour le cuir, que pour le poil.

Comme on ne tue pas, de propos délibéré, un Poulain en Europe et que l'on n'a que ceux qui périssent de maladie ou par accident, il s'ensuit que le nombre de peaux de Poulains de nos pays employées pour la fourrure est, forcément, excessivement restreint.

Il n'en est pas de même en Tartarie, où de « riches Kirghiz nomades ont des centaines de Chameaux, des milliers de Chevaux et jusqu'à vingt mille Moutons ».

Pour ces nomades, le Cheval est le compagnon de tous les instants ; ils passent la moitié de leur vie à cheval, et leurs jambes en sont légèrement arquées.

Dans quelques tribus, les mères ont même l'habitude de mettre des coussins entre les genoux des enfants, afin de leur cambrer les jambes et de les rendre ainsi plus propres à l'exercice du Cheval. (É. Reclus.)

Le Cheval kirghiz est un cheval petit, mais de grande robustesse et très nerveux.

Il fait au pas ses 80 kilomètres dans la journée, — même plus de 100, dit Kostenko, — mange ce qu'il trouve, se couche sur le sable et subit, sans en souffrir, tous les extrêmes de chaleur et de froid.

Dans leurs courses de Chevaux ou Baïgas, Kirghiz ou Kalmouks peuvent franchir facilement plus de 10 kilomètres en un quart d'heure, plus de 20 kilomètres en une demi-heure, et des courriers kirghiz, changeant de Chevaux à diverses étapes, ont parcouru en trente-quatre heures un espace de 300 kilomètres. (É. Reclus.)

Les Poulains sont tués quelques jours après leur naissance, la viande de cheval et de mouton étant la base de la nourriture animale de ces peuples ; ils ne conservent que le nécessaire pour le repeuplement, comme nous le faisons de nos Veaux.

D'autre côté, le lait de jument est, ou employé à l'état frais comme nourriture, ou fermenté comme boisson alcoolique, qui remplace le vin pour ces Mahométans.

Ce sont ces Poulains qui nous fournissent le **Poulain russe**, dont il a été fait, ces années dernières, une grande consommation pour le vêtement, aussi bien à l'état naturel qu'à l'état teint en marron imitation de naturel, ou en noir pour imiter le Breitschwanz (jeune Astrakan moiré).

Toutes les peaux ne conviennent pas pour la fourrure, et la plus grande partie est employée pour le cuir. La production annuelle en est d'environ 20.000 peaux ; les belles peaux, lustrées ou naturelles, étant très demandées pour l'Amérique, se paient de 100 à 200 francs.

Les Cerfs

Avec les Chevaux, je dirai deux mots des **Cerfs**. Dans ce genre, nous ne pouvons guère considérer les peaux comme appartenant à l'art du fourreur.

Ce serait plutôt le naturaliste qui, avec les têtes, ferait des trophées, souvenirs de chasse ou ornements de halls.

Et alors, à part le souvenir qui s'y rattache pour l'heureux chasseur, toute la valeur réside dans la beauté des bois.

On sait que, chez les Cerfs, les bois tombent chaque année (on les dit caducs), et, normalement, ils présentent à chaque repousse annuelle une branche nouvelle sur chaque corne.

Lorsque celles-ci reparaissent, la croissance se fait très vite ; la corne est tendre, et on dit qu'elle peut se couper en petites lames et se manger assaisonnée comme du museau de bœuf.

Elle est alors couverte de peau et de poils ; pendant ce temps, l'animal, dans un état fébrile extrême, ne sort pas de sa retraite et reste couché.

Puis la peau se détache du bois en grandes plaques enlevées par le frottement contre les arbres ou la terre ; la corne devient dure et les nodosités plus apparentes ; enfin, à l'hiver, le bois d'une belle couleur brune est dit mûr.

Les chasseurs nomment meules les tubérosités placées sur l'os frontal et qui portent la tige principale, appelée le merrain. Les branches, diversement dirigées, sont les andouillers ; les parties élargies ou aplaties sont les empaumures.

On dit cors pour compter les andouillers, et ceux-ci, répartis également ou inégalement sur les deux bois, comptent pour le nombre total de cors en doublant le nombre d'andouillers du bois qui en a le plus s'il y a inégalité.

On dit : un Cerf **dix cors**, douze cors, etc.

Les Cerfs dont les bois atteignent le plus grand développement de nos jours sont les **Cerfs wapitis** de l'Amérique du Nord, mais les plus recherchés sont ceux d'Europe, quoique plus petits.

Les princes tchèques ou slaves mettent une certaine satisfaction à avoir, pour l'ornementation de leurs rendez-vous de chasse, ou même dans les corridors et les vestibules de leurs palais, une collection nombreuse et choisie de bois de Cerfs, de Chamois, de Rennes, d'Élans, de Bœufs d'Italie, etc.

Un beau bois de Cerf de Bohême, quatorze cors, forme, comme une couronne de laurier, un trophée de très bel effet.

Le tapis de Daim

La Chine nous importe une certaine quantité de tapis fabriqués avec des peaux de Daims de Chine, le poil étant conservé, mais presque toutes ces peaux servent pour la tannerie, pour la fabrication du cuir chamoisé.

Les officiers supérieurs de cavalerie portent la culotte et les gants en peau de Daim.

Le Chevreuil

La peau du Chevreuil en poil est employée également comme fourrure dans la bourrellerie pour des tapis de selles et des garnitures de colliers. Le **Chevreuil** est aussi utilisé pour mettre dans les lits des nourrissons ou des malades, à cause de l'élasticité de son poil.

L'Élan et les Antilopes

L'**Élan** du nord de l'Amérique et les **Antilopes** des pays chauds n'ont pas d'autre emploi que nos Cerfs ou nos Chevreuils.

Les Gazelles

Bien que le poil de ces Herbivores des pays chauds soit très peu dense et pas fin, on a employé tous ces genres de Chevreaux, comme les Chevreaux d'Asie (Kids), pour en faire des nappes.

On a teint sur ceux de nuance claire, ou plutôt imprimé comme
sur des papiers peints, des dessins simulant le Petit-Gris, les gorges
de Martres, etc. On en a fait des extérieurs et des intérieurs de vêtements.

Cette marchandise, n'offrant en somme aucune qualité, ne peut
être que d'un usage éphémère et ne nous inspire qu'une confiance
médiocre dans son avenir.

Le Renne et le Pijiki

Les peaux des jeunes Rennes, connus sous le nom de **Pijiki**,
sont employées, comme les Poulains, en doublures de vêtements,
et même, avec poil, à l'extérieur. Cette fourrure de nuance brune
agréable est douce au toucher, légère de cuir, et de bonne durée.
Je ne doute pas que, lorsque des relations normales auront repris
avec la Russie, le Pijiki retrouvera dans la consommation le rang
auquel il a droit par ses qualités.

Le poil de Renne sert comme ouatage pour des vestes de sau-
vetage; il est plus léger que le liège, et on dit qu'une veste piquée
et garnie de poils de Renne entre deux étoffes peut soutenir un
homme adulte au-dessus de l'eau.

Le Guanaco

Un animal qui a sa place ici est le **Guanaco**. Il provient du
sud de l'Amérique, du Pérou à la Terre de Feu. Sa couleur rouge-
orange sur le dos, blanche sur le ventre et à l'intérieur des cuisses,
produit, par l'assemblage des peaux, un joli effet de nuances pour
les couvertures de lits ou de voitures. On emploie les peaux des
jeunes bêtes, qui sont plus fines en poil et plus légères en cuir.

Le Veau de Finlande

Passant des Chevaux et des Cerfs aux Bœufs, nous ne trouvons, comme succédané et remplaçant du Poulain russe en fourrure, que le **Veau**, souvent appelé improprement **Poulain du Nord**. Comme pour les Poulains, il faut choisir pour la fourrure les peaux fines et moirées en poil et aussi légères en cuir; car les peaux de Veaux ayant du poids ont une assez grande valeur pour le cuir employé en chaussures.

Les Chèvres

Parmi les Ruminants, les Chèvres de toutes provenances ont trouvé leur emploi en fourrure.

La Chèvre a certainement toujours servi déjà à nos arrière-grands-pères pour se garantir contre les intempéries, car, mieux qu'aucune autre fourrure, elle laisse couler la pluie sur les longs poils qui recouvrent le duvet.

Les peuplades celtiques habitant les bords de l'Océan s'enveloppaient de taies faites de peaux de Chèvres et de Moutons, tout comme le faisaient les bergers de la Grèce et les patriarches d'Israël.

Nos Chèvres sont à peine différentes, à leur état domestique, de ce qu'elles sont à l'état sauvage.

Elles ont conservé le même aspect, les mêmes habitudes d'indépendance et de caprice, les mêmes goûts, les mêmes mœurs.

Comme la Chèvre sauvage, sa descendante domestiquée aime à gravir les endroits escarpés, à couper avec ses incisives tranchantes les pousses des arbrisseaux et les feuilles des arbres à sa portée.

Elle n'aime pas brouter, elle préfère butiner de tous côtés, ici une tige, là une fleur, là encore un fruit.

« Dociles seulement aux caresses et aux bons traitements, la force ne peut rien sur elles; elles ont conservé pur le goût pour l'indépendance : elles sont plutôt les hôtes de l'homme que ses esclaves. » (Dr Chenu.)

Nous trouvons la Chèvre sur tous les continents et partout, elle se plait surtout sur les hauteurs, auprès des régions boisées.

Son cuir est d'un grand usage, on en fait le **chagrin**, le **maroquin**, le **cuir de Cordoue.**

Nous avons, comme genre de Chèvres vivant à l'état sauvage en Europe, le Chamois et le Bouquetin dans les Alpes, l'Isard sur les Pyrénées et le Mouflon en Corse. Les peaux de ces animaux servent plutôt pour le cuir, mais sont aussi employées en tapis. Leurs têtes cornées font de jolis trophées, étant montées sur un écusson et placées en panoplies.

Les Chèvres, ainsi que les Bœufs, ne perdent pas leurs cornes comme les Cerfs. Les Chamois sont encore relativement nombreux, mais les Bouquetins se font de plus en plus rares.

La Chèvre met bas chaque année, généralement, deux petits, appelés **Chevreaux** (angl. *Kids*). Ceux-ci se mettent à courir dès leur naissance ; on les tue à l'âge d'une quinzaine de jours, pendant qu'ils tètent encore, car, dès que l'animal a commencé à brouter, le cuir perd sa finesse et l'épiderme son glacé.

C'est cette qualité qu'offre le Chevreau d'avoir l'épiderme très fin et brillant, qui le fait employer pour la fabrication du gant de peau. Le gant de Chevreau présente l'épiderme qu'on appelle la fleur à l'extérieur, tandis que le gant d'Agneau présente extérieurement le côté chair, l'épiderme de l'Agneau étant trop cassant.

C'est pourquoi le gant de Chevreau a plus de valeur que celui d'Agneau.

Selon les fluctuations de la mode, les peaux de Chevreaux valent brutes de 60 à 120 francs la douzaine.

Nos pays et particulièrement le Charolais fournissent d'excellents Chevreaux, et nos villes de Grenoble, d'Annonay et de Chaumont se sont fait un renom mérité dans l'apprêt, la teinture et la fabrication du gant de Chevreau.

Nos foires de Chalon, de Clermont, de Rodez, sont des centres d'approvisionnement pour les fabricants, et les cours établis sur ces foires font autorité sur tous les marchés du continent.

L'Amérique accapare les peaux de Chevreaux à l'état brut pour fabriquer elle-même les gants de *Chevreau*. Et elle a frappé de droits d'entrée presque prohibitifs les gants fabriqués, afin de favoriser sa fabrication nationale, au détriment de la nôtre.

Les peaux de Chèvres de nos pays s'emploient surtout pour le cuir, elles ne sont généralement pas assez fourrées en duvet et fines en poil pour la confection des vêtements en fourrure de Chèvre; par contre, la Savoie et surtout la Suisse et le Tyrol fournissent d'excellentes peaux pour cet usage.

Les peaux les plus fines, aussi bien en cuir qu'en fourrure, sont celles qui proviennent de jeunes Chèvres n'ayant jamais mis bas. Ce sont des Bréhaignes; nous les appelons **Chevrettes**.

Malheureusement, le nombre de ces peaux à fourrure tend à décroître tous les ans, car les gouvernements empêchent la multiplication des Chèvres, qui, par leur habitude de couper la tige terminale des jeunes plants, causent beaucoup de dégâts dans les replantations forestières.

D'un autre côté, la Chèvre, qu'on appelle la Vache du pauvre, n'est plus d'un revenu assez fructueux; l'industrie laitière et spécialement celle des laits condensés ont offert aux producteurs de lait habitant même les endroits les plus inaccessibles, un débouché facile et rémunérateur.

La viande de la Chèvre, qui se consomme sur place, a aussi perdu de sa vogue, et les bouchers se gardent autant d'avouer qu'ils vendent de la Chèvre pour du Mouton que de la Vache pour du Bœuf.

Dans les hautes vallées suisses, après une légère saumure, on suspend, à l'air toujours sec et froid de ces montagnes, les gigots de Chèvres, et ceux-ci, dit-on, sont ensuite expédiés dans les grandes villes pour y être consommés comme étant du Chevreuil.

Mais, à cause, justement, de la rareté de plus en plus grande des bonnes peaux de Chèvres à duvet, le prix de celles-ci a considérablement augmenté.

La Chèvre du Tessin

La Chèvre du Tessin, grâce à sa qualité bien reconnue à l'usage, est très recherchée pour la fabrication du paletot de Chèvre, appelé communément « paletot de Bique ».

Le paletot de Chèvre, nous disait un vieux médecin, est l'ami de l'homme; avec lui on peut voyager ou sortir sans crainte. On affronte avec lui pluie, vent, neige et glace. Quelques maisons de fourrures du centre et de l'est de la France se sont spécialisées dans la fabrication du paletot de Chèvre.

Malgré son prix élevé aujourd'hui, à cause surtout du change suisse (plus de 3 francs français pour un franc suisse), la Chèvre de ce pays a conservé, dans la vente, la première place, même comme quantité de consommation, place qui lui avait été disputée par la Chèvre de Chine.

La Chèvre d'Espagne

L'Espagne fournit également de bonnes peaux de Chèvres pour le cuir, mais moins fines en poil que les Chèvres des Alpes.

La Chèvre d'Italie

L'Italie, dans les parties montagneuses avoisinant la Suisse et le Tyrol, produit un certain nombre de bonnes peaux pouvant, comme celles d'Espagne, être un bon succédané de la Chèvre du Tessin.

Elle produit aussi une variété de Chèvre à longs poils noirs, soyeux, qui a servi à faire une bonne imitation de Singe noir.

La Chèvre du Levant

Les Balkans et l'Asie Mineure nous livrent une Chèvre très bonne en cuir et solide en poil, mais un peu lourde et de poil plus grossier. C'est la **Chèvre du Levant.**

La Chèvre de Russie

Une autre variété de Chèvre est celle fournie par la Russie. Elle est de grande taille, a le poil assez dur et serré, ressemblant, une fois teint en noir, à de l'Ours grossier.

Les moujiks portent des vêtements fabriqués avec ce genre de Chèvre, paletots longs ou vestes ajustées à la taille et allant aux genoux.

Ces vêtements répandent une odeur forte et désagréable.

La Chèvre de Chine

Enfin, la Chine fournit, soit au cuir, soit à la fourrure, une énorme quantité de peaux de Chèvres.

Ces Chèvres sont souvent de grande taille, spécialement celles qui viennent du Nord. Leur fourrure est épaisse en hiver et le cuir mince ; la couleur est brun foncé, gris ou blanc.

Une partie de ces peaux est tannée, avec le poil, en Mandchourie, et les fabricants de Kalgan et de Moukden les exportent en Europe et en Amérique pour la fabrication de fourrures ordinaires imitant l'Ours, ou l'imitation de queues.

Les peaux plates servent à la confection des vêtements.

Pendant la guerre, il a été travaillé une énorme quantité de peaux ou de tapis de Chèvres de Chine pour les besoins des armées, sous forme de chapes.

Mais le plus grand nombre est travaillé sur place, par les fourreurs chinois, en tapis rectangulaires de 1 m. 50 environ sur 0 m. 70, qui sont vendus en Europe sous le nom de tapis de Chèvre de Chine.

Les lots d'origine sont assortis de qualités et de nuances, généralement en 70 % de gris et 30 % de blancs, et en 40 %, nº 1, 40 % nº 2 et 20 % nº 3.

Avec les tapis blancs, on imite le dessin des peaux de Tigres, de Loups et de Panthères.

Les plus blancs sont laissés de leur couleur naturelle.

Quant aux gris, leur qualité de poil, leur nuance, leur bonne confection, en font toute la valeur ; celle-ci varie de 30 à 40 francs.

Les meilleures sortes sont fabriquées à Kalgan ; elles sont exportées par Tien-Tsin.

La Chèvre de Chine a été beaucoup employée à la fabrication du vêtement, mais le mauvais tannage de ces peaux et leur duvet très épais les rendent trop sensibles à la pluie. Le duvet s'imbibe d'eau et sèche ensuite très difficilement. D'autre part, le cuir contenant un excès de sel au tannage mouille à l'humidité et finit par se corroder.

Vu ces défauts sérieux pour la fabrication d'un vêtement qui doit résister aux intempéries, la Chèvre de Chine a été presque abandonnée pour cet usage spécial, et les fabricants se sont rejetés sur les peaux de Chèvres de Suisse, d'Italie ou d'Espagne.

Depuis quelques années, presque toutes les peaux de Chèvres de Chine sont employées teintes, soit : en noir, en façon Skunk, en gris, en imitation de Pécan ou de Putois, etc. Elles servent pour la fabrication en série d'écharpes ou de cravates, forme écossaise.

Les croix de Kids

L'Asie vend en peaux ou assemble en forme de croix les peaux de Chevreaux ; ce sont ces nappes qui sont connues sous le nom de **croix de Kids**. Comme les Chèvres, il y a des Kids blancs, des gris, des noirs et des bigarrés.

Les peaux ou croix blanches s'emploient en partie, en les laissant de leur couleur naturelle, pour la fabrication du vêtement d'enfant ou la doublure des écharpes d'autres fourrures.

Cette doublure blanche, à poil court et moiré, remplace alors l'Hermine ou le véritable Caracoul blanc.

Les croix de Kids, teintes en noir, vu la rareté actuelle du Caracoul, sont recherchées et se paient très cher.

Les croix de couleur grise servent également pour la confection du vêtement, et particulièrement pour enfants.

Elles sont classées par élévation de poil : les poils courts, les demi-longs et les longs.

Les nuances foncées et claires sont généralement réparties en proportion de l'ensemble dans chaque balle.

Les foncées à poil court ou au plus demi-long sont celles qui ont le plus de valeur.

Les noires sont certainement plus fines en poil que les grises et plus bouclées. Il y en a même de fort belles qui ressemblent à des Agneaux karakouls, et des moirées comme les Astrakans mort-nés.

Ces belles croix, imitant le Breitschwanz, sont très recherchées par les Américains ; on arrive aujourd'hui à payer près de mille francs pour une croix qui valait à peine cinquante francs il y a quelques années. Les croix de Kids noires, de même qu'une partie des grises ou des blanches, se teignent en noir, mais les peaux noires de nature se teignent plus facilement que les grises ou les bigarrées ; le cuir est moins attaqué et reste bleu au lieu de prendre une teinte noire.

On dit : Ce sont des Kids à cuir bleu, et on les estime avec juste raison, car elles sont plus solides.

La Chèvre angora ou du Thibet

Dans les montagnes de l'Asie Mineure, vivent des Chèvres à poil frisé, assez long et soyeux, lesquelles se marient facilement à des Moutons, de sorte que beaucoup de peaux ont plutôt de la laine que

Fig. 27. — LE BOUC DU THIBET
(1/15ᵉ de grandeur naturelle)

du poil. Nous les nommons **Chèvres angora, du Thibet**, ou **de Smyrne**.

Il y en a des blanches, des havanes et même des noires ; lorsqu'elles sont fines et soyeuses, on tond les peaux déjà avant leur sortie du pays d'origine, et le poil est employé dans le tissage pour le mohair.

Il y a quelques années, on employait ces peaux pour des franges et des glands pour l'ornementation des capulets.

Actuellement, le seul emploi qui en est fait est pour le tapis, soit à l'état naturel, soit teint en couleur.

La Chèvre de Cachemire

Pour la passementerie et le tissage, on employait aussi la Chèvre de Cachemire, encore plus longue en mèche, et plus soyeuse que la Chèvre angora.

C'est avec le duvet de cette Chèvre que l'Inde tissait ces magnifiques étoffes, connues sous le nom de châles cachemires ou châles de l'Inde.

Le Mouflon

La Russie nous livre une peau de Chèvre à laquelle on a enlevé le jarre, ne lui laissant que le duvet pour la fabrication des fourrures.

C'est la Chèvre que nous nommons le **Mouflon**, et qu'il ne faut pas confondre avec les animaux de ce nom. Le Mouflon du commerce des pelleteries est donc une Chèvre épilée.

Le duvet en est soyeux et de nuance blanche, grisâtre ou brunâtre.

Les Mouflons ont été d'un très grand emploi, vu leur prix relativement bas ; lorsque le duvet est fin et abondant, cette fourrure fait un très joli effet et est d'un excellent usage.

Les peaux vraiment belles sont malheureusement rares, mais, malgré tout, cette fourrure mérite de retrouver la faveur du public féminin.

La Chèvre de Mongolie

Nous ne quitterons pas les Chèvres sans dire un mot de la **Mongolie**. Cette fourrure provient-elle d'un Chevreau ou d'un Agneau ? En France, nous disons « de la **Chèvre de Mongolie** » ; les Anglais disent « de l'**Agneau du Thibet** ». Je crois que nos voisins ont raison.

En réalité, les deux groupes Chèvres et Moutons se différencient à peine zoologiquement, et leurs métis sont féconds ; mais, quoi qu'il en soit, l'Agneau ou le Chevreau de Mongolie ne vient pas du Thibet, mais des provinces intérieures de la Chine, Shansi et Shensi.

Pour conserver à ces jeunes Agneaux ou Chevreaux leur blancheur et leurs boucles soyeuses, les Chinois, dit-on, les conservent dans de la toile ; c'est ce qui aurait été la source de cette légende en ce qui concerne les Astrakans.

Le poil fin et frisé est d'une blancheur éclatante; les Chinois l'employaient depuis longtemps pour des intérieurs de vêtements, lorsque, en 1887, les premiers sacs furent introduits sur le marché européen et, en 1891, les premières peaux non assemblées.

Cette fourrure prit bientôt une vogue immense, et, après quelques années, l'importation en Europe atteignait annuellement environ 600.000 peaux, 20.000 croix et 3 à 4.000 **robes** (grandes croix). (E. Brass.)

Une partie est travaillée en blanc, mais le plus grand nombre des peaux sont employées teintes en noir et en diverses nuances fantaisies.

On les classe, suivant leur provenance, en **Datung** plus fines et plus soyeuses, mais moins grandes que les **Tung-Chow**. Dans cette dernière sorte, les extra-grandes sont classées séparément et désignées sous le nom d'**Éléphants**.

Les diverses qualités sont exportées dans des caisses de 200 à 300 peaux, et généralement dans la proportion de 60 % I, 30 % II et 10 % III.

Cette pelleterie montre à quel point la mode influence sur la valeur de la peau. Il y a quelques années, la Mongolie très fine et très frisée était considérée comme ayant le plus de valeur. Les Datung tenaient donc la corde; les Tung-Chow, plus laineuses, moins fines et moins frisées, passaient au second et même au troisième rang.

On ne les employait guère que pour de la Mongolie noire ordinaire ou pour la fabrication d'articles très bon marché.

A un moment donné, on est arrivé à défriser la Mongolie et à lui donner l'aspect du Mouflon ou du Renard blanc; alors les valeurs ont été renversées, et elles subissent des variations assez brusques.

Les Tung-Chow, grandes et fournies, ont été défrisées pour imiter le Renard blanc, ou teintes comme imitation Renard bleu, ou en toute autre couleur fantaisie; la mode a accepté cette fourrure, et, aujourd'hui, les Tung-Chow valent un bon tiers de plus que les Datung.

Les petites peaux d'Agneaux du même genre, mais à frisures plus courtes, sont répandues dans le commerce sous le nom de **Mongolienne**.

LES MOUTONS
ET LES AGNEAUX

LES MOUTONS ET LES AGNEAUX

Les Moutons

Par une gradation presque insensible, nous arrivons aux **Moutons,** et surtout aux jeunes animaux de ce genre, les **Agneaux.**

Le Mouton est trop universellement connu pour que j'aie à le dépeindre ; je me contenterai, pour les différentes races, d'indiquer en quoi elles diffèrent de notre Mouton ordinaire, que je prendrai comme type.

Celui-ci est plutôt employé pour sa chair, comme sa laine pour le tissage et son cuir pour la tannerie (qui le rend propre à de multiples usages), que pour la pelleterie.

On a fait emploi, pendant la dernière guerre, des peaux de Moutons en laine provenant des abattoirs, pour en fabriquer, comme avec les Chèvres, des chapes, afin de garantir du froid nos soldats dans les tranchées.

Mais le Mouton ne vaut pas la Chèvre, parce que sur le poil de la Chèvre la pluie glisse et ne pénètre pas, tandis que sur le Mouton l'eau mouille la laine qui sèche difficilement, et le cuir, plus spongieux que celui de la Chèvre, s'imbibe d'eau et se désagrège rapidement, surtout lorsque le tannage est insuffisant, comme le cas est arrivé, malheureusement, trop souvent.

L'Agneau de nos pays sert pour le cuir et la fabrication du gant. Son cuir est plus spongieux et n'a pas le glacé du Chevreau.

J'ai déjà dit que, dans le cuir du Chevreau, c'est l'épiderme qui constitue le glacé, tandis que chez l'Agneau l'épiderme se fendille, et c'est le derme qui est employé extérieurement ; aussi est-il employé pour le gant très souple, appelé gant de Suède ou gant lavable.

C'est, en somme, un cuir tanné comme le cuir chamoisé.

Les races aujourd'hui acclimatées en France pour la finesse de la laine (les Mérinos), justement à cause de cette extrême compacité qui enlève au poil son toucher moelleux et soyeux pour le rendre matelassé, conviennent moins pour la fourrure; cependant, ces derniers hivers, on a teint ces Agneaux en bleuté ou en beige, et ils ont été vendus sous le nom d'**Agnellas.**

On en a fait des garnitures de robes ou de vêtements, et même des vêtements entiers (généralement courts) pour dames et pour enfants.

C'était un succédané et un remplacement des Agneaux de Chine (Slinks), que nous rappellerons plus loin.

Le pelletier et par suite le fourreur emploient le plus communément les Agneaux des races montagnardes à poil plus grossier, mais, par contre, formant des mèches plus ou moins bouclées et ouvertes, lesquels peuvent remplacer les Kids pour la fabrication du vêtement; le Kid étant arrivé à un prix trop élevé.

Les Agneaux de nos pays

Et cependant, à cause de toutes ses qualités, de son grand nombre et de la modicité de son prix, l'**Agneau** était, de toute antiquité, la fourrure populaire.

Il n'y a guère qu'une centaine d'années que la confection de jupes et de vestes en Agneau pour les femmes du peuple formait le fond du travail du fourreur, particulièrement de celui qui n'avait pas la clientèle des grands.

Tous nos paysans portaient la veste et les jambières en Agneau pendant les froids de l'hiver.

Au moyen âge, nous trouvons, dans les comptes du temps, de nombreux achats de peaux d'Agneaux pour le service des officiers subalternes, des membres du clergé, du fou de la cour, des nourrices des enfants du prince.

« A l'invasion des Barbares, l'usage des peaux fut apporté en Italie par les peuples septentrionaux... Les gens du peuple étaient vêtus de peaux d'Agneau, de Mouton et de Renard. Les *rhénones* étaient un vêtement fait de peaux de Brebis; les *andromedæ*, de peaux de Moutons. » (Larousse.)

Encore aujourd'hui, dans le centre de la France, et en suivant les bords de la Loire jusqu'à l'Océan, on trouve le Mouton, généralement teint en noir, porté comme vêtement, la laine étant laissée à l'extérieur.

Le Mouton du Valais

La plupart des Moutons employés pour cet usage viennent de la Suisse, du haut et du bas **Valais**; ce sont des Moutons à laine grossière, courte et plutôt bouclée que frisée. Une partie est noire de nature, mais beaucoup de peaux blanches sont également employées.

Cette fourrure, comme toutes les laines d'ailleurs, est très résistante à l'usure; on pourrait plutôt reprocher à ces vêtements de ne pas laisser couler l'eau sur le poil, comme la Chèvre, et une fois imbibés, de sécher longuement et difficilement.

Le Mouton et l'Agneau
de Corse, de Sardaigne et de Calabre

La Corse fournit un Mouton noir de couleur, à poils raides et peu frisés; les peaux de Moutonnets, c'est-à-dire les jeunes bêtes n'ayant pas encore subi de tonte, sont plus fines en poil et sont aussi employées pour la fabrication du vêtement et de la couverture de voiture.

Les peaux à longs poils sont teintes en bleu pour la bourrellerie. Les Agneaux de ces Moutons du Midi, **Corse**, **Sardaigne**, **Sicile**, **Calabre**, sont bien noirs et plus ou moins lisses ou bouclés de poil.

On les classe en **avortons**; **lisses**, et **bouclés**. Ces peaux conviennent pour la doublure de pelisses, car, au contraire d'autres fourrures bien plus coûteuses, l'Agneau ne dépoile pas, c'est-à-dire qu'au porter, les poils de la doublure ne se cassent pas et ne s'attachent pas au drap du vêtement de dessous.

Les Agneaux de Bohême

Les Agneaux de **Hongrie**, de **Bohême** et des **Balkans** sont beaucoup utilisés pour la doublure des vêtements des cochers de voitures de services publics, pour les employés de chemins de fer et même pour l'armée en certains pays. Les dolmans des officiers autrichiens et hongrois sont doublés avec de petits Agneaux de Bohême, au cuir très léger, bien noirs et d'une jolie boucle, qui font certainement des doublures incomparablement légères, chaudes et solides.

On ne peut guère reprocher à l'Agneau que le dégagement, à l'état neuf, d'un peu d'odeur de suint.

Mais cet inconvénient disparaît très vite au porter, si les peaux d'Agneaux ont été bien nettoyées et bien dégraissées.

L'Espagne fournit un Agneau noir, à cuir fin et à petites boucles.

L'Agneau de Turin

La contrée de **Turin** donne de bonnes peaux d'Agneaux à laine assez frisée et longue : les belles peaux de cette sorte sont employées comme succédanés des peaux de Mongolie ou Mongoliennes. La plupart sont blanches.

L'Agneau d'Islande

Un Agneau très fin et soyeux en laine est celui de l'**Islande**. Les peaux sont petites et légères, presque toutes d'un beau blanc argent; cependant, il y en a aussi de brunes et de noires. On les emploie pour des vêtements d'enfants ou des doublures d'écharpes.

L'Agneau de Kasan

Au sud-est de l'Europe, nous trouvons les Agneaux de la Russie.
Le centre de production de ces peaux est **Kasan**, et la grande majorité est employée comme cuir pour la ganterie.

L'Agneau d'Espagne et du Béarn

Il en est de même des peaux provenant du sud de l'Amérique,
de l'Afrique et enfin de nos départements du Sud-Ouest, connues
sous le nom d'**Agneaux du Béarn**. Les centres de fabrication du
cuir de Mouton et d'Agneau, en France, sont Millau, dans l'Aveyron,
et Graulhet, dans le Tarn.

L'Agneau de Chine ou Slink

La Chine exporte un genre d'Agneaux ou plutôt de jeunes
Moutons à laine bouclée, que nous recevons en peaux ou en croix.
On les emploie de leur couleur naturelle (blanc) ou teintes en bleuté,
en beige, etc. Leur emploi est pour le vêtement d'enfant ou la garniture de vêtement de dame. On en fait aussi des couvertures pour
les poussettes d'enfants.

L'Agneau de Crimée

En Agneaux à fourrure, on peut signaler, pour le sud de la
Russie, les Agneaux gris de la Crimée et les Agneaux noirs de
l'Ukraine. L'Agneau de Crimée, appelé souvent **Astrakan gris de
Crimée**, a eu un moment de très forte demande : on en faisait des
objets de toilette pour les jeunes filles. On dit que ces Agneaux sont

cousus dans de la toile pour ne pas défraîchir leur couleur grise. Vu la rareté de l'importation russe, leur valeur a aussi considérablement augmenté.

Le Perse gris

Il y a une vingtaine d'années, on employait aussi un genre d'Agneaux gris à très petite frisure très serrée; chaque boucle représentait à peine un ou deux millimètres de surface.

On en faisait de petits bonnets grecs pour les garçonnets, et les morceaux restants du travail des objets étaient employés dans la mosaïque en fourrure pour des dessins de chancelières ou d'ornementation de vitrines ou de magasins. On appelait ces Agneaux des **Perses gris**.

Ils provenaient en effet de la Perse et n'avaient pas grande valeur, 6 à 8 francs la peau.

Aujourd'hui, cette race a presque disparu, et les quelques peaux qui viennent encore sur le marché sont achetées pour l'ornementation des dolmans d'officiers ou des bonnets persans.

Elles sont très recherchées et on les paie jusqu'à 100 francs la peau.

L'Agneau de l'Ukraine

L'Ukraine fournit un Agneau à laine plus courte et déjà plus fine que celui de la Hongrie, mais la boucle est petite et n'a pas assez de brillant.

Ces peaux sont employées pour la confection des bonnets portés par les Cosaques et les peuples des Carpathes et des Balkans (Croates, Valaques, Serbes, Bulgares, Roumains, etc.).

Tous les Moutons dont je viens de parler appartiennent à la race des Moutons à queue longue et ressemblent, comme forme, à nos Moutons français.

L'Agneau d'Astrakan connu sous le nom
de Caracoul

Il nous reste à parler de la race qui, au point de vue de la fourrure, présente le plus d'importance : c'est le Mouton à queue grosse et connu sous le nom générique d'*Astrakan*.

Beaucoup de fourreurs ne sont pas bien édifiés sur la provenance des différents Agneaux vendus sous le nom d'Astrakans karakouls, Astrakans schiraz ou demi-persianers, et, enfin, Astrakans persianers.

Tous les Astrakans sont des Agneaux provenant de différentes variétés et de différentes contrées, mais tous de la race des Moutons à queue grosse. Celle-ci est courte mais très épaisse, chargée de graisse à son origine, ce qui produit aux deux tiers supérieurs un renflement assez disgracieux.

Les Agneaux que nous appelons *Caracouls* devraient s'appeler des *Astrakans*, car la race qui les produit est le Mouton d'Astrakan et ils proviennent de la province russe de ce nom et des environs de la ville d'Astrakan.

Cette province est à l'ouest de la mer Caspienne ; la ville est située au delta du Volga, à 90 kilomètres de la mer Caspienne : elle fait donc partie de la Russie d'Europe.

Le Mouton qui fournit ces Agneaux d'Astrakan (improprement appelés **Caracouls**) est plus petit que celui de l'Ukraine, de la Hongrie, de la Sicile, de la Calabre, ou de nos races françaises.

Il est en majorité brun, et les Agneaux le sont également, mais il y en a une quantité de noirs, de blancs ou de bigarrés.

Les peaux de ces Agneaux, tués généralement très jeunes, de cinq à dix jours, sont lavées, écharnées, mises dans un confit, c'est-à-dire placées dans un mélange d'eau, de son et de sel, séchées par les ramasseurs et vendues dans cet état sur le marché de Nijni.

Ces peaux sont très diverses en taille et en qualité, et, comme je l'ai dit, en nuance.

Les fourreurs russes les classent en sortes : noires, brunes ou blanches, et dans chaque nuance en plusieurs qualités, selon le genre de poil, moiré, flammé, bouclé ou grossier. Chaque sorte et qualité est emballée dans une balle séparée.

La taille suit la progression inverse du poil. Plus l'animal est jeune, plus le poil est ras, et, en avançant en âge, le poil devient plus long et la taille plus grande.

Lorsque la peau a le poil court, mais cependant serré, brillant et pas trop lisse, la fourrure prend un peu l'aspect de la moire, comme nous le verrons pour les mort-nés (appelés *Breitschwanz*), des soi-disant Astrakans de Perse.

Ce sont les peaux qui ont le plus de valeur. Puis viennent les petites boucles serrées, se rapprochant de l'aspect de l'Agneau que nous appelons Persianer, et enfin les flammées, les lisses et les grossières.

Toutes ces peaux, les noires de nature comme les autres, sont teintes en noir, et forcément une peau brune, blanche ou bigarrée, exigera un bain de teinture plus prolongé, un mordançage du poil plus énergique qu'une peau noire.

Ce sera au détriment de la qualité et du poil et du cuir. Un Caracoul noir de nature ne risquera pas de prendre des teintes rouillées ou vertes après quelque temps de séjour à l'air; c'est pourquoi aussi il a plus de valeur.

Une partie d'ensemble de ces Agneaux coûtant, toutes qualités réunies, un prix moyen; on comprend que, si on veut vendre, une fois teintes, les diverses qualités séparément, on est obligé de faire un décompte et une estimation proportionnelle des diverses sortes à leur valeur respective pour arriver au total de la valeur de l'ensemble de la partie.

Ces peaux devront être soigneusement assorties, afin de n'employer ensemble que des peaux s'appareillant bien en hauteur de poil et en boucle.

Elles serviront à faire du vêtement pour hommes ou dames, et des objets de parure.

La Touloupe russe ou Taloupe

Les fourreurs du pays d'origine assemblent et cousent aussi ces peaux de Caracouls en forme de doublures pour faire l'intérieur d'un vêtement sans manches.

C'est la **Touloupe** des Russes, que nous nommons **Taloupe**. Ces Taloupes, comme les peaux, se vendaient à l'état naturel sur le marché de Nijni, et étaient achetées, pour la plupart en origine, par les négociants en pelleteries de Leipzig, qui s'étaient fait une spécialité des produits russes.

On les teint en noir comme les peaux, et elles servent aux mêmes usages.

La production annuelle de ces Agneaux astrakans, que nous connaissons sous le nom de *Caracouls*, est d'environ un million de peaux.

Une variété plus petite et encore moins bonne est produite également par la Syrie et l'Arabie du Nord. Cet Agneau est moins fin et moins brillant que celui d'Astrakan, mais il est souvent confondu avec les Caracouls.

La foire de Nijni

Avant de poursuivre cette revue des Agneaux, puisque j'ai cité Nijni-Novgorod comme le marché principal des Agneaux, que je viens de décrire, je dirai quelques mots de cette ville et rappellerai que, comme celle d'Irbit, la foire de Nijni a conservé son importance comme centre d'approvisionnement et d'échange entre l'Europe et l'Asie occidentale.

Nijni-Novgorod ou Novgorod inférieure, pour la différencier de la vieille ville de Novgorod, située beaucoup plus à l'ouest, est une grande ville de 100.000 habitants environ, à 1.120 kilomètres sud-est de Pétrograd et à 400 de Moscou.

Pendant la foire annuelle (*jamarka* en russe), qui commence le 15 juillet de notre calendrier, le 27 du calendrier russe, et se traîne jusqu'à mi-septembre, 3 à 400.000 étrangers la visitent.

La ville est bâtie sur trois collines, au confluent de l'Oka et de la Volga, mais le champ de foire occupe un immense terrain entre les deux rivières (rive droite de la Volga et rive gauche de l'Oka), et complètement isolé de la terre ferme par des canaux, creusés spécialement comme garantie contre l'incendie.

La place de la foire est coupée par un grand boulevard de 1 kilomètre et demi de longueur, et bordée par 60 massifs de constructions en pierre, formant 3.000 boutiques.

14

Une deuxième place est couverte de bâtiments également en pierre, et formant 4.000 magasins.

Le marché est fermé en dehors du temps de la foire et reste vide à peu près dix mois de l'année.

La foire de Nijni, comme toutes les foires, d'ailleurs, par suite de la facilité des communications et des expéditions directes des pays d'origine, a aussi perdu un peu de son importance.

Mais, au temps de sa splendeur, « les commerçants de la Perse et du Caucase, les Kirghiz des steppes du Turkestan et les trafiquants des villes de la Sibérie se donnaient rendez-vous à Nijni.

» On y voyait les représentants de tous les peuples asiatiques, depuis le Mongol aux yeux bridés jusqu'au Samoyède des bords de la mer Glaciale. »

Et, pour tous ces acheteurs et vendeurs, comme pour les visiteurs de nos foires de Reims, de Chalon, de Beaucaire, au moyen âge, la foire était la grande vacance, le temps des ripailles, je dirai presque des bacchanales.

Avec son indolence et son mépris du temps qui caractérisent l'Oriental et surtout le Mahométan, on comprend que les affaires devaient traîner en longueur.

Celui qui fait un ou deux mois de dur voyage pour arriver à ce pèlerinage sensuel où il espère récolter de l'argent et se payer par anticipation toutes les jouissances du paradis de Mahomet, n'a pas notre conception moderne et occidentale que le temps est de l'argent.

Il enfreint même la loi qui lui défend le vin, déclarant que le champagne n'est pas du vin (surtout quand il ne lui coûte rien).

Ayant déchargé ses marchandises, soigneusement emballées, il ne se hâte pas d'en faire offre ou de les montrer.

Il veut d'abord s'orienter et attendre ; il veut « voir venir l'acheteur ».

Et, couché, dans son magasin, sur sa marchandise, c'est à peine si, la première ou même quelquefois la seconde semaine, il consent à dire qu'il a quelque chose à vendre.

Il se garde bien d'énumérer toutes les qualités, se réservant toujours la meilleure pour la vendre ensuite plus cher que le prix consenti par l'acheteur pour l'ensemble de la marchandise. Celui-ci croit cependant être acquéreur des qualités extra aussi bien que des ordinaires.

Il y a toujours des sous-entendus et des restrictions.

Et il faut l'entremise d'un courtier (presque toujours un juif) pour arriver, après des journées de marchandages et de débats, à traiter une affaire.

A ce propos, faisons remarquer que l'usage du courtier est tellement général à l'est de notre pays, que, depuis les Vosges jusqu'au fond de la Sibérie, on croirait qu'un paysan ne saurait vendre sa vache ou emprunter 100 écus sans que le juif intervienne pour prélever « sa petite commission ».

Et alors, pour conclure ce marché, il faut aller au restaurant, il faut manger et boire surtout, comme le savent faire les Russes; le champagne doit couler jusqu'à ce qu'on roule sous la table (ceci arrive quelquefois); enfin, celui-là, qui a vécu depuis un an presque comme un sauvage, veut jouir complètement de la vie de foire et trouver au moins une fois : bon souper, bon gîte... et le reste.

Et si l'acheteur trouve que le prix demandé est élevé, le vendeur lui répondra qu'il a de très grands frais, et qu'enfin « il faut bien faire bombance en temps de foire ». Le mot est authentique.

Et c'est ainsi que la foire de Nijni peut durer près de deux mois, pour ne pas faire un chiffre d'affaires supérieur à celui qui se fait aux ventes aux enchères de Londres en moins de deux semaines, car, pour l'Anglais, ce n'est pas comme pour l'Asiatique : *Time is money*.

Ces lignes étaient écrites avant que le bolchevisme ait fait son œuvre. Aujourd'hui, la révolution a détruit les bâtiments de la foire; les voies de communication, les échanges, le crédit, tout cela n'existe plus qu'à l'état de souvenir.

Cet énorme appoint de pelleteries de tous genres fournies par la Russie venant à manquer, l'équilibre qui s'était établi entre la production et la consommation, entre l'offre et la demande, a été rompu. Ce manque d'équilibre est certainement cause en partie de ces sauts désordonnés dans la valeur des pelleteries, lesquels amènent quelquefois des gains souvent éphémères, car ils sont suivis bientôt de pertes, hélas! trop réelles.

Les Agneaux bokhares

Le Mouton le plus répandu dans toute l'Asie centrale est le **Mouton à très grosse queue courte**. Celle-ci n'a que quelques vertèbres, les deux loupes graisseuses sont de chaque côté de la queue et descendent plus bas. Elles sont réunies à la partie supérieure, mais séparées à leur partie inférieure. (Dᵣ Chenu.)

Ces Moutons (*Ovis steatopyga*) ne produisent généralement pas d'Agneaux à fourrure bouclée ; le poil assez grossier est lisse. Cependant il se trouve un certain nombre de peaux d'Agneaux noirs, à boucle assez forte et de bonne taille, que nous connaissons sous le nom de **Bokhares**.

La plupart proviennent du Turkestan, des environs de Samarkand et de Tachkend.

Le Schiraz ou demi-Persianer

Si, maintenant, du nord de la mer Caspienne, nous descendons au sud et traversons le Caucase, nous arrivons au nord de la Perse.

Là, nous trouvons une race de Mouton plus grande que celle d'Astrakan, qui donne un Agneau se rapprochant du véritable Astrakan de Bokharie, que nous nommons Astrakan persianer, mais il en a, comme fourrure, ni la finesse, ni le serré de la boucle, et, par suite, il a aussi beaucoup moins de brillant et moins de valeur.

Ces Agneaux de la Perse sont, cependant, déjà mieux que ceux de l'Ukraine ; aussi, on les nomme couramment des **demi-Persianers**.

Ces peaux arrivent, dans le commerce, à moitié apprêtées. Leur véritable nom est le **Schiraz**, du nom de la province de Farsistan, au sud de la Perse.

Résumé des caractères des différents Astrakans

Résumons les caractères de différents Agneaux, que nous venons de mentionner et qui sont les suivants :

Agneaux d'Astrakan appelés *Caracouls* : peau petite, cuir mince, poil fin, soyeux, de court à demi-long, moiré, lisse ou assez bouclé. Provenance : sud-est de la Russie d'Europe.

Agneaux d'Arabie : même que ceux d'Astrakan, cuir généralement plus fort, plutôt bouclé, mais moins fin et moins soyeux que le précédent.

Agneaux d'Ukraine : bonne taille, très bouclés, mais un peu mats et laineux.

Agneaux bokhares : plus grands que les Caracouls, moins moirés et moins fins, boucle plus ouverte que celle de l'Agneau d'Ukraine, plus brillante que celle-ci. Ils sont achetés surtout à Tachkend.

Agneaux véritables persans (Schiraz) : Perse méridionale, genre de l'Ukraine, très bouclés, mais plus brillants et plus fins, souvent désignés sous le nom de demi-Persianers.

Enfin, j'arrive au roi des Agneaux, l'Agneau karakoul vrai ou persianer; celui que toutes les dames connaissent comme l'Astrakan véritable, ou Astrakan persianer, bien que, comme je l'ai expliqué, il ne provienne ni d'Astrakan ni de la Perse.

Le Persianer

C'est aussi un mouton à queue grosse, qui nous fournit l'Agneau que nous appelons Persianer, mais la queue de ce Mouton est plus longue que chez celui à très grosse queue (*Steatopyga*), qui n'a que trois ou quatre vertèbres.

La queue du véritable Caracoul comporte vingt vertèbres et n'a deux boules de graisse qu'au tiers environ de sa longueur supérieure, là où elles forment deux pelotes larges et écrasées, tandis que la partie terminale est plutôt dégarnie de poils et n'a qu'une touffe laineuse à l'extrémité.

C'est la race du Mouton de Karakoul (*Ovis platyura*) qui fournit cet Agneau. Karakoul est une ville de la Bokharie, qui a donné son nom à cette race. Le préfixe *kara* signifie « noir » en turc, et dans l'Asie centrale, depuis la Caspienne jusqu'au Thibet, on trouve des quantités de lieux géographiques dont le nom commence par *Kara*.

Il y a, par exemple, le même mot Karakoul, « le lac noir »; Karadach, « la montagne noire »; Karakum, « le désert noir »; Kara-Kughiz, « les Kughiz noirs ».

Ce Mouton karakoul est certainement le produit d'un élevage très ancien, et d'une sélection particulièrement rigoureuse du Mouton à grosse queue, et conservé à cause de la fourrure de l'Agneau.

Celle-ci, depuis des siècles, est employée par les Persans, les Turkmènes et les Kirghiz pour la confection du bonnet de fourrure en forme de cône, souvent orné d'aigrettes et de pierres précieuses, comme nous l'avons vu porter par le schah de Perse, les grands-ducs et les officiers russes lorsqu'ils sont venus nous faire visite.

C'est l'emploi général qui en était fait en Perse, qui a fait donner à cette fourrure le nom d'**Astrakan persianer**.

Si ce n'eût été la beauté de la fourrure et la valeur de cette peau d'Agneau, la race karakoul eût, depuis longtemps, été abandonnée pour élever davantage les races donnant plus de chair, naturellement aussi plus de lait, et dont le cuir, plus grand et plus lourd, était d'un plus grand rendement.

Ce qui distingue cet Agneau, c'est surtout la boucle serrée et brillante, par suite de la qualité et de la finesse des poils qui la composent, puis son beau noir.

Dans le pays de production, on emploie cette fourrure à l'état naturel; mais, en Europe et en Amérique, on ne s'en sert que teint en noir.

La teinture est identique à celle de l'Agneau astrakan, qui est noir de nature : c'est-à-dire qu'on teint en bleu, mais l'effet produit par cette teinture bleue sur le poil noir est un beau noir brillant.

Pour conserver cette race, il a fallu que des générations, se succédant, sacrifient impitoyablement tous les Agneaux ne répondant pas aux résultats attendus, et ne conservent, pour la reproduction, que des animaux et surtout des Béliers pouvant laisser espérer des rejetons parfaits.

Ce Mouton est de taille moyenne, à peu près de la grosseur de notre Mouton domestique ; il a les os assez forts, la peau sèche et plutôt épaisse, le poil dur et grossier.

Donc, l'opposé de tous les caractères qu'on recherche habituellement pour un animal domestique propre à l'engraissement ou à la production de la chair et du lait.

Le rapport est donc la valeur des peaux d'Agneaux, et celle-ci augmente beaucoup si la qualité devient supérieure à la moyenne.

Je dirai quelques mots sur la contrée d'élevage de ce Mouton.

Si vous jetez les yeux sur la carte de l'Asie et particulièrement sur la partie occidentale centrale (1), vous voyez, à l'est de la Caspienne jusqu'au Turkestan chinois, au pied des montagnes du Pamir, le khanat de Bokhara.

C'est la patrie des beaux Astrakans.

A l'ouest, la province transcaspienne avec les villes de Khiva et Merv ; au sud, l'Afghanistan ; à l'est, le Pamir, et au nord, le Turkestan et les villes de Samarkand et de Tachkend.

C'est dans ce rectangle, arrosé par l'Amou-Daria, l'ancien Oxus des Grecs, et spécialement dans la partie moyenne du cours de ce fleuve, entre celle-ci et le Zarafchan, que se fait l'élevage du Mouton karakoul.

Ce sont les **Sartes**, les agriculteurs sédentaires de ces contrées, qui sont les possesseurs de ces troupeaux de Moutons à fourrure noire, dont ils gardent jalousement la race et qui sont pour eux une grosse source de revenus.

Les Uzbeks, qui, avec les Sartes, forment la population de ces contrées, sont plutôt des cavaliers guerriers et nomades.

L'Émir de Bokhara possède lui-même un troupeau de choix, et son gouvernement, comme celui de la Russie, mettent le plus d'entraves possible à la sortie d'animaux vivants et surtout de Béliers pour la reproduction.

Ils désirent conserver à ces pays, bien déshérités sous d'autres rapports, les avantages de la persévérance qu'ils ont mise à fixer cette race si particulière et si belle.

Les Moutons de la race karakoul sont, pour la plus grande partie, noirs ; cependant, il se produit des Agneaux ayant des taches brunes ou blanches.

Ces peaux tachées sont classées séparément et ont moins de

<hr>

(1) Feuille 47 de l'Atlas de Vivien de Saint-Martin et Fr. Schrader.

valeur, car, malgré la teinture, les taches reparaissent après plus ou moins de temps.

L'Astrakan mort-né ou moiré

On donnait le nom de *Breitschwanz* (mot allemand qui se traduit par queue large) à l'Agneau venu à la vie très peu de jours avant terme, et dont le poil, encore ras, a, cependant, déjà du brillant soyeux. Désormais, nous dirons de l'**Astrakan mort-né** ou **moiré**.

La boucle n'étant pas formée, le poil naissant va dans tous les sens et dessine une moire très belle et bien caractérisée.

On comprend que ces Agneaux, très petits, sont forcément très légers en cuir, ce qui ajoute une deuxième qualité à celle de la fourrure : aussi la mode actuelle s'en étant emparée pour la fabrication des grands vêtements drapés et même des jupes pour les dames, la valeur de ces peaux a rapidement augmenté, et ces petits Agneaux mort-nés coûtent aujourd'hui plus cher que les peaux d'Agneaux tués normalement après une dizaine de jours, alors qu'ils ont atteint le maximum de leurs qualités en taille et en fourrure.

Il faut rejeter, comme une fable, l'opinion fausse, bien que trop répandue, que, pour avoir une peau de mort-né, on égorge sans pitié la mère.

M. Poland dit : C'est un non-sens ; M. Brass dit : Ces jolies peaux sont les produits soit de naissances anticipées, soit d'Agneaux dont la mère a péri au moment de la mise-bas, et qu'il a fallu tuer aussitôt.

Mais, que ce soient des Agneaux pour l'obtention desquels on aurait tué les mères, comme on le lit dans beaucoup d'ouvrages, même d'histoire naturelle, cette croyance appartient au règne de la fable.

Les mères Brebis ont beaucoup trop de valeur pour qu'on puisse les sacrifier pour leur produit, et, en outre, il faut que le petit Agneau ait respiré, ait eu vie, car autrement la fourrure reste mate à la teinture et ne prend pas de brillant.

Une fable équivalente et aussi répandue est que l'Agneau, dès sa naissance, est cousu par les nomades dans un fourreau d'étoffe, afin que la boucle reste belle.

J'ai déjà dit que ceci se faisait pour les Mongolie ou les Agneaux de Crimée, mais c'est inutile pour un Agneau noir.

Beaucoup de peaux de Caracouls, de mort-nés et même de Persianers, et particulièrement les peaux fines en cuir et plates, présentent des cassures dans le derme. Ces cassures, lorsqu'elles sont trop nombreuses, enlèvent toute valeur à la peau; mais s'il n'y en a que quelques-unes, l'ouvrier doit les recoudre avec soin au travail de confection.

Il se produit environ 100.000 peaux de mort-nés par an, soit 1/15e des Agneaux karakouls, dits persianers, dont la production totale est estimée à un million et demi de peaux.

Les peaux de tous ces Agneaux karakouls, schiraz, persianers, etc., subissent un commencement de préparation dans le pays de production ; comme nous l'avons vu pour les Agneaux d'Astrakan, les peaux sont lavées, écharnées et mises dans un confit, puis séchées, étendues à l'air, et enfin réparties par qualités, mises en paquets et en balles.

Les Bokhares les classent déjà en marchandise origine courante, en boucles petites, moyennes et fortes, en premier choix et extra-choix. Les extra-choix sont attachés généralement par paquets de 4 peaux, les premiers choix par 6 peaux, les ordinaires par 10 peaux.

De même, les balles sont de 160 à 200 peaux pour les extra, tandis qu'elles sont habituellement de 300 peaux dans les balles de qualité courante.

Les vendeurs marquent aussi, sur le cuir des différentes sortes, à la croupe, une rangée de raies et de points ou de marques de couleur rouge ou bleue.

Le dessus de la balle est recouvert par quelques peaux d'Agneaux plus âgés, qui ont été tués pour une raison quelconque avant d'être adultes et qu'on appelle des mères, et qui sont plutôt des broutards. Il faut dire que cet Agneau, si on le laisse vivre, ne reste bien noir que pendant les trois premiers mois; puis il devient de plus en plus grisâtre jusqu'à six mois. A neuf mois, il a atteint toute sa croissance et peut reproduire.

Les bêtes adultes ne conservent que la tête et les jambes noires, le reste du corps est gris foncé; la laine longue, grossière, mélangée de poils raides, sert à la fabrication des tapis.

L'animal atteint, comme poids, de 30 à 40 kilogrammes.

Il est superflu de dire ici les emplois en fourrure de la peau de Persianer, mais ce qui peut être intéressant, c'est de constater que, malgré la diminution de qualité que l'on remarque, et qui provient sans doute de croisements avec des bêtes de race moins pure, toujours plus prolifiques; la valeur des Agneaux persianers n'a fait qu'augmenter.

Tandis que M. Lomer, en 1864, indiquait pour les belles peaux un prix de 15 à 18 francs, et qu'en 1892, M. Poland donnait encore la même valeur, depuis ces dix dernières années, le prix a été toujours en augmentant, et, aujourd'hui, une bonne peau de ces Astrakans persianers se paie de 100 à 300 francs, selon qualité.

On comprend que, vu la valeur de ces Agneaux, et les troupeaux de Bokharie ne pouvant pas augmenter en nombre (les steppes et les territoires convenables pour l'alimentation des animaux manquant), on ait cherché, depuis un certain nombre d'années, à introduire l'élevage de l'Agneau karakoul dans des contrées où on avait l'espoir de le voir réussir.

Bien des essais dans ce sens ont été tentés; d'intéressants détails ont été donnés, et on nous a fait connaître les résultats obtenus.

L'élevage des Persianers

Mais, avant d'entrer dans ces détails sur l'élevage du Caracoul, qu'il me soit permis de donner, d'après Élisée Reclus, un aperçu de la géographie et du climat des contrées dont je vais parler. J'ai dit que le pays d'élevage du Caracoul était particulièrement les vallées de l'Oxus (Amou-Daria, de nos jours), qui descend du Pamir pour se jeter dans la mer d'Aral et celle de l'ancien Sogd (le Zarafchan actuel), qui, descendu de l'Altaï, reçoit les eaux du lac Iskander, ainsi nommé en mémoire d'Alexandre le Grand. Le Zarafchan, après avoir épuisé ses eaux par d'innombrables canaux d'irrigation fertilisant 458.000 hectares, se perd complètement dans les sables, à 100 kilomètres avant d'arriver à rejoindre l'Amou-Daria.

Le territoire de Bokhara s'étend sur une étendue à peu près égale à la moitié de la France

Sa population est d'un peu plus de 2 millions d'habitants.

Il est situé presque entièrement sur la rive droite de l'Oxus, ce qui l'avait fait appeler, par les Grecs, du nom de Transoxiane, tandis que la vallée du Sogd portait le nom de Sogdiane.

A l'est de ces contrées, sont les plateaux et les crêtes du Pamir s'élevant jusqu'à près de 7.000 mètres.

L'ensemble du pays est composé d'immenses steppes d'argile ou de sable, coupées, là où il y a de l'eau, par des oasis où les Sartes cultivent le coton, le tabac, le chanvre, et se livrent à l'élevage des troupeaux qui vont paître dans les steppes.

Avec les Sartes, et se considérant comme au-dessus d'eux, habitent les Uzbeks, plus nomades, qui se vantent d'être la tribu la plus ancienne et la plus noble, de laquelle est issue la famille des khans de Bokhara.

Ce sont les guerriers et les chefs. Les prêtres et les lettrés se recrutent parmi les Teadjiks. Voilà pour la population.

Pour le sol, les steppes, qu'elles soient argileuses ou de sable, n'en sont pas moins désertes, et leur caractère commun est la salure du sol et de l'eau.

Le sel marin et la magnésie fleurissent à la surface du sol comme une légère couche de neige.

Aussi, loin de toute eau courante, se développent des espèces ligneuses, telles que le saksaoul semblable à un fagot verdoyant, complètement dépourvu de feuillage, quoique produisant des fleurs et des fruits : au lieu de couches concentriques annuelles, le bois nouveau du tronc forme de simples bourrelets s'appliquant sur le vieux bois en l'entourant d'un réseau.

Les steppes herbeuses, privées de l'humidité qui leur permet de se recouvrir d'un gazon pareil à celui des prairies d'Europe, ne donnent naissance qu'à des touffes isolées, n'occupant guère que le tiers de la surface totale.

Le climat excessivement continental va de l'extrême chaleur à l'extrême froid.

La différence entre les températures maxima et minima comporte jusqu'à près de 90°.

En été, le thermomètre monte à près de 50°, et il descend en hiver au-dessous de 30°.

Le milieu sec de la steppe produit sur les animaux une grande sécheresse des tissus, et de là un cuir fin et dense, comme nous l'avons remarqué chez le Poulain russe qui vit dans les mêmes climats.

Aux conditions spéciales, auxquelles se sont adaptés ces Moutons, il faut citer le manque d'eau.

Par les terribles sécheresses et chaleurs de ces pays, ces animaux peuvent se contenter de boire une seule fois dans la journée, et ils supportent très bien une eau chargée de sel, dont l'homme et le cheval ne peuvent se désaltérer.

Il nous paraît, dit l'auteur, qu'on ne s'est pas assez méfié, dans les essais d'acclimatation de ces Moutons, des influences de températures humides et froides persistantes, qui altèrent leur santé. On oublie que, justement, leur habitat dans des steppes arides et sèches n'a pu développer leur résistance contre l'humidité froide, tout à fait anormale pour eux.

Le terrain des steppes bokhariennes se compose de deux variétés d'argile : siliceuse et ordinaire.

Chacune a sa végétation propre. Elles ont de commun une forte contenance de sel marin et de sulfate de magnésie, dans la même proportion qu'ils se trouvent dans l'eau de mer.

Un échantillon d'eau, pris à 30 kilomètres au nord de Karakoul, mais qui ne serait pas utilisable même pour les Moutons, contenait 148 gr. 32 de sels par litre.

Une eau, employée pour la boisson des Caracouls de la steppe karabir, à 75 kilomètres au nord de Karakoul, contenait, en chiffre rond, 1 % de ces sels.

Ces chiffres sont importants, car c'est dans ces endroits que paissent les Caracouls qui donnent les plus belles peaux.

L'analyse indique, en certains endroits, jusqu'à 10 % de sels solubles dans l'eau.

Partout où le Caracoul broute, on trouve cet élément : le sel, et la végétation est caractéristique.

Ce sont les holophylles, lesquelles, pour la plupart, composent une nourriture excellente pour les Moutons. (Les Moutons du Cap s'en nourrissent également. — *N. de la R.*)

La préparation des peaux d'Astrakans

Les peaux d'Agneaux sont apportées en vente au bazar, simplement salées.

L'acheteur leur fait alors subir une préparation assez longue. Pendant une quinzaine de jours, après les avoir lavées, on les confit en les manipulant journellement dans un mélange de farine d'orge, d'eau et de sel.

Puis, étant séchée sur le cuir, on lave la fourrure à la rivière, à la brosse et au peigne, pour enlever le confit qui s'est attaché aux poils.

On les sèche sur poil en les étalant sur le sable fin de la steppe ; on les assortit ; elles sont prêtes pour l'expédition.

Les ventes des peaux d'Astrakans aux pays d'origine se font dans les bazars (marchés) des villes de Bokhara, de Samarkand, de Taschkend.

Ces bazars sont de grandes cours carrées, entourées de boutiques ou magasins ouverts seulement sur la façade.

Pendant la saison des Agneaux, du commencement du printemps jusqu'à l'été, aux heures matinales, règne, dans ce bazar, un trafic animé, d'une saveur locale et orientale bien caractérisée.

Même, si l'importance de la marchandise offerte en vente est minime, des douzaines de curieux entourent acheteur et vendeur.

Ceux-ci, sortant leurs mains osseuses de leurs caftans, se les serrent et, par des pressions qu'eux seuls comprennent, traitent le marché, sans que les spectateurs puissent connaître leurs accords.

Et, en sus du prix, il faut au vendeur un cadeau, et généralement celui-ci consiste en sucre.

L'élevage des Astrakans hors de leur pays d'origine

Avec plus de chance de réussite que pour les animaux sauvages, l'élevage de Moutons karakouls devait être tenté. Il l'a été, en effet, en diverses contrées, mais la guerre est venue bouleverser tous

nos vieux continents, et je crois bien que, dans cet ordre d'entre-
prises, tout est à recommencer, ou à peu près.

Et, en voyant ce qui avait été fait pour essayer de propager
cette race de Mouton karakoul, je me demandais s'il ne nous serait
pas possible, à nous Français, avec nos contrées et nos colonies si
favorables à l'élevage du Mouton en Afrique, en Corse, sur nos
causses du Centre, sur les garrigues de la vallée du Rhône ou dans
les plaines salées de la Camargue, à l'abri des vents d'ouest, d'essayer l'élevage du Caracoul.

Si nous n'obtenions qu'une amélioration de nos races de Corse,
si nous n'arrivions qu'à obtenir un Agneau noir, fin et bouclé, lors
même qu'on n'arriverait à le payer que trois à quatre fois la valeur
de nos Agneaux actuels, il me semble que ce ne serait pas un résultat
à dédaigner. Et j'espère qu'un jour, les fourreurs pourront offrir à
la consommation des Astrakans français.

Tâchons donc d'aller à la conquête de cette nouvelle toison...
d'ébène, car j'ai confiance au pouvoir du dieu Soleil; il a su noircir
les pampres de Côte-Rôtie comme les cheveux de l'Arlésienne, et
il nous donnera, sur les bords du Rhône, des Agneaux à la boucle
aussi serrée, aussi lustrée, aussi régulière que ceux des bords de
l'Oxus.

Le Bœuf musqué

Nous quitterons les pays du soleil, et nous nous transporterons,
par la pensée, jusqu'au Pôle nord, pour y trouver, dans ces solitudes glacées, le plus septentrional et le plus rare représentant de
la famille des Moutons.

C'est le **Bœuf musqué** (l'**Ovibos**, en histoire naturelle; le *Musk
Ox*, des Anglais).

Comme tous les Moutons véritablement sauvages, le Bœuf
musqué n'a pas de laine frisée; il a le poil très serré, assez fin et
très long sur les flancs; la fourrure a la couleur et l'aspect de celle
de l'Ours brun, à part une partie grisâtre sur le milieu du dos.

Les pattes ont le poil court, le nez est busqué; le muffle est
celui du Mouton, et non pas celui du Bœuf.

Les cornes, reliées entre elles par leur base au sommet de la
tête où elles forment un casque, redescendent directement de

chaque côté devant les oreilles, tandis que les pointes se relèvent
brusquement et légèrement en arrière, en forme de crochet.

Le Bœuf musqué atteint la grosseur d'une petite vache, quoique
plus trapu et plus bas sur jambes.

On le trouve, par bandes de vingt à trente, à l'extrême Nord,
et les voyageurs explorateurs du Pôle ont souvent dû à la chasse de
ces animaux, des repas réconfortants de viande fraîche.

Il se nourrit de lichens qu'il broute sous la neige qu'il a écartée

Fig. 28. — Le Bœuf musqué
(1/15ᵉ de grandeur naturelle)

avec ses sabots. Il peut parcourir, avec une grande vitesse, de très
grands espaces.

Ces animaux farouches, et qui foncent sur l'homme comme des
Taureaux, ne sont pas très nombreux : il s'en produit environ 500
peaux par an. Comme nombre, c'est probablement l'animal le moins
répandu sur le globe.

Une centaine de peaux est importée par la Compagnie de la
Baie d'Hudson. Celle-ci en a mis en vente, en 1911, 91 peaux, dont
les bonnes se sont payées de 300 à 400 francs ; en 1912, il y eut en
vente 227 peaux, mais seulement quelques-unes, non endommagées,
obtinrent environ 200 francs.

La plupart de ces peaux sont achetées par les fourreurs canadiens de Québec et de Montréal, qui les emploient pour faire des
couvertures de traîneaux ou de très beaux et très bons tapis.

LES ÉDENTÉS
ET LES MARSUPIAUX

LES ÉDENTÉS ET LES MARSUPIAUX

Les Édentés

Je parlerai maintenant de Mammifères, tout à fait différents de ceux dont je me suis occupé jusqu'à présent.

Ces animaux sont les derniers survivants d'espèces qui étaient certainement très abondantes dans la Faune antédiluvienne, mais qui sont assez rares actuellement.

Ce sont les **Édentés** et les **Marsupiaux**. Parmi les premiers, les plus connus sont les **Tatous** et les **Pangolins**, les **Paresseux** et les **Fourmiliers**.

Les Tatous et Pangolins n'ont pas de poils, ils sont recouverts par des espèces de cuirasses composées de plaques dures soudées entre elles; ils n'intéressent donc pas le fourreur. Les collections d'histoire naturelle, seules, recherchent les dépouilles de ces animaux très intéressants au point de vue zoologique. Ils habitent l'Amérique du Sud.

Quant au genre **Paresseux**, dont les deux types les plus connus sont l'**Unan** et l'**Aï**, bien qu'ils aient une fourrure, celle-ci est mélangée de poils raides comme des crins, et n'est pas employée; il s'en produit, d'ailleurs, fort peu.

Comme les Tatous, on conserve ces animaux vivants dans nos jardins zoologiques, au point de vue de la curiosité qu'ils excitent dans le public, due au renversement des règles que nous voyons ordinairement suivies dans la conformation des animaux mammifères.

L'Aï et l'Unan ont les membres terminés par deux ou trois doigts fortement recourbés, qui permettent à ces animaux de se suspendre par les quatre pattes à une branche et de passer, dans cette position, la plus grande partie de leur vie, dormant presque continuellement le jour, ce qui leur a fait donner le nom de Paresseux. Ils sont plutôt nocturnes et herbivores, mangeant les feuilles des arbres auxquels ils s'accrochent, et grimpant avec une très grande rapidité aux cimes élevées.

Le Fourmilier

Les Fourmiliers, eux, habitent aussi l'Amérique du Sud.

Ils n'ont pas de dents, leur bouche est une espèce de trompe terminée par une très petite fente, et la seule nourriture de ces grands Mammifères est la fourmi.

Une variété (le **Fourmilier tamanoir**) a, queue comprise, près

Fig. 29. — LE FOURMILIER
(1/20ᵉ de grandeur naturelle)

de 2 mètres de long, et est assez forte pour se défendre même contre l'homme ou de grands animaux.

« Une langue tellement extensible qu'elle excède deux ou trois fois la longueur de leur si longue tête, est projetée, toute couverte de glu, par l'ouverture terminale ; l'animal la plie et la replie autour des fourmis et des termites dont il a découvert et éparpillé les habitations avec son museau et ses pattes ; il la retire couverte de ces in-

sectes qui sont immédiatement avalés. Il n'y a donc, ici, pas plus
de mastication que dans les poissons et la plupart des oiseaux. »
(Dr Chenu.) Ce grand Fourmilier a les poils grossiers et durs
comme ceux du Sanglier ; la queue est garnie de crins longs tombant en panache à droite et à gauche ; le pelage présente, dans sa
couleur, deux pointes triangulaires foncées, bordées de blanc sale,
venant de la gorge et se rejoignant presque sur les reins.

Les dépouilles de ces animaux ne peuvent servir que comme
tapis ou pour la naturalisation.

Les Marsupiaux

Si, des Édentés, nous passons aux **Marsupiaux**, nous voyons
une autre singularité.

Chez ces animaux, les femelles portent, sous le ventre, une
sorte de sac ou poche intérieure, formée par un pli extensif de la
peau, dans laquelle leurs petits, à leur naissance encore embryon-
naire, viennent se bouter aux mamelles.

« Il se passe là comme une seconde gestation qu'on pourrait
appeler une gestation mammaire, et pendant laquelle se succèdent
toutes les phases de la vie fœtale. » (Dr Chenu.)

« Les petits, en naissant, ne pèsent, dit-on, qu'un grain ; ils
sont gros comme un petit pois, souvent au nombre de 14 à 16 ; ils
restent dans la poche de leur mère jusqu'à ce qu'ils aient atteint la
taille d'une souris, et qu'ils soient recouverts de poils ; quand ils
se hasardent à en Sortir, ils ne s'éloignent pas, y rentrent au premier danger, ou viennent se placer sur le dos de leur mère, leur
queue les retenant au même organe de celle-ci ; les petits restent
dans la poche environ dix jours après leur naissance, et ce n'est
qu'au bout de ce temps que leurs yeux s'ouvrent. » (Dr Chenu.)

La fourrure des Marsupiaux est presque toujours soyeuse ou
laineuse ; aussi ces pelages ont rapidement pris une grande place
dans la consommation des fourrures, et nous allons voir que
presque toutes les variétés sont aujourd'hui classées dans les fourrures à la mode.

La principale patrie des Marsupiaux est l'Océanie, et particulièrement l'Australie et la Tasmanie.

L'Opossum d'Amérique

En Amérique, l'espèce est surtout représentée par l'**Opossum d'Amérique** ou **Sarigue de Virginie**.

Cet **Opossum**, de la taille d'un Chat, a tout le corps recouvert d'une fourrure dont le duvet est blanc sale, souvent laineux et feutré, et dont le jarre, dépassant passablement le duvet, est généralement plus blanc avec la pointe plus foncée que l'ensemble.

Fig. 30. — L'Opossum d'Amérique
(1/4 de grandeur naturelle)

Le ventre a très peu de poil, et, à la croupe comme sur la queue, le duvet diminue graduellement, si bien qu'après le quart supérieur de la queue, celle-ci n'est plus recouverte que par des espèces d'écailles, comme chez les Rats.

La queue a environ 30 centimètres, mais, lorsque les peaux nous arrivent à la vente, la partie nue de la queue est coupée.

L'Opossum vit aux États-Unis, depuis l'État de New-York jusqu'à la Floride et, à l'ouest, jusqu'au Missouri et au Texas.

Peu d'animaux sont aussi détestés par les fermiers américains que l'Opossum.

Grimpeur émérite, habitant les bois, se nourrissant d'oiseaux, d'œufs et de petits mammifères, il est l'effroi des basses-cours où il met tout à sac et tue tant qu'il voit signe de vie autour de lui.

Sa chair est un des mets préférés des nègres.

La fourrure des Opossums d'Amérique est employée à l'état naturel, mais, depuis quelques années, le Skunk étant arrivé à être très demandé, on a énormément employé l'Opossum, teint façon Skunk, pour remplacer celui-ci.

C'est actuellement un des articles de fond de la vente et indispensable à la confection en série : sa valeur est d'environ 20 à 30 francs la peau, selon taille et qualité.

L'Opossum d'Australie

Une variété de Marsupiaux, très répandue et très employée

Fig. 31. — L'OPOSSUM D'AUSTRALIE
(1/4 de grandeur naturelle)

aujourd'hui en fourrure, est l'**Opossum d'Australie**, le **Phalanger** des naturalistes.

Il y a quelques années, cette fourrure était surtout employée par les Russes pour la doublure de vêtement.

Il faut dire que, si la quantité de peaux produite est considérable (environ 5 millions), la plus grande partie n'est pas de premier choix, c'est-à-dire ne répond pas à tout ce que la clientèle en attend : une fourrure épaisse, longue et fine en pointe, une belle nuance d'un beau gris frais sur tout le dos, et le ventre bien blanc.

Comme dans toutes les espèces naturelles, le beau est plutôt l'exception ; la plupart des Opossums sont courts de poils, ou offrent de nombreuses plaques où le poil repoussé dépasse à peine l'épiderme et, par contraste avec les anciens poils plus longs, produit des creux et des vides dans la fourrure.

Partout où ce poil n'a pas atteint sa croissance, il se produit sur le cuir séché une tache noirâtre, due à la racine de ces poils en développement ; nous disons que la peau est verte, et ce ne sont alors que des deuxièmes choix.

La couleur est assez rarement d'un beau gris ; le plus souvent, la teinte grise à la partie postérieure de l'animal devient rougeâtre à la partie antérieure, on les appelle alors des rouges (*red*).

Enfin, lorsque le poil a atteint tout son développement et est prêt pour la mue, il perd non seulement sa nuance ; mais il devient terne et laineux, particulièrement à la croupe.

La pointe frise et tombe, la fourrure paraît frottée ; toutes les peaux présentant ces défauts sont de qualité inférieure, et ne devraient être employées que pour la doublure.

Mais, avec la grande demande actuelle, on finit par employer comme objets de parures de dames, et on paie assez cher des peaux qu'il y a dix ans, on eût laissé acheter pour doubler des vitchouras ou faire des couvertures de voitures.

Les peaux les plus bleues sont les Adélaïde, puis les Melbourne et enfin les Sidney.

Les sortes du Queensland et de l'ouest Australien sont, la plupart, gris rougeâtre, plates et moins bonnes que les précédentes.

La valeur des Opossums, qui variait, il y a quelques années, entre 1 et 3 francs, a à peu près décuplé, et on paie aujourd'hui une belle peau jusqu'à 80 et 100 francs.

Le Ring tail

Un très joli Opossum, bien que petit de taille, est le **Ring tail**. Il est caractérisé par sa nuance grise, plus foncée que chez les précédents. Il a la partie terminale de la queue blanche, au lieu de noire comme chez les autres Opossums.

Le Dasyurus ou l'Opossum à taches blanches

Deux Marsupiaux de l'Australie sont connus en pelleterie sous le nom anglais de **native Cat**; ce sont les peaux de Dasyurus, qu'on a appelées aussi Fouines ou **Opossums mouchetés**.

Une des variétés a le pelage jaune brunâtre, parsemé de taches blanches; l'autre a le fond noir avec les mêmes taches blanches.

Ces deux variétés sont à peu près de la même taille, celle d'un petit Lapin; toutes deux ont le cuir très léger, le poil assez fourni et très fin; elles conviennent pour faire de bonnes doublures de vêtements de dames. Les noirs sont plus recherchés que les bruns.

Il s'en produit une dizaine de mille peaux par an.

Ces animaux sont carnassiers, nocturnes, et habitent, comme notre Belette, dans les tas de pierres ou sous les racines d'arbres.

Les Tasmanie

L'île de **Tasmanie** fournit un Opossum de très grande taille (environ le double de celui du continent) : c'est le Phalanger Renard. Il est aussi beaucoup plus fourni et élevé en poil que ses cousins, mais il est d'un gris brunâtre plus ou moins foncé.

Il y en a même de presque noirs, qui étaient, comme les Marmottes du Canada noires et pour remplacer celles-ci, très demandés par les Russes pour faire des intérieurs de vêtements ou même des cols.

Il est à remarquer que le même animal (Lapin ou Opossum) devient plus grand en taille et plus fourni en poil dans la Tasmanie ou la Nouvelle-Zélande que sur le continent australien.

L'Ourson d'Australie

La Tasmanie produit aussi deux Marsupiaux, employés en fourrure ; l'un est le **Koala** ou l'**Ourson d'Australie**, qui vit sur les arbres et se nourrit des feuilles d'eucalyptus. La fourrure est gris cendré et le ventre blanc.

Le Wombat

A côté de lui, mais vivant à terre comme notre Blaireau, est le **Wombat**. Il est d'un gris plus rougeâtre que l'Ourson, et sa fourrure très dense est souvent feutrée. Les Anglais et les Américains emploient ces fourrures, très solides à l'usage, pour en faire des jetés de chaises longues, des couvertures de poussettes et des tapis.

Le Wallaby

J'arrive aux genres **Wallabys** et **Kangourous**. Le plus petit des Wallabys, et aussi le meilleur en fourrure, est le **Rock Wallaby** (Wallaby des rochers), dont le poil assez fin et fourni a la nuance de nos Lapins gris rougeâtre. L'arête est un peu mieux marquée et foncée, et le ventre est blanc sale.

Ce Wallaby est employé pour remplacer la Marmotte du Canada en objets de parures, en intérieurs ou en cols de vêtements.

Un Wallaby plus grand et d'une autre nuance est le **Bush Wallaby** ou **Wallaby des bois**. L'ensemble de son pelage est gris nuancé de noir et de roux, mais le poil est plus long et plus raide que celui du Wallaby des rochers. Sa taille varie de celle d'un Chat à celle d'un Chien de moyenne taille ; on a fait, avec ces peaux, des vêtements en fourrure extérieure pour remplacer la Marmotte.

Aujourd'hui, les peaux fines en poil s'emploient teintes comme imitation de Skunk ; les petites peaux sont plus fines en poil que les grandes, et se paient tout aussi cher.

Les plus grands Wallabys sont ceux des marais (**Swamp**

Fig. 32. — LE WALLABY
(1/12ᵉ de grandeur naturelle)

Wallaby) ; les peaux atteignent environ 1 mètre de longueur ; le poil est assez fin, mais d'une nuance brun-rouge qui ne permet d'employer cette sorte que teinte en imitation de Skunk, et encore est-elle toujours laineuse et ne vaut pas les deux précédentes variétés.

Le Kangourou

Il en est de même des **Kangourous,** dont les petites peaux fines en poil sont employées en fourrure, mais la plus grande partie des Wallabys comme des Kangourous de grande taille sert pour le cuir et est vendue aux tanneurs.

Toutes les marchandises australiennes que je viens de citer se vendent aux enchères en Australie et en Nouvelle-Zélande ; une partie est importée directement à Londres.

* *
*

Les maisons qui se sont fait une spécialité de la vente aux enchères, à Londres, des marchandises asiatiques et australiennes sont (outre les maisons déjà citées, qui vendent des pelleteries de toutes provenances) les maisons **Anning et Cobb, Edward Barber et Son, Eastwood et Holt, Henry Kiver et C°**.

L'Ornithorynque

Les Mammifères, animaux indigènes du continent australien, sont, d'ailleurs, tous des Marsupiaux, et, par les espèces actuellement vivantes, nous avons la reproduction en raccourci des grandes espèces disparues, dont nous trouvons les fossiles et qui confondent notre imagination.

Une classe extraordinaire de ces animaux de l'Australie est

Fig. 33. — L'Ornithorynque
(1/6ᵉ de grandeur naturelle)

formée par les Monotrèmes (un seul orifice) qui se composent de l'**Ornithorynque** et de l'**Échidné.**

Le premier, qui, seul, nous occupe pour sa fourrure, est de la grosseur du Rat ondatra de l'Amérique du Nord.

La tête ronde se termine par un bec semblable à celui du Canard. Les pattes sont palmées comme celles de la Loutre; la queue est plate et rappelle celle du Castor.

La similitude de son organisme avec celui des oiseaux a long-temps fait croire que l'Ornithorynque pondait des œufs; mais il est reconnu aujourd'hui que l'embryon sort du cloaque sous forme d'un petit morceau de chair allongé et s'attache dans la poche ventrale de la mère à une partie poreuse de la peau d'où suinte le lait.

Le dos est brun roussâtre, le ventre est d'un blanc argenté. L'ensemble a un brillant métallique.

Les poils sont très serrés et fins ; en enlevant le jarre, qui ne dépasse que de très peu le duvet, et en teignant celui-ci, on obtient une fourrure veloutée comme celle de la Loutre de mer.

CHAPITRE XV

LES SINGES

CHAPITRE XV

LES SINGES

Le Singe noir et le Singe gris perle

Parmi les Singes, les seuls qui soient d'un usage courant sont :
le **Singe noir** de la Côte d'Or (Afrique occidentale) et le **Singe gris
perle** provenant de la même contrée.

Le premier est le Colobus villarosus, d'une longueur de 40 à
60 centimètres sans la queue.

Son beau poil noir brillant se sépare à droite et à gauche de la
ligne médiane du dos, pour retomber sur les flancs où il atteint
jusqu'à 15 centimètres de longueur environ.

La fourrure n'a pas de duvet, aussi voit-on, même dans les
objets terminés, l'épiderme au fond des poils comme sur une tête
humaine.

Cette fourrure a joui, il y a une trentaine d'années, d'une grande
vogue ; on en fabriquait surtout des manchons qui avaient l'avantage
d'être d'un beau noir naturel, et très résistants à l'usure ; mais, à
cause du manque de duvet qui ne cachait pas le cuir, il était difficile
d'en faire des objets de parure pour le cou.

Aujourd'hui, on teint le fond du cuir avec de l'aniline, et cet
inconvénient disparaît.

Lorsque la mode délaissa les Singes pour l'emploi en objets de
dames, on s'en servit pour faire des vêtements d'homme fourrure
extérieure ; ils étaient légers et solides. L'eau coulait parfaitement
sur le poil sans mouiller le vêtement, mais, l'aspect « chevelure » de
cette fourrure l'ayant fait abandonner, ces peaux ne représentaient
plus alors qu'une valeur très minime.

Ce que je viens de dire s'applique également au **Singe gris** (le
Cercopithèque Diana).

Le singe a joui d'une grande vogue pendant l'hiver 1922 ; on l'a découpé en lanières pour former des franges pour vêtements de dames ; on l'a aussi employé pour des cols et des parements de manches.

La valeur des peaux de Singes, vu la mode, laquelle, je le crains, ne sera qu'éphémère, a atteint jusqu'à quarante fois la valeur d'il y a quinze ans, car on paie actuellement plus de cent francs pour une peau de Singe qui valait, à ce moment-là, deux à trois francs.

Le Singe d'Abyssinie

Un beau Singe à fourrure est le Colobe d'Abyssinie ou Guereza, chez lequel le dos est recouvert d'une mante dont le centre en forme

Fig. 34. — LE SINGE D'ABYSSINIE
(1/8e de grandeur naturelle)

de cœur est entouré d'une épaisse et longue frange de poils blancs soyeux. La queue noire est également terminée par une forte touffe de longs poils blancs. L'opposition du blanc et du noir et la finesse des poils de ce Singe en font une fourrure belle et vraiment originale.

Le malheur est que ces Singes, qui proviennent des hautes montagnes de l'Abyssinie, sont rares, et que déjà, dans le pays, les guerriers se font une gloire de posséder un bouclier recouvert d'une peau de ce Colobe guereza. Il en vient donc peu dans le commerce.

Beaucoup d'autres variétés de Singes, provenant particulièrement de l'Asie et de l'Amérique, ont des pelages parfaitement convenables pour la fourrure ; mais, jusqu'à présent, on ne les a pas encore classées pour cet usage.

Il ne faut pas, cependant, désespérer ; la déesse Mode, qui n'a pas de cœur, demandera bien un jour qu'on sacrifie sur ses autels les Makis, les Callithriches et même les jolis petits Ouistitis, comme on lui a déjà sacrifié les Chinchillas et les Oiseaux du paradis.

CHAPITRE XVI

LES OISEAUX

LES OISEAUX

Le Grèbe

Les peaux de **Grèbes**. Celles-ci ont été beaucoup employées pour la fourrure. On les laisse dans leur état naturel, c'est-à-dire qu'elles ne sont pas plumées comme les Oies, mais leurs plumes

Fig. 35. — Le Grèbe
(1/4 de grandeur naturelle)

lisses et argentées sous le ventre font un joli contraste avec la bordure brune ou rougeâtre, produite par les plumes du dos et des ailes, car, la peau étant fendue sur le dos, c'est le ventre qui forme la partie principale de la fourrure.

La Suisse, particulièrement, a toujours vendu des objets en Grèbe, et les fourreurs de ce pays s'étaient fait une spécialité de l'apprêt et du travail de ce genre de peaux. Ils employaient aussi les peaux de Mouettes et de Poules d'eau.

La plupart des peaux de Grèbe viennent de la Turquie, de la Russie et de la Californie.

Les premières ont les plumes du dos et des ailes assez foncées, et le ventre d'un beau blanc-argent; les secondes sont plus rouges dans le dos; quant à celles de Californie, elles sont grandes et belles, les plumes du dos sont plus grises. Ce sont les plus belles, mais les moins nombreuses.

La Grebette

Des mêmes contrées provient une variété de petits Grèbes, que nous nommons **Grebettes**. De même que pour les Grèbes ordinaires, il y en a de blancs sous le ventre et d'autres tachetés de plumes brunes ; on les appelle tigrés.

L'Eider

Les fourreurs de la Suède et de la Norvège se sont fait aussi une spécialité de la fabrication de couvertures avec les peaux des Eiders.

La nuance gris bleuté du duvet débarrassé des plumes et l'entourage fait avec le cou de l'animal (du mâle seulement, la femelle est d'un gris brun uniforme) vert clair et blanc offrent un mélange heureux de nuances tendres.

La couverture est légère et très chaude, et s'emploie pour des jetés de lit.

C'est ce Canard qui fournit l'**édredon**, le plus fin, le plus chaud, le meilleur des duvets, dont se servent les fourreurs pour faire les sacs intérieurs des manchons ou même le garnissage et le doublage des boas et des écharpes.

La gorge du Plongeon arctique

On a aussi fait des objets avec la gorge d'un Plongeon des mers glaciales, le **Plongeon imbrin**, laquelle, pendant la saison des amours, présente, chez le mâle, une belle couleur bleu foncé, entourée d'une bordure chinée de noir et de blanc.

Les mers glaciales pourraient fournir une quantité de peaux de Plongeurs de différentes sortes, la plupart blanches sur le ventre et brunes sur le dos; mais tous les Plongeurs n'ont pas le blanc des plumes aussi brillant et argenté que les Grèbes. Presque tous ont le ventre d'un blanc un peu mat, comme le Cormoran qu'on tue fréquemment dans nos pays.

L'Oie

L'oiseau le plus employé en fourrure est l'**Oie**. Et, la peau de celle-ci étant fendue sur le dos, les ailes et la queue enlevées, les plumes arrachées, on conserve le duvet, et on en fait des fourrures.

Cette peau étant tannée, le duvet bien nettoyé et blanchi, elle est vendue au détail, sous le nom de **Cygne**.

On la vendait anciennement, soit entière, ou par petits plastrons, chez les pharmaciens, pour conserver une chaleur douce et amener la guérison des engorgements.

Mais le principal emploi actuel est de la découper en bandes de 1 à 3 centimètres pour border des capelines, des robes d'enfant, des sorties de bal, des costumes travestis.

La peau d'Oie est apprêtée en France (dans le Poitou) et en Hollande.

Le Cygne

La Hollande prépare aussi un certain nombre de peaux de véritables Cygnes, qui sont plus grandes, plus fournies et bien plus belles que les Oies.

Elles s'emploient aux mêmes usages.

L'Autruche, le Casoar, l'Émeu

Les plumes d'autres oiseaux, comme l'Autruche, l'Émeu et le Casoar de l'Australie, servent également à faire des colliers et des boas. Mais ces articles, bien que souvent vendus par les fourreurs, font plutôt partie du travail du plumassier.

Nous voyons que les oiseaux, eux aussi, n'ont pas échappé à la destruction pour cause de convenance de leur fourrure, ou plutôt de leur plumage, à la parure de la femme.

Tant qu'il ne s'agit que d'oiseaux domestiques ou de rapaces, nous n'avons pas trop à le regretter, car, si c'est un oiseau dont on peut, par l'élevage, produire la quantité voulue, ce n'est qu'une valeur de plus ajoutée à celle de sa chair.

Si c'est un rapace, bien qu'il ait incontestablement son utilité et son rôle à remplir sur notre globe, l'homme peut aujourd'hui remplacer l'oiseau par des moyens mieux en son pouvoir, et il gagne à la destruction du rapace de diminuer les pertes qu'il lui fait subir par ses déprédations.

Il n'y a donc pas grand mal de ce côté; mais, quand l'homme détruit des oiseaux qui ne sont pas nuisibles, pour le vain plaisir de la parure, c'est vraiment un crime commis contre la nature vivante, qui a créé ces oiseaux pour son ornement et pour la joie de nos yeux, tout en leur réservant un but utile.

Heureusement, la fourrure n'a pas, comme la plumasserie, de bien grave *mea culpa* à se faire à ce sujet.

———

DEUXIÈME PARTIE

CHAPITRE XVII

L'APPRÊT OU TANNAGE DES PEAUX

L'APPRÊT DES PEAUX

Dans la première partie, j'ai passé en revue les animaux dont l'homme emploie le pelage pour son habillement, ou tout au moins pour l'ornementation de ses vêtements. J'ai parlé de leur habitat, de leurs mœurs, de leur aspect en forme et en couleur ; j'ai indiqué leur valeur actuelle et moyenne, celle-ci variant considérablement et quelquefois d'un trimestre à l'autre, car la mode est inconstante, quoique souveraine.

Il ne me reste donc, pour terminer ce travail, trop imparfait, hélas ! qu'à indiquer d'une façon générale les préparations et les manipulations que subissent les dépouilles de ces animaux pour être utilisées par l'homme dans sa toilette ou se garantir contre les intempéries.

Écorchage ou Dépouille

Lorsque l'animal a été capturé et tué, le premier travail à faire pour assurer la conservation de la fourrure est de séparer la peau, recouverte de poils, de la chair, c'est-à-dire des muscles : c'est ce qui constitue l'**écorchage**.

Celui-ci se fait de diverses manières, selon le genre d'animaux et aussi l'habitude de la contrée.

L'animal est écorché ouvert, en fourreau ou en culotte.

Dépouille ouverte. — On fait une première incision depuis la mâchoire inférieure jusqu'à l'anus, en passant par la ligne médiane du ventre.

Une deuxième incision en travers est faite d'une extrémité à l'autre des pattes de devant, en séparant la partie interne et traversant la première incision faite en long.

On en fait autant d'une extrémité à l'autre des pattes de derrière, en ayant bien soin de rester dans l'intérieur des cuisses et de passer par l'anus. On fend, enfin, la queue sur toute sa longueur.

On sépare la peau du corps à droite et à gauche de ces ouvertures jusqu'à ce qu'on l'ait sous forme d'une surface plane, plus ou moins rectangulaire, ayant la tête d'un côté, la queue de l'autre, et aux quatre angles les quatre pattes, le tout bien étendu.

On détache la peau de la chair en les écartant l'une de l'autre avec les mains et en coupant au couteau les tendons qui résistent. Bien veiller à ne pas couper dans la peau, aux oreilles, aux lèvres, aux yeux ; les griffes doivent rester après la peau.

Ici, se place une observation relative à l'écorchage de la queue. Celle-ci ayant été fendue sur toute sa longueur dans sa partie en dessous, il faut dégager avec le couteau la pointe terminale des vertèbres de la queue (nous appelons ces vertèbres caudales, le nerf).

Puis, retenant d'une main l'extrémité fourrure de la queue, on tire fortement en arrière, du côté de l'anus, le nerf qui se détache facilement, dans ce cas, de la fourrure, tandis que, si on tire le nerf en allant de l'anus à l'extrémité, la fourrure risque d'être arrachée et les poils restent attachés aux vertèbres.

Un autre moyen très bon consiste à dégager la peau du nerf à la naissance de la queue, sans fendre celle-ci, puis, pinçant le nerf entre les deux parties d'une baguette fendue, ou entre deux petits morceaux de bois à arêtes vives, à tirer le nerf à soi en retenant la fourrure derrière la baguette. Il vient facilement, et la fourrure de la queue forme une gaine vide.

Les queues d'Hermine, qui sont très sèches, ne s'écorchent pas ; de même que celles des Écureuils (Petit-Gris).

A part ces exceptions, lorsque les queues sont dépouillées par le moyen que je viens de citer en dernier, il faut les fendre quand même sur toute leur longueur pour permettre au cuir de la queue de sécher comme au reste de la peau.

Autrement, elles s'échauffent facilement, et c'est pourquoi, à l'apprêt, tant de queues de Fouines, de Putois, de Renards, sont perdues.

Le cuir de la queue tend à se coller ; il faut l'obliger à rester écarté en plaçant quelques petites bandes de papier en travers ;

celles-ci, placées sur le cuir, y adhèrent tout de suite assez fortement. On peut aussi frotter le cuir avec des cendres de bois.

Ce premier genre d'écorchage produit la peau ouverte.

On écorche, les peaux restant ouvertes, les gros animaux : Tigres, Ours, Sangliers, Poulains, Chèvres, Moutons, etc.

Quelques contrées, notamment l'Australie, nous envoient ouvertes presque toutes les peaux du pays ; ainsi, nous recevons en cet état les Kangourous, Wallabys, Wombats, Opossums, Renards.

Le sud de l'Europe et l'Afrique font de même pour les Renards, les Chacals, les Singes et autres peaux.

Nous avons vu que, pour les Rats gondins, le ventre ayant seul de la valeur pour la fourrure, on fend les peaux sur le dos, au lieu du ventre.

Écorchage en fourreau. — L'incision ne se fait que sur la face interne des quatre membres et de la queue. On dégage le nerf de la queue et les quatre membres, et on tire la peau en remontant depuis la croupe jusqu'au museau.

On fait sécher la peau, le cuir en dehors, en introduisant dans l'intérieur du fourreau (donc, côté poil) une planchette ou une baguette recourbée.

C'est ainsi que sont écorchés presque partout les Lapins, les Chats, les Martres, Putois, Renards, etc., aussi bien en Europe qu'en Sibérie ou en Amérique du Nord.

Si la peau est mise en vente telle quelle, on dit que c'est une **peau sur cuir.** Quelques pays, aussitôt que la peau est sèche, la retournent et mettent le poil en dehors. On dit que c'est une **peau sur poil.**

L'écorchage en culotte se fait en dégageant d'abord le tour des lèvres, puis en tirant en arrière la fourrure en la dégageant au fur et à mesure des tendons qui la retiennent à la chair.

Tout le corps passe par l'ouverture de la gueule ; de cette façon, les pattes ne sont pas fendues ; elles forment des cylindres fermés comme le corps par l'écorchage en fourreau.

Mais la queue doit toujours rester ouverte.

Ainsi sont écorchées la plupart des Zibelines ; quelques Martres même de l'Amérique ; les Kolinskys, et, dans nos pays, souvent les Fouines.

Les anciens Grecs écorchaient en culotte les Chèvres et les Boucs pour s'en servir comme récipients pour les liquides.

La peau présentait ainsi un peu la forme d'une amphore.

C'était l'outre qui n'avait pas de coutures : le cou de l'animal formait l'ouverture de cette espèce de sac.

Encore aujourd'hui, certains vins d'Orient sont envaisselés de cette façon et prennent une odeur de bouc caractérisée.

Les peaux, simplement gonflées d'air comme des vessies, servaient aussi comme allèges pour les canots et bateaux.

L'écorchage en culotte ou en fourreau a, sur l'écorchage ouvert, l'avantage de ne pas produire des bords au cuir, bords qui risquent plus ou moins d'être graissés dans le poil.

Il est surtout avantageux, lorsque le ventre a autant ou presque plus de valeur que le dos, comme c'est le cas pour les Renards, le Lynx, le Rat argenté. La peau apprêtée en fourreau a aussi meilleur aspect pour la vente de la pelleterie ; la jetée du poil à droite et à gauche lui donne un aspect plus flottant, elle paraît plus grande.

D'autre part, la bête ayant été écorchée la peau ouverte, il faut, pour fouler celle-ci au travail d'apprêt, la recoudre ce qui cause un travail supplémentaire et déchire quelquefois les bords.

Cependant, pour l'acheteur de la peau en son état brut, l'écorchage ouvert a bien des avantages.

L'acheteur peut se rendre compte et de la qualité du cuir et de la couleur du poil.

Il arrive souvent, lorsque la bête est écorchée en fourreau, que, si le cuir est endommagé par une cause quelconque, le vendeur a soin de le mettre « sur poil », et que, si c'est celui-ci qui a subi une dépréciation, il fait l'inverse, laisse le poil à l'intérieur et présente la peau « sur cuir » ; quelquefois même il a soin de l'écorcher « en culotte ».

Et l'acheteur, à son grand dommage, s'aperçoit que la Martre qu'il a achetée et qu'il croyait saine est brûlée en cuir par un séchage trop rapproché d'un foyer de chaleur ou par une exposition à un soleil trop ardent ; ou bien il voit avec peine que la Martre, si belle en cuir, a eu toute une partie de poils arrachés par les oiseaux de proie, ou grillés par le soufre allumé à l'entrée de la retraite de la bête pour la forcer à déguerpir.

En général, à l'inspection d'une peau sur cuir, l'acheteur se rend compte de la saison à laquelle l'animal a été tué ; si le cuir a une nuance unie et rosée, c'est que le poil est complètement poussé et que la bête a été tuée en hiver.

Si, au contraire, le cuir présente des parties foncées, tranchant avec la couleur chair que doit présenter l'ensemble, c'est que ces taches sont produites par les racines des poils encore en croissance, et que la bête a été tuée avant les froids ou au moment de la mue.

Nous disons que la peau est verte ; le poil est plus court, et la fourrure est de deuxième ou troisième choix.

Beaucoup de personnes se figurent qu'une peau tuée en été ne peut se conserver, « que le poil ne tient pas », disent-elles.

C'est une erreur ; le poil, bien que plus rare et plus court, tient aussi bien à la peau en été qu'en hiver, le poil ne tombe qu'au moment de la mue au printemps, et, en nettoyant à la baguette et au peigne les peaux de cette saison, ces poils s'enlèvent.

Aussi, à ce moment, les peaux, quelles qu'elles soient, n'ont presque aucune valeur.

Il va sans dire que, lorsqu'une peau a sa valeur établie surtout par la nuance de la fourrure comme dans une Loutre du Kamtchatka, un Renard argenté ou une Zibeline, il est de toute nécessité d'avoir la possibilité de voir la couleur du poil. Aussi ces peaux sont-elles toujours vendues le poil en dehors.

Même les Zibelines, écorchées en culotte, sont retournées, le poil mis extérieurement, sauf les pattes qui restent dans l'intérieur.

Les peaux employées en pelleterie sont donc presque toutes simplement séchées à l'air ; il faut excepter, cependant, les Loutres de mer, qui sont conservées salées comme on le fait pour les cuirs de gros animaux : Bœufs, Chevaux, Veaux, destinés à la tannerie.

On peut recommander aux chasseurs qui sont loin d'un fourreur à qui ils peuvent confier les peaux qu'ils ont pour les faire apprêter, de plonger les peaux, après l'écorchage fait avec soin, dans un bain composé dans les proportions suivantes : 20 litres d'eau pour 1 kilogramme de sel et 500 grammes d'alun. On peut y ajouter 1 litre de vinaigre et un peu d'eau phéniquée. Laisser dans ce bain, d'un à trois jours, selon l'épaisseur de la peau, puis bien sécher à l'air et envoyer au fourreur.

Le Tannage ou apprêt des peaux

La deuxième opération après l'écorchage est le **tannage** ou **apprêt** de la peau. Il a pour but de rendre la peau imputrescible et de donner au cuir la souplesse et l'élasticité nécessaires pour qu'il se prête plus facilement à sa mise en long ou en large, et afin de rendre la fourrure agréable au porter.

La peau, seulement séchée, ne se conserve pas plusieurs années ; la graisse qu'elle contient rancit et fermente ; le cuir se désagrège, s'effrite ; on dit qu'il est pourri, il ne résiste plus à aucune traction et se déchire en morceaux. Il faut donc le tanner.

Ce travail se fait par divers procédés concourant au résultat que nous venons d'indiquer ci-dessus : souplesse du cuir en conservant au poil sa finesse, son brillant, sa nuance.

Avant d'examiner ces divers procédés d'apprêt, rendons-nous compte d'abord de la structure de la peau.

La peau des Mammifères se compose de trois couches principales superposées : la première, en contact direct avec la chair ; la seconde, intercalée entre cette couche inférieure et la troisième. Celle-ci, extérieure, porte le poil.

Les poils ont leur racine en forme de bulbe dans la couche moyenne et traversent la couche externe, qui s'appelle l'épiderme.

Celui-ci, en même temps que traversé par les poils, l'est également par les vaisseaux de transpiration qui amènent à l'extérieur les sécrétions des couches intérieures.

L'épiderme recouvre une couche celluleuse, qui est le cuir ou derme.

Ces deux couches doivent rester intimement liées dans une peau à fourrure, et, lorsque le tannage n'est pas parfait ou s'il s'est produit un commencement de putréfaction, l'épiderme tend à se séparer du cuir ; c'est ce qui constitue les pellicules, quelquefois très abondantes dans quelques peaux mal tannées, comme, par exemple, dans certaines Chèvres de Chine.

L'épiderme peut être considéré comme une partie du cuir ayant cessé ses fonctions, devenue carnée, se divisant en une multitude de petites plaques comme des écailles séparées par les ouvertures laissant passer les poils et les vaisseaux de transpiration, écailles qui se renouvellent au fur et à mesure de leur désagrégation et de leur séparation.

La couche interne, celle qui touche à la chair, appelée la couche adipeuse, est composée par un tissu cellulaire comme le cuir, mais beaucoup plus lâche et spongieux, contenant beaucoup d'eau et de graisse.

Cette couche est, quelquefois, très épaisse et forme une continuation de la chair, comme le lard chez le Porc ou la graisse chez les Loutres de mer.

Les poils ne pénétrant dans la troisième couche que par des vaisseaux capillaires de nutrition, il s'ensuit qu'il est très facile de séparer le derme de la couche grasse par un simple râclage.

L'apprêt en mégis

La mise en trempe

Le tannage qui a été le premier appliqué aux peaux en poils a été l'apprêt en mégis, c'est-à-dire à l'alun et au sel.

Cet apprêt s'employait pour toutes sortes de pelleteries, mais il ne convient qu'aux grosses peaux et spécialement au cuir des Moutons et des Chèvres.

La peau est mise en trempe à l'eau fraîche dans des bacs pour laver tout d'abord le poil et le cuir, et enlever les impuretés : sang caillé, terre, graines armées de crochets qui sont restées dans le poil, etc., et aussi afin de rendre à la peau la souplesse qu'elle avait à l'état vivant; on appelle cette opération la **mise en trempe** (fig. 36), et on dit qu'on fait reverdir la peau. Elle est ensuite écharnée.

L'Écharnage sur l'arbre à écharner

Cette opération se fait souvent, dès que l'animal est écorché, pour des peaux très grasses, chez lesquelles l'excès de graisse risquerait justement d'amener une pourriture dans la couche supérieure (le cuir). Elle se nomme l'**écharnage**. C'est ainsi qu'on écharne, préalablement à tout travail d'apprêt et même avant l'expédition des peaux, les Renards trop gras, les Skunks, les Opossums d'Amérique, les Blaireaux.

Pour écharner, l'ouvrier pose la peau sur un demi-cylindre aplati, placé devant lui, appelé **arbre à écharner**, parce qu'il a, en effet, la forme d'un tronc d'arbre scié en deux dans le sens de la longueur.

Un bout de ce chevalet, d'environ 1 m. 60 de long, est appuyé à terre dans l'angle formé par le pavage et une partie perpendiculaire.

L'autre bout du chevalet est relevé en biais jusqu'à hauteur de la ceinture de l'ouvrier, et supporté par un montant en forme d'X (fig. 37).

L'ouvrier se sert d'une lame d'acier au tranchant très émoussé.

La forme de la lame est légèrement concave pour présenter plus de contact avec la surface bombée de l'arbre.

L'ouvrier retient une extrémité de la peau à écharner par sa ceinture appuyée sur une planchette verticale formant pince avec l'extrémité supérieure de l'arbre ; en râclant assez fortement sur la peau serrée entre l'arbre et le couteau, il arrache la partie graisseuse, c'est-à-dire la couche inférieure qui adhérait à la chair.

On lave ensuite la peau à la soude pour enlever le plus de graisse possible du poil ; on la passe dans un bain de sel et d'alun, où on la laisse s'imprégner pendant un temps plus ou moins long, selon l'épaisseur du cuir et la température.

Un excès de sel fait mouiller la peau à l'humidité ; un excès d'alun la rend sèche et dure.

Sortie du bain d'alun et de sel, la peau est empâtée de graisse et de farine, même quelquefois avec des jaunes d'œufs, c'est ce qu'on appelle lui **donner de la nourriture**. On laisse bien pénétrer cette pâte dans le cuir ; puis, à demi sèche, on ouvre la peau, c'est-à-dire qu'on la force à l'étendage dans tous les sens sur un chevalet (le **paroir**, fig. 38).

Celui-ci est formé de deux barres de bois parallèles, d'environ 2 mètres de longueur, placées presque verticalement, appuyées par le haut contre la paroi et avançant d'un mètre à peu près au pied.

Ces deux barres sont reliées entre elles, à une hauteur de 1 m. 60 environ, par une troisième horizontale, qui, elle-même, sert d'appui à une quatrième semblable, mais celle-ci peut glisser en remontant et on la serre sur la barre du bas par des éclisses.

L'ouvrier, plaçant une extrémité de la peau sur la barre horizontale inférieure, rabaisse celle du haut et serre fortement la peau entre ces deux traverses.

Tenant alors le bas de la peau d'une main, il la râcle de l'autre avec une lame en forme de croissant, munie d'un manche représentant un T et d'une longueur de 50 centimètres environ.

La traverse supérieure de ce manche pivote sur la barre longue du T.

L'ouvrier l'appuie sous son aisselle, soit à droite, soit à gauche, et, de la main correspondante, naturellement opposée à celle qui retient la peau en bas, il pousse le couteau sur celle-ci en guidant la lame en tous sens.

Cet outil se nomme une **estrèke**. La peau est ainsi ouverte, et ce travail s'appelle l'**ouverture**. Cette façon se fait aussi sur des machines rotatives spéciales. Ce sont des cylindres étroits dont la section présenterait une forme elliptique et à la circonférence desquels sont placées presque verticalement des lames courbes, dont les unes sont légèrement tranchantes et les autres à tranches obtuses.

Ces dernières dépassant les autres, il s'ensuit que, lorsque l'ouvrier appuie la peau sur la lame, celle-ci, par la rotation du cylindre, détire la peau en longueur et en largeur, tandis que la lame tranchante nettoie et enlève les fibres qui ont été brisées par les lames obtuses.

Cette machine (fig. 39) produit, en un mot, exactement l'effet du paroir ou du palisson du mégissier. Lorsque le cuir est trop épais, soit à la tête ou à la croupe, selon la variété de peaux, on l'amincit, sur un chevalet plat, avec un couteau droit à lame légèrement recourbée, qui rabote le cuir. Le couteau s'appelle **couteau à dérayer**, et le travail, le **dérayage**.

On laisse sécher, puis on dégraisse au **tonneau à dégraisser**, on pare, sur le paroir, avec une lame d'estrèke plus tranchante que celle qui a servi à l'ouverture, on repasse une dernière fois au dégraissage et à la batteuse; la peau apprêtée en mégis est terminée.

Nous verrons un peu plus loin, en parlant de l'apprêt au foulon, en quoi consiste ce dégraissage, et la description du tonneau à dégraisser (voir fig. 44).

Fig. 36.

LA MISE EN TREMPE.

Fig. 37.

L'ARBRE A ÉCHARNER.

Fig. 38.
Le Paroir.

Fig. 39.
Les Palissonneuses.

L'apprêt au foulon

L'apprêt au foulon ou plutôt au gras diffère en principe de l'apprêt en mégis, en ce que l'eau est évincée le plus possible dans l'apprêt et est remplacée par la graisse ou l'huile.

La graisse ne pénétrant pas dans une cellule du cuir remplie d'eau, il s'ensuit qu'on ne peut pas mettre de suite en travail d'apprêt au gras, comme pour l'apprêt en mégis, la peau d'un animal lorsqu'elle est mouillée. Il faut donc que le cuir soit préalablement séché.

Si les poils ont été salis et graissés, comme cela arrive pour les peaux qui ont été conservées avec le poil extérieur, et qui se sont graissées par le contact avec les peaux sur cuir, on doit, avant toute autre manipulation, les dégraisser au tonneau comme pour la terminaison de l'apprêt en mégis.

Si le cuir manque de graisse naturelle, il faut l'enduire d'un peu de corps gras, huile, graisse, beurre, etc., que l'on fait pénétrer dans le cuir par le broyage ou foulonnage.

Le broyage ou foulonnage

Le broyage consiste à briser la peau dans tous les sens par un moyen mécanique quelconque.

L'expérience a montré aux hommes, dès les temps les plus reculés, qu'en triturant une peau séchée à l'air, celle-ci, au lieu de rester dure et inextensible comme de la corne, ne tardait pas à acquérir une souplesse et une élasticité rappelant son état vivant.

Cela provenait de la graisse qui, par la friction et la chaleur développée par celle-ci, avait pénétré dans la masse du cuir ; la peau pouvait alors supporter la tension et les torsions les plus variées sans se briser ; le principe de l'apprêt était trouvé.

Les peuplades les plus éloignées de toute civilisation, en Afrique comme au nord du continent asiatique, les Hurons comme les

Hottentots ou les Canaques, font encore ce que faisaient nos pères de l'âge de la pierre : elles étendent une peau sèche et la frottent en tous sens avec un os, tantôt rond, tantôt plat, et présentant une arête ; elles redonnent ainsi la souplesse voulue à la peau d'un Jaguar ou d'un Bison.

Primitivement, on broyait les peaux en les brisant sous les pieds dans un récipient ayant un fond légèrement concave. Le talon, en frappant sur les peaux, contre une des parois intérieures de cette espèce de chaudron, faisait remonter ces peaux sur la paroi qui lui faisait vis-à-vis, et elles retombaient en arrière sur la surface qui allait être à nouveau frappée par le mouvement des talons.

Nous avons, aujourd'hui, le foulon pour exécuter ce travail, le foulon des drapiers, composé de marteaux frappant les peaux contre la partie inférieure d'une surface concave, placée en angle avec eux (fig. 40).

Le choc fait remonter la peau le long de cette surface, dont la courbe la ramène et la fait retomber devant les marteaux.

Après un temps plus ou moins long, selon l'épaisseur des cuirs (d'une demi-heure à deux heures), la peau est broyée.

Il est urgent de bien surveiller ce travail, car, en exagérant le broyage, on risque de feutrer les parties laineuses de la fourrure, comme la croupe, la queue, le ventre. Le poil, par trop brisé, perd aussi de sa rigidité : on dit qu'il est tué.

Le triballage

Lorsque certaines parties de la peau sont particulièrement résistantes, comme, par exemple, les têtes des Chats, des Putois, des Renards, des Fouines, etc., on a avantage à triballer la peau, c'est-à-dire à broyer la peau à la main en la tirant dans le sens de sa longueur sur une corde ou une chaîne tendue horizontalement au niveau du dessus de la tête de l'ouvrier, ou perpendiculairement devant lui.

Celui-ci, plaçant la peau à cheval sur la corde ou la chaînette et tenant de chaque main une extrémité de la peau, tire alternativement sur celle-ci à gauche et à droite en ajoutant son poids à sa

Fig. 40.
LES FOULONS.

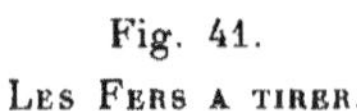

Fig. 41.
LES FERS A TIRER.

Fig. 42.
L'ÉCHARNAGE A LA MACHINE.

Fig. 43.
L'Étuve ou Séchoir.

Fig. 44.
Les Tonneaux a dégraisser.

Fig. 45.
Une Batteuse.

force musculaire pour briser le cuir sur les aspérités de la corde ou les anneaux de la chaîne.

Il nous faut maintenant donner au cuir la matière tannante qui assurera sa conservation.

Le sel ordinaire est employé à cet usage, et encore il n'en faut que très peu, car, s'il y a excès, le cuir se mouille lorsqu'il est exposé à l'humidité, et il finit par se corroder.

On mouille donc, alors, la peau (je ne dis pas laver ou tremper) avec de l'eau additionnée de 3 à 5 % de sel; puis, après quelques heures de repos, on procède à son écharnage.

L'écharnage à la main, sur le fer à tirer

Pour tirer la peau (c'est ainsi qu'on nomme cet écharnage), on se sert d'un **fer à tirer** (fig. 41).

C'est une lame tranchante, de forme légèrement arrondie, placée verticalement devant l'ouvrier, et sur le tranchant de laquelle il tire la peau de droite à gauche et de gauche à droite, en long et en large, jusqu'à ce qu'elle ait été bien étendue dans toutes ses parties.

Si la peau présente une partie ayant le cuir trop épais, l'ouvrier tranche dans l'épaisseur du cuir, enlevant comme des copeaux, mais en ayant soin, cependant, de ne pas couper jusqu'au bulbe du poil, car celui-ci, débarrassé de ce renflement qui le retient dans sa cellule, glisserait hors du fourreau et tomberait infailliblement.

L'écharnage à la machine

Ce travail se fait aussi sur des machines (fig. 42). Le principe de celles-ci est une lame en forme de roue aiguisée en biseau, et tournant à grande vitesse entre deux parties fixes présentant une surface cintrée presque au même rayon que la lame tranchante. En passant la peau de droite à gauche, sur les deux gardes, la roue rotative rase le cuir qui lui est présenté, comme le fait la lame du rasoir Gillette, et enlève une très mince couche de derme, ou côté chair de la peau.

Que la peau ait été écharnée au fer ou à la machine, il est nécessaire d'étirer le cuir en tous sens pour briser les cellules du cuir et les empêcher de se parcheminer en séchant.

On les comble ordinairement avec de la farine et de l'huile, et on laisse légèrement sécher la peau sur le cuir et dans le poil; puis, à la main ou sur le fer à tirer, on la détire dans tous les sens. On la laisse finir de sécher. La meilleure sèche est certainement celle qui s'opère naturellement à l'air libre, mais, si, par suite de l'humidité de l'air ou de la température trop basse, il est impossible de faire ce travail dans cette condition, on peut placer les peaux à l'étuve à air chaud (fig. 43). Mais il faut éviter à tout prix que la température s'élève au-dessus de 32 à 35 degrés, car, au delà, le cuir se reserrerait sans remède et serait brûlé.

Le Dégraissage

On comprend que, par toutes ces manipulations, le poil se soit graissé ; d'autre part, la cellule, pleine de farine pour la tenir distendue, doit être débarrassée de ce remplissage, afin que, comme une éponge sèche, elle puisse avoir toute son élasticité.

Tous ces effets seront amenés par le dégraissage, suivi du battage. Pour enlever la graisse qui imprègne le poil et qui, parfois, se trouve encore en excès dans le cuir, on copie la nature d'une façon fort simple.

Vous avez, sans doute, souvent vu un moineau se nettoyer les plumes en s'ébrouant dans la poussière du chemin.

Pour dégraisser, on frotte légèrement le poil avec une matière sèche et absorbante, comme le sable fin, le plâtre, la sciure de bois.

Il faut de la sciure de bois dur (chêne, hêtre, acajou); la sciure du sapin présente des petits crochets qui la font adhérer trop fortement au duvet des peaux, et on s'en débarrasse difficilement. Les peaux très laineuses, comme les moutons, se dégraissent au sable fin et sec.

Et, pour faciliter ce travail, on jette ensemble dans un tonneau les peaux avec la sciure, le sable, le plâtre, quelquefois en mélange.

Ce tonneau, qui possède des barres intérieures formant aubes pour entraîner la masse et la diviser, tourne sur son axe, qui est assujetti aux deux fonds et ne traverse pas le tonneau.

Pour activer l'effet attendu, si le tonneau est en tôle, on le chauffe par un réchaud à charbon, par une rampe à gaz ou par un radiateur de chaleur.

C'est le **tonneau à dégraisser** (fig. 44), lequel, avec le couteau à tirer, est l'outil essentiel du travail d'apprêt.

Mais il faut veiller à ce que toute la marchandise dans le tonneau, peaux et matière absorbante soient bien sèches, car, s'il y a de l'humidité, non seulement la graisse n'est pas enlevée, mais il peut se produire une vapeur surchauffée, qui brûle le cuir et souvent frise la pointe des poils.

Le Battage

En sortant du dégraissage, il n'y a plus qu'à secouer et battre la peau pour faire sortir la poussière retenue par la fourrure, et, enfin, à nettoyer le cuir par un dernier passage sur le couteau.

Le **battage** se fait à la baguette, à la main, ou dans des tonneaux à claire-voie (fig. 45), munis également de palettes formant aubes intérieures.

Celles-ci entraînent les peaux au sommet de la roue et les laissent retomber violemment contre la partie inférieure. La poussière dont on veut débarrasser les peaux s'échappe entre les mailles du réseau.

Le dernier nettoyage se nomme le **parage**, et ce n'est guère que la répétition du travail de tirage au fer fait sur un outil tranchant.

On termine par un dernier dégraissage à la sciure fine et à froid pour conserver plus de finesse et de brillant au poil. On bat à la baguette à main.

La peau est alors terminée et prête à être livrée au fourreur.

L'apprêt est dur et pénible, et le recrutement d'ouvriers capables est de plus en plus difficile.

Si on considère la cherté de la main-d'œuvre, les frais considérables d'installation et d'entretien, les assurances pour se garantir

des responsabilités de toutes sortes qui incombent au patron apprêteur, les frais généraux de tous genres qui pèsent lourdement sur
cette industrie, tout particulièrement depuis la guerre, les difficultés
de se procurer, même à hauts prix, les huiles, les soudes, l'alun, la
farine et surtout le charbon, on comprend qu'un relèvement des
prix de façon pour l'apprêt s'imposait.

Il faut considérer aussi la différence de valeur et de rendement
entre une peau soigneusement apprêtée ou celle faite seulement en
vue d'un travail bon marché (1).

La Conservation des peaux brutes et apprêtées; les insectes destructeurs

Les peaux seulement séchées et non encore tannées sont parti-
culiérement attaquées dans le cuir par un coléoptère (insecte ayant
les ailes conformées comme celles du hanneton) : le cafard des pelletiers, en histoire naturelle, le dermeste *vulpinus* et *lardarius*, que
l'on voit apparaître aux premières chaleurs sous la forme de larve.

C'est alors le ver bourru ou ver rouge. Il ne mange pas le poil,
mais toutes les parties membraneuses ou graisseuses qui sont restées
attachées au cuir.

C'est donc surtout à la naissance des oreilles, aux lèvres, aux
aisselles et à la naissance de la queue, là où l'insecte a déposé ses
œufs, que se forme le ver. Il perfore le cuir par des trous ronds de
deux à trois millimètres de diamètre, si rapprochés qu'en secouant la
peau, on s'aperçoit avec terreur que le poil tombe partout, parce
qu'il n'y a plus de cuir.

Cet insecte a une mâchoire puissante, car, pour opérer sa trans-
formation en nymphe et en insecte parfait, on le trouve logé dans des
cellules perforées dans les veines tendres des planches de sapins;
les veines dures étant réservées.

Ces cellules forment des galeries concentriques comme celles
d'un nid de guêpes. Elles ont jusqu'à huit centimètres de longueur

(1) *Je dois à l'obligeance de la Société d'Apprêt de Pelleteries de Chalon-sur-Saône, la
S. A. P. Chaussier et Cⁱᵉ, l'autorisation de reproduction, par la phototypie, des machines-
outils et de la vue des ateliers servant au travail de l'apprêt. J'exprime à cette Société mes
sincères remerciements.*

sur un diamètre de trois millimètres et une profondeur de deux à trois centimètres.

Aux premiers rayons de chaleur, l'insecte parfait sort de sa cellule, pour se précipiter sur la peau qui se trouve à sa portée. C'est pourquoi le pelletier s'étonne d'en trouver plusieurs réunis sous une peau qu'il vient de déposer un moment auparavant et qui était bien nettoyée.

C'est à croire à la génération spontanée.

Il faut donc nettoyer à fond les boiseries sur lesquelles on dépose des peaux brutes ; on emploiera pour cela l'eau additionnée de phénol ou de crézyl ; la benzine ou le sublimé.

Les odeurs fortes les éloignent, mais la naphtaline et le sel sont souverains. C'est pourquoi les peaux sèches et salées qui viennent d'Orient ou d'Algérie sont à l'abri de ces insectes malfaisants.

Le second insecte, ennemi des fourreurs, est la mite ; c'est un lépidoptère : insecte ayant les ailes comme les papillons (en histoire naturelle, la teigne des pelleteries).

Cet insecte n'aime pas la lumière, mais l'exposition à la chaleur fait éclore ses œufs. C'est sa chenille qui fait le mal.

Le papillon ne mange pas, tandis que la chenille, dès sa naissance, s'enveloppe d'un tissu formé des poils qu'elle coupe, et ses déprédations sont d'autant plus grandes qu'elle coupe tous les poils qu'elle rencontre sur ses pérégrinations jusqu'au moment où elle s'immobilise pour se transformer en nymphe et en papillon.

Les fourrures teintes ne l'attirent que si elle n'en a pas d'autres à se mettre sous la dent et ses préférences vont aux fourrures les plus douces et soyeuses, comme le Petit-Gris, le Rat et le Castor.

Le papillon qui se montre surtout la nuit ne fait donc le mal que par les œufs qu'il dépose ; aussi le meilleur moyen de prévenir les déprédations de cet insecte est de détruire les œufs en battant et peignant les fourrures à la baguette et au peigne. On compte que la mite produit deux générations par année, c'est pourquoi on s'aperçoit de sa présence particulièrement au mois d'avril et vers la fin de juillet.

TROISIÈME PARTIE

CHAPITRE XVIII

LE TRAVAIL DU PELLETIER

LE TRAVAIL DU PELLETIER

La réparation des peaux

A leur sortie de l'apprêt, un certain nombre de peaux se présentent plus ou moins endommagées. Il est donc nécessaire que le pelletier, avant de livrer ces peaux au fourreur et de les mettre en paquets assortis, soit à l'état naturel, soit lustrées ou teintes, procède à cette réparation, de façon à n'avoir à compter que sur des peaux complètes et non endommagées.

Ces dommages se produisent par des causes bien diverses.

En effet, quelquefois, déjà à l'état vivant, un animal peut avoir des imperfections dans son pelage, soit pour une cause accidentelle, soit par suite de la saison où il a été tué.

Des bêtes prises au piège réussissent quelquefois à s'échapper; il leur reste des cicatrices, un manque de poils ou un changement de couleur dans la partie atteinte.

On sait que souvent, à la suite d'un coup, les cheveux, chez l'homme, manquent sur le tissu cicatriciel ou repoussent en blanc.

Le même fait se produit sur les chevaux blessés par la selle ou qui se sont couronnés.

D'autre part, pour la chasse des animaux à fourrures, on ne se sert pas uniquement du fer à ressort qui ne détériore pas la peau. Le coup de fusil abîme souvent et le poil et le cuir.

Les braconniers, aussi, tout en posant des collets pour les Lièvres, prennent, à l'occasion, un Renard, un Chat sauvage, une Fouine ou un Putois.

Le collet ou lacet consiste en un nœud coulant de fil de laiton bien souple, attaché solidement à une extrémité et posé devant l'ouverture d'un passage fréquenté par l'animal.

Celui-ci entraîne le nœud (généralement avec ses pattes de derrière); le lacet se resserre sur le ventre au-devant des cuisses postérieures, et retient l'animal.

Mais la bête, en cherchant à échapper à ce lacet qui se serre d'autant plus qu'elle fait des mouvements plus désordonnés, finit par user le poil et même le cuir à la place étranglée; le lacet arrive à pénétrer jusqu'à la chair, et enfin à tuer la bête.

Que le dommage ait été plus ou moins fort, la marque est indélébile, et il faut que cette peau, que nous appelons coupée, soit réparée.

D'autres fois, l'animal ayant été pris au piège, les Oiseaux de proie (peut-être bien aussi les Écureuils), pour garnir leurs couches et abriter leurs petits, viennent arracher le poil sur des parties quelquefois assez grandes de la peau, et ces parties endommagées demandent également une réparation.

On laisse souvent aussi l'animal trop longtemps en chair avant de l'écorcher. Le chasseur inexpérimenté veut jouir de son triomphe et montrer son trophée aux voisins et amis, et ne se décide à écorcher ou à vendre l'animal que plusieurs jours après que celui-ci a été abattu. Quelquefois, la putréfaction a commencé à faire son œuvre, la peau est échauffée, des parties de poil tombent, surtout sur le ventre à cause des intestins, et tout cela, il faut en réparer aussi bien que possible les conséquences.

Enfin, au travail d'apprêt, l'ouvrier, pas toujours très habile à se servir d'outils bien tranchants, donne un coup de couteau à faux, et fait une coupure dans le cuir. Heureux s'il n'a pas, en pénétrant, cependant, bien horizontalement, tranché un peu trop profondément dans le cuir et coupé la racine du poil, car, alors, comme je l'ai déjà dit, le poil tombe également.

Toutes ces défectuosités doivent donc être examinées et réparées avant de mettre les peaux à la vente ou à un travail subséquent comme l'épilage ou la teinture.

Bien que cette réparation soit de la compétence du fourreur, elle est généralement exécutée par les maisons de pelleteries.

Je vais indiquer les principes généraux qui guident l'ouvrier dans ce travail.

Si la partie endommagée, soit sur cuir, soit sur poil, est petite

dans une de ses dimensions, comme le trou fait par un gros grain
de plomb, ou par une morsure ou un coup de griffe trop accentué,
ou par un simple coup de couteau, l'ouvrier se contente de donner
à ce trou une forme allongée, autant que possible, dans le sens du
poil. Il en nettoie les bords de façon à ce qu'ils présentent deux
lignes légèrement concaves, dont les extrémités se rejoignent.

Grâce à l'élasticité du cuir, les deux côtés de cette ouverture se
rapprochent par la couture, et la peau reste plane.

C'est ce que nous appelons un **refend** (voir fig. 46, nº 1).

Si la partie endommagée est plus grande et affecte une forme
ronde ou rectangulaire, on ne peut plus se contenter de rapprocher
les deux lèvres, car, alors, elles seraient trop écartées. La couture
produirait un étranglement, et marquerait du côté du poil, car souvent les deux poils rapprochés ne seraient plus de la même élévation ni de la même nuance.

Le rapprochement des poils sur la même peau ne doit pas
dépasser de 2 à 4 centimètres dans le sens de la longueur de la peau
et de 1 à 2 centimètres dans le sens de la largeur.

Ces indications dépendent naturellement du genre et de la taille
des peaux, et, ensuite, surtout des variations de longueur de poil
et de nuance, qui se présentent sur la même peau, selon les diverses
parties du corps.

Nous en verrons un exemple assez frappant dans le Putois ou
le Renard croisé, pour ne citer que ces deux types.

Si, donc, la partie endommagée, une fois enlevée avec soin,
présente une surface rectangulaire dépassant un centimètre en largeur, il vaut mieux recourir à l'expédient que nous appelons :
tirer une langue.

Voici la théorie de cette coupe (voir fig. 46, nº 2) :

En prolongeant par une coupe deux des côtés parallèles du rectangle (ceux qui sont dans le sens du poil), mais en obliquant ces
deux coupes pour qu'elles se rejoignent un peu plus loin, on a élevé
sur un des côtés du rectangle un triangle isocèle, qui a pour base
le côté du rectangle et pour sommet le point d'intersection des deux
côtés prolongés.

Si maintenant on descend ou l'on remonte le triangle dans le
rectangle, la base du triangle viendra se poser sur le côté opposé du
rectangle qui lui est égal en largeur, et le sommet sera descendu
d'une longueur égale à celle du côté du rectangle.

Ce triangle étant très aigu, le rétrécissement produit par le rapprochement de la partie du sommet du triangle descendu sera minime ; la couture à ce point fera l'effet d'un refend, et le rectangle sera comblé par la base du triangle. Il arrive quelquefois que le rectangle est trop long pour qu'on puisse déplacer la base du triangle jusqu'au côté opposé.

Dans ce cas, on peut tirer deux langues : une de chacun des côtés opposés du rectangle, et les amener chacune jusqu'à la moitié de la longueur de côté du rectangle à remplir (fig. 46, n° 3).

On peut aussi faire deux triangles inscrits, mais ayant la même largeur de base (fig. 46, n° 4).

Chacun des triangles descend son sommet de la moitié de la longueur à remplir ; de cette façon, les poils n'auront varié que de B à b par la première coupe et de b à c par la deuxième coupe.

Si le rectangle est trop large, et que le triangle élevé sur le côté, ne pouvant se prolonger suffisamment, arrive à produire au sommet un angle trop obtus, on coupe alors le triangle avec deux sommets (fig. 46, n° 5). L'étranglement est, alors, réparti sur deux points ; le cuir reste plus plan, et le poil marque beaucoup moins, puisque l'écartement n'est que de moitié à chacune des pointes descendues.

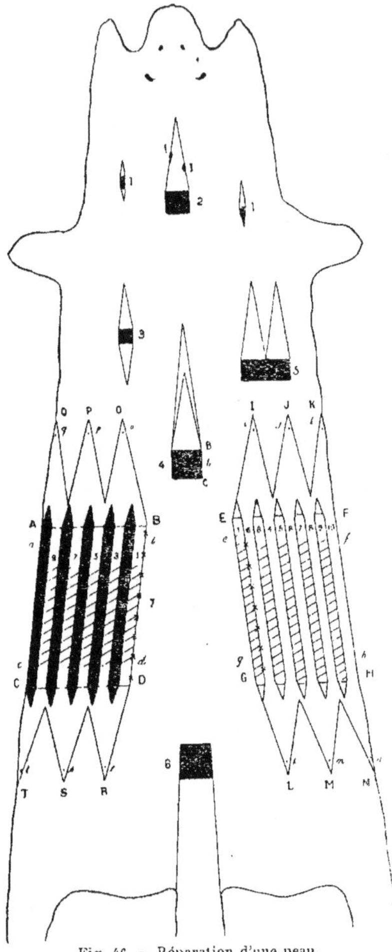

Fig. 46. — Réparation d'une peau.

On peut aussi rentrer toute une partie, simplement par deux coupes parallèles qui forment comme le prolongement du rectangle, et en ramenant le côté prolongé du rectangle, sur le côté opposé (fig. 46, n° 6).

Il arrive que, la partie endommagée étant trop grande pour pouvoir être réparée par les deux moyens ci-dessus indiqués, on est obligé de prendre, dans une autre peau très endommagée et qu'on sacrifie, un morceau semblable à celui qui manque dans la peau qu'on veut réparer.

C'est ainsi que, si on a une peau à laquelle manque toute la partie supérieure, tandis qu'on en a une seconde de même poil et couleur, mais à laquelle c'est la partie inférieure qui manque, on réunit les deux parties bonnes de chaque peau, et les deux peaux en forment une.

Il peut se faire aussi que la peau soit endommagée sans qu'on puisse trouver de morceau pouvant remplacer la partie manquante.

Il faut alors s'arranger pour trouver ce qui est nécessaire dans la même peau, mais du côté opposé.

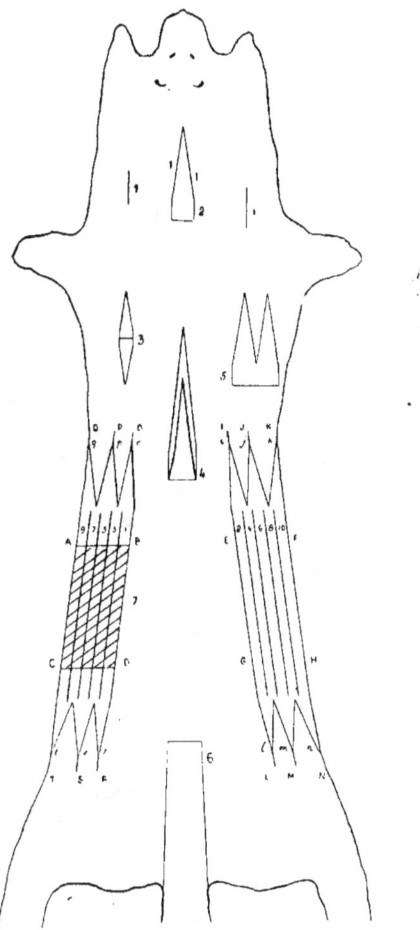

Fig. 47. — La peau réparée.

On fait une **transposition** (fig. 46, n° 7).

Soit la partie A B C D à remplacer. Elle est à gauche, sur cuir. (Remarquer que le côté gauche sur poil est plus souvent endommagé que le droit, parce que la putréfaction commence par le gros intestin qui est à gauche.)

Je trace donc, dans la partie à droite correspondante et de la même mesure, une surface égale à A B C D, soit E F G H, mais du sens opposé, comme le seraient la main droite et la main gauche.

Supposons que la partie A B C D ait 8 centimètres de hauteur sur 5 de largeur.

Je divise la partie correspondante E F G H en traçant de petites bandes parallèles ayant un demi-centimètre de largeur. J'ai donc dix bandes, que je numérote de 1 à 10. J'enlève les numéros impairs, soit 1, 3, 5, 7, 9, et laisse en place les bandes numéros pairs, 2, 4, 6, 8, 10.

Si je prends la bande n° 1 en la mettant en B D, j'aurai renversé cette bande, c'est-à-dire que je mettrai à gauche ce qui était à droite, mais il n'y avait pas plus d'un demi-centimètre d'intervalle entre la coupe E G et la bande n° 2 restant en place. En continuant de cette façon avec les bandes impaires, je transporterai les bandes de droite à gauche, mais, comme toutes n'auront varié en largeur que d'un demi-centimètre, cela ne se verra pas sur le poil; seulement j'aurai réparti le manque sur les deux côtés; j'aurai un manque de largeur de 2 centimètres et demi à droite, et j'aurai rempli de 2 centimètres et demi la partie endommagée à gauche.

Pour permettre de rapprocher les bandes entre lesquelles une a été enlevée, on supprime en pointe au-dessus et en bas des deux rectangles la petite partie où on a coupé cette bande, ainsi entre 9 et 7, entre 7 et 5, etc.

On supprime également dans le côtés A B et C D la quantité égale à cinq largeurs de bandes; les parties n°s 1, 3, 5, 7, 9, provenant de E F G H, servent donc à remplir de moitié le vide A B C D.

Maintenant, pour arriver à regagner un peu de largeur sur ces bandes juxtaposées, on fait descendre et remonter les côtés des rectangles A B C D, E F G H, à environ 1 centimètre et demi en dedans de ce rectangle; on amène donc A B, C D, E F, G H, en *a b*, *c d*, *e f*, *g h*, et le carré n'a plus que 5 centimètres de hauteur au lieu de 8.

En donnant de l'embu à la couture des bandes, elles viennent légèrement en large au dressage et compensent un peu la perte de la largeur.

On voit donc que le manque a été réparti sur plusieurs parties de la même peau, c'est-à-dire pour partie dans le carré EFGH, puis sur les sommets GPO, IJK, TSR, LMN, des langues en W descendues ou remontées.

J'ai figuré à côté de la peau endommagée la même peau réparée (fig. 47).

Les parties à réparer ont été marquées en noir sur la figure 46, sauf dans le rectangle ABCD, les bandes rapportées du côté opposé, nᵒˢ 1, 3, 5, 7, 9.

Lorsque la peau est réparée et cousue, on l'humecte légèrement à l'eau ordinaire, on laisse pénétrer l'humidité pendant une heure ou deux, enfin on l'étend avec les mains ou avec une **dresse**, morceau de bois carré taillé en biseau sur une des faces ; on la sèche, on la bat, on la peigne, et la peau est prête à la vente ou au travail de fourrures si on veut la laisser naturelle.

Mais, si la peau doit être épilée, rasée, lustrée ou teinte, il faut alors l'envoyer au **lustreur en pelleteries**, dont ce travail est la spécialité.

Les pelletiers font journellement assembler des Lapins et des Rats en nappettes pour les envoyer au lustreur en pelleteries, qui les transformera en Loutres de Colombie ou d'Hudson.

L'assemblage des peaux, l'une au-dessus de l'autre, se fait par une couture en dents de scie, c'est-à-dire en forme de W se suivant ; la partie supérieure de la peau présente les W en descendant, et la partie inférieure les présente renversés M, de façon à ce que les angles pénètrent les uns dans les autres (fig. 48).

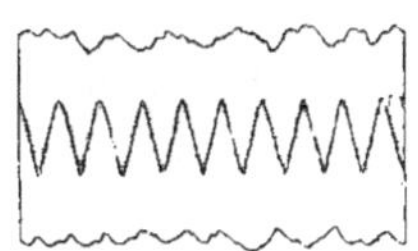

Fig. 48. — Couture à dents.

La fabrication des nappettes

Je donne les dessins (fig. 49 et 50) de la partie utilisée dans la peau entière d'un Rat, et de l'assemblage de ces peaux pour la fabrication des nappettes appelées Loutres d'Hudson.

La figure 51 montre, par la partie en clair, ce qui est utilisable dans la nappette. La poitrine entre les pattes de devant, de même que le ventre entre les pattes de derrière, ont le poil trop court pour pouvoir être rasés à la même élévation que le reste de la peau ; ces

ces parties qui sont ombrées sur le dessus, doivent donc être supprimées.

Si le Rat n'est pas très fourni et que le bas du flanc n'ait le poil assez élevé pour être rasé qu'à une distance trop éloignée en

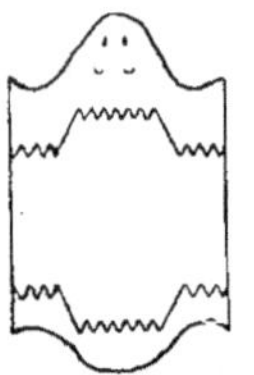

Fig. 49. — Partie de la peau de Rat utilisée dans la nappette.

hauteur au-dessus du bout de la croupe, et, pour ne pas trop perdre de celle-ci, on a avantage à descendre les deux flancs de 2 centimètres sur la croupe par les deux coupes $a\,b$ qui amènent $a\,b\,c$ en $a'\,b'\,c'$ et diminuent de $b\,b'$ la hauteur de la croupe $b\,d$ (fig. 51).

L'assemblage complet de la nappette devient comme indiqué par la figure 52. Les flancs des deux rangs du haut et du bas de la nappette sont simplement remontés sur la tête ou descendus sur la croupe. On évite ainsi les remplissages aux côtés des têtes et des croupes, comme on les voit à la figure 50.

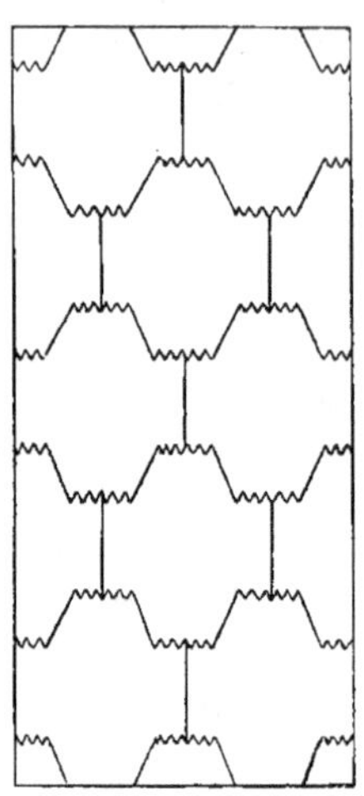

Fig. 50. — La nappette faite avec les peaux coupées au modèle de la fig. 49.

La nappette de Lapin ou de Rat ainsi préparée est envoyée au lustreur en pelleteries qui la rase, l'épile et la teint en imitation de Loutre de mer.

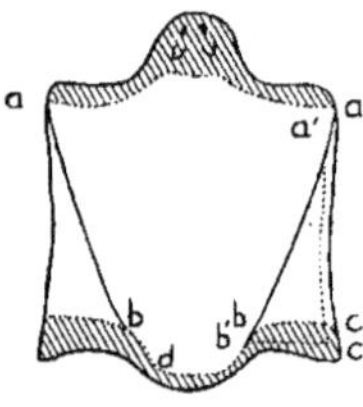

Fig. 51. — Partie utilisée dans une peau de Rat pour la fabrication d'une nappette Loutre d'Hudson. Les flancs sont descendus pour perdre moins de croupe.

Ce travail de teinture constitue une industrie toute spéciale et très difficile. Jusqu'à la guerre, les étrangers avaient conservé une supériorité évidente sur nos teinturiers français, mais aujourd'hui nos maisons françaises font tout aussi bien que leurs concurrents, même mieux pour certains articles comme le Lapin et le Rat.

La figure 52 représente les peaux assemblées, les têtes en bas et les croupes en haut,

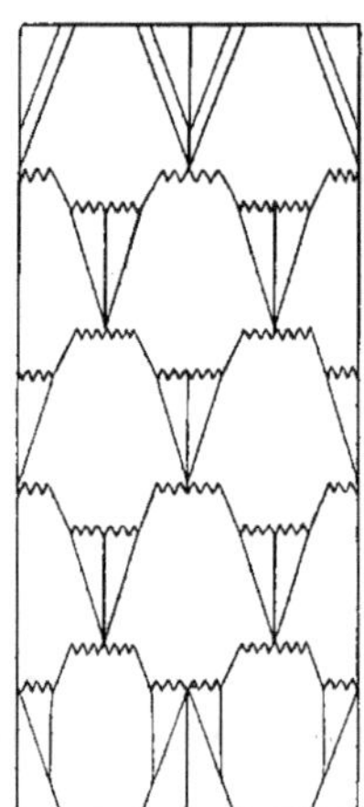

Fig. 52. — Assemblage des peaux de Rats dans la fabrication d'une nappette Loutre d'Hudson.

c'est-à-dire dans le sens duquel la nappette sera placée dans le vêtement. Pour produire l'effet du velours, les fourrures de vraie Loutre ou d'imitations de Loutre se travaillent le poil retombant à rebrousse-poil du haut au bas du vêtement.

Je cite avec plaisir comme principale maison d'exportation de ces articles la Société Chapal frères, de Montreuil-sous-Bois.

Sans m'étendre longuement sur la teinture des peaux, qui n'est pas de ma compétence, je dirai seulement que le lustre est plutôt l'application sur la pointe du poil d'une teinture pour la rendre plus foncée ; ainsi, pour imiter la nuance d'une Martre foncée avec une Martre claire.

Cette application de teinture se fait au pinceau, à la brosse, et quelquefois avec les barbes d'une plume d'oie.

Mais, pour que cette teinture pénètre le poil, il faut que celui-ci soit d'abord attaqué par un composé basique, dont la chaux est le type.

Le teinturier emploie, pour cela, du sel ammoniac, du sulfate d'alumine, du lait de chaux, du bichromate de potasse ou de soude, du lactate d'antimoine, etc.

Il faut aussi que le poil soit très propre et débarrassé de l'excès de graisse qui s'y trouve encore quelquefois ; pour cela, il est dégraissé au tonneau et nettoyé à la baguette.

La teinture se fait, soit en imbibant le poil jusqu'au fond en tamponnant avec une brosse, soit en plongeant la peau dans le bain de teinture.

Celui-ci se compose généralement d'une couleur d'aniline, dont l'oxydation à l'air est activée par l'addition, dans le bain, d'une certaine quantité d'eau oxygénée.

Lorsque la teinture est suffisante, les peaux sont alors rincées ; on les sèche, on les bat, on les dégraisse, on les tire sur le fer pour les dresser, et elles sont terminées.

On peut donc dire qu'une peau lustrée est celle dont on a seulement changé la nuance générale par une application de teinture à la brosse sur la pointe des poils.

Une peau teinte est celle qui a été imprégnée de teinture dans toute l'épaisseur du poil, de sorte que le duvet aussi bien que le jarre ne sont plus du tout de leur couleur primitive.

Aujourd'hui, on lustre des peaux déjà passablement foncées pour accentuer encore et aviver la nuance de l'arête ou de l'ensemble de la peau, comme les Martres zibelines, Martres du Canada, Pécans, Skunks, etc.

On teint, en en changeant complètement la nuance, les Lapins, les Lièvres blancs, qui se font en toutes couleurs; on teint les Agneaux, les Opossums, les Skunks blancs, les Petits-Gris, les Marmottes.

Les Renards blancs sont transformés en **Renards ardoise, bleutés, fumés, argentés**; les Renards rouges deviennent des **Renards Sytka**. On bleute les Chacals, les Marmottes, les Lynx, les Loups, etc.

Mais toutes ces manipulations sont longues et délicates. Et, aux prix actuels des produits de teinture, du charbon, de la main-d'œuvre, on ne peut être que médiocrement étonné de voir les prix élevés demandés par nos lustreurs en pelleteries.

La fabrication des sacs ou fourrages préparés pour le doublage des vêtements d'hommes ou de dames est souvent aussi exécutée par le pelletier, qui choisit dans les lots les peaux convenant pour cet usage.

Ces sacs se travaillent en deux parties semblables, l'une pour le côté droit, l'autre pour le côté gauche du vêtement, et doivent avoir chacune les mesures nécessaires pour doubler la moitié du dos, un des côtés et un des devants du vêtement, c'est-à-dire le vêtement entier sans tenir compte des manches, qui sont la plupart du temps doublées avec une fourrure de moins de valeur que le corps.

Les peaux devant composer ce fourrage se travaillent en forme de trapèze élevé dont la tête de la peau est au sommet et la base à la croupe. La différence entre les deux longueurs est d'autant plus forte que le cintre du bas du vêtement est plus accentué et que la hauteur de la peau est plus grande. On travaille ainsi les Agneaux, les Petits-Gris, les Rats, les Murmelles, les Rats gondins, les Putois, les Visons, etc.

Les peaux à cuir plus lourd se placent en haut de la doublure; les légères en bas pour éviter au porter la sensation de poids. Il est naturel de mettre les plus jolies peaux aux devants, et particuliè-rement au côté gauche du vêtement qui boutonne par dessus. Les moins jolies se placent aux épaules, sous les bras. Mais le dégradé de qualité doit être aussi peu visible que possible.

L'ouvrier doit veiller à ce que la hauteur des deux bandes qui se rejoignent au devant et au dos du vêtement soit bien égale de chaque côté.

J'indique plus loin, à l'article *Le doublage du vêtement*, comment se place cette doublure dans le dessus d'étoffe.

L'assortiment et la mise en paquets

Le travail du pelletier a donc fait passer les peaux dont il a été l'acquéreur par les différentes phases que nous avons vues, et les a amenées à l'état dans lequel il les vendra, à son tour, au fourreur, qui les confectionnera. Elles ont donc été tannées, puis réparées. Les unes resteront à l'état naturel, d'autres auront été lustrées ou teintes.

Ces peaux ont été achetées en origine par le pelletier à l'amiable sur les foires, ou chez les ramasseurs détenteurs, ou bien aux enchères sur les marchés internationaux.

Or, un produit naturel comme les pelleteries, acheté en origine, comporte forcément des variétés considérables, si on considère séparément les unités qui le composent, celles-ci étant cependant de même nature.

Ces peaux diffèrent de taille, de couleur, d'élévation de poil selon l'âge de l'animal et la saison pendant laquelle il a été tué.

Dans son travail, le fourreur ne peut pas employer ces diverses qualités mélangées à la fabrication d'un même objet. Pour mettre à la disposition du fourreur les peaux telles que celui-ci les désire, le pelletier devra donc en réunir un certain nombre pouvant se travailler ensemble. Cela constitue l'assortiment et la mise en paquets.

L'assortiment est donc le classement des peaux par leurs caractères communs dont les principaux sont la couleur et l'élévation du poil. Elles sont réunies en paquets composés chacun d'une quantité de peaux établie par la coutume. Les peaux fines et très chères sont vendues à l'unité.

Les Astrakans sont généralement mis en paquets de dix peaux, ainsi que les Opossums d'Australie et d'Amérique, les Rats gondins, les Mongolies, les Marmottes, les Loutres.

Les Lapins, Chats, Oies le sont par douze ; les Petits-Gris, les Visons, les Martres, par vingt ; les Hermines, les Kolinkys par quarante ; les Skunks, les Agneaux fins, par cinquante ; les Taupes, les Lapins de Chine, par cent.

Les peaux communes, Chacals, Chèvres diverses, Renards très ordinaires, sont vendues par lots, contenant une cinquantaine jusqu'à quelques centaines ou milliers de peaux.

Tous les paquets, bien qu'ils soient composés de même fourrure, varient considérablement entre eux, soit par la taille, la couleur, ou l'élévation du poil, ou la finesse, et varient aussi de valeur.

C'est l'expérience du pelletier qui le guide dans l'appréciation de cette valeur ; car il faut que chaque paquet trouve un acquéreur à cette estimation, et que la vente complète du lot apporte au pelletier son prix coûtant, augmenté de ses frais généraux et d'un bénéfice représentant un pourcentage peu élevé par rapport à l'énorme capital engagé.

Encore ne faut-il pas que le pelletier se trompe dans ses appréciations de valeur, car les acquéreurs qui voient et comparent, lui enlèveront ce qu'il aura estimé trop bas et lui laisseront ce qu'il aura surestimé.

Ce sera le châtiment de son erreur.

QUATRIÈME PARTIE

CHAPITRE XIX

LE TRAVAIL DU FOURREUR

CHAPITRE XVIII

LE TRAVAIL DU FOURREUR

Et, maintenant que nous avons mis entre les mains de l'ouvrier fourreur cette peau apprêtée, naturelle ou teinte, voyons, le plus rapidement possible, quels sont les principes généraux du métier.

Ces principes, le fourreur doit toujours les avoir présents à la mémoire lorsqu'il veut tirer parti de cette peau et la transformer en un objet plaisant et bien fait, qui sera la tentation d'une acheteuse et l'engagera à délier les cordons de sa bourse.

Au prix actuel des fourrures : vendre bon, beau et bon marché est bien difficile, mais mieux vaut « bon et coûteux » que « mauvais et pas cher ».

Et, surtout, que nos apprentis, futurs fourreurs, à qui je pense, ne laissent pas accréditer cette opinion erronée qu'on travaille mieux la fourrure à l'étranger qu'en France.

Non ! c'est encore en France qu'on travaille la fourrure avec le plus de goût et qu'on sait le mieux tirer parti de la marchandise pour pouvoir satisfaire à un prix modéré les légitimes désirs de la clientèle d'avoir beau, bon, bien fait, et cependant pas cher.

Nos Chambres syndicales de Paris et de Lyon font de grands sacrifices pour augmenter notre noyau d'ouvriers français.

Elles surveillent et subventionnent des écoles pour nos apprentis.

Elles ont aussi organisé pour nos mutilés de la guerre des écoles d'apprentissage, et permis à ces garçons, qui ont sacrifié si héroïquement à la Patrie les membres qui les nourrissaient, de trouver, dans un travail intéressant et peu pénible, un gagne-pain convenable et assuré.

Elles encouragent donc de tout leur pouvoir l'apprentissage de notre métier, et elles sont arrivées à des résultats remarquables.

Faute d'ouvrage en français traitant du travail du fourreur, le Syndicat des pelletiers-fourreurs de Paris y supplée par des cours oraux, par des rédactions et des dessins faits par les élèves apprentis sur des cahiers qui leur restent.

Ces cours sont faits par des personnes connaissant à fond le métier; et c'est un excellent moyen de bien graver dans l'intelligence des jeunes gens les données et préceptes qu'ils ont reçus de leurs maîtres.

Nous avons vu, à la foire de Paris, à la foire de Lyon, les objets fabriqués par nos maisons françaises, et nous avons eu la preuve que le travail allemand était bien remplacé.

Nos ouvriers ont dignement continué les traditions du corps des pelletiers, haubaniers, fourreurs.

Des données techniques sur le travail des fourrures ont été publiées depuis la parution de la première édition du présent ouvrage; les bulletins des Chambres syndicales et les journaux périodiques ont également donné des articles présentant les solutions de problèmes se rapportant à la fabrication des fourrures. Il s'agit généralement de tel ou tel genre de fourrure, ou d'un modèle spécial.

La mode étant essentiellement changeante, il m'a paru que l'important, pour un fourreur, était de se bien pénétrer des principes généraux du métier, les applications en découlant d'elles-mêmes.

C'est pourquoi je me suis attaché tout spécialement à chercher à bien faire comprendre ces règles.

Le métier de fourreur, s'il a des égaux, n'a pas de supérieurs. Voyons donc un peu en quoi consiste ce métier.

En principe, une peau formant un polygone irrégulier d'une surface donnée doit pouvoir se transformer en une surface équivalente, tout en changeant les mesures ou le nombre et la forme de ses côtés.

Si, donc, la longueur ou la largeur manque, du moment qu'on possède l'une des deux en excès, on doit pouvoir reporter sur une des dimensions ce qu'on a en trop sur l'autre.

Le calcul de la quantité de peaux à employer pour faire un objet repose entièrement sur la proportion des surfaces réciproques.

Voici le moyen pratique de solutionner ce problème. A partir du coin d'une table ou d'une planche d'environ 120 sur 100, on placera, aussi rapprochés que possible, et dans n'importe quel sens, à partir de ce coin, les patrons d'une moitié gauche ou droite du modèle dont on veut apprécier le nombre de peaux nécessaires à sa confection.

Pour un vêtement, par exemple, on placera la moitié du dos, un devant, une manche, la moitié du col, un revers, un parement. On mesurera en décimètres la longueur et la largeur du rectangle dans lequel les patrons auront été inscrits; on aura donc la surface en décimètres carrés. Cette mesure sera l'unité de calcul.

Si on sait qu'une petite peau de Petit-Gris, par exemple, a comme mesures moyennes 15 centimètres de hauteur sur 6 de largeur, elle représente une surface approximative de 0.9 décimètres carrés, et si le vêtement couvre 10 décimètres carrés d'un sens et 12 de l'autre, la surface totale du vêtement est $10 \times 12 \times 2 = 240$ décimètres carrés. Il faudra donc compter $240 : 0.9 = 260$ peaux de Petits-Gris de petite taille. Il ne faut pas trop serrer les patrons à cause des remplis à prévoir et ne pas compter par trop juste, car il peut se trouver des peaux couturées, qui ne produiront pas la mesure prévue. Pour le vêtement précité, on tablera donc sur 270 peaux. Si on sait qu'un Kolinsky ou un Vison moyen a les mesures approximatives suivantes : 35 cent. sur $15 = 5$ dq. 2, il faudra donc $270 : 5.2 = 52$ peaux. On comptera sur 55 peaux de taille moyenne.

Ne pas oublier que, par le travail en bandes allongées, il se produit, par suite de la quantité de coutures, une perte de surface que j'estime à 10 %. Ainsi, l'expérience montre que, par exemple, un Skunk de bonne moyenne taille, porté au tableau (voir pages suivantes) pour les mesures de 35 sur 13, soit une surface de 4 dq. 1/2, ne produit, travaillé en bandes, que 50 sur $8 = 4$ décmq.

Je donne ci-contre un tableau indiquant les surfaces produites par les différentes pelleteries et selon la taille des peaux. Il pourra quelquefois rendre service, et j'espère qu'à l'expérimentation, mes données seront reconnues à peu près exactes, et qu'elles éviteront des erreurs d'appréciation de quantité, quelquefois onéreuses pour celui qui les commet.

TABLEAU

indiquant les **mesures** *approximatives (longueur et largeur) des diverses* **pelleteries**, *et la* **surface** *utilisable en décimètres carrés, la peau étant supposée travaillée en rectangle. Les trois lignes attribuées à chaque espèce de pelleterie se rapportent aux trois tailles : petite, moyenne et grande.*

PELLETERIES	Longueur	Largeur	SURFACE en décmq.	PELLETERIES	Longueur	Largeur	SURFACE en décmq.
Taupes	8	6	0.5	Chats	35	15	5.2
	10	7	0.7		40	20	8
	12	8	1		40	25	12.5
Dos ou ventre de Petit-Gris	15	6	0.9	Lapins et Kids	20	15	3
	19	8	1.4		30	20	6
	20	9	1.8		40	30	12
Hermines	15	7	1	Opossums d'Australie	30	12	3.6
	20	8	1.6		35	15	5.2
	30	10	3		40	20	8
Civettes Skunks	20	10	2	Opossums d'Amérique	25	10	2.5
	25	12	3		35	15	5.2
	30	25	4.5		45	20	9
Chinchillas	15	10	1.5	Skunks	30	12	3.6
	20	15	3		35	13	4.5
	25	20	5		40	15	6
Pahmis	20	10	2	Agneaux et Chevreaux	35	20	7
	25	12	3		40	25	10
	30	15	4.5		50	30	15
Kolinskys	30	10	3	Caracouls et Persianers	35	20	7
	35	15	5.2		40	25	10
	45	20	9		45	30	13.5
Putois et Visons	30	10	3	Marmottes des Alpes et de Sibérie	30	15	4.5
	35	15	5.2		40	20	8
	45	20	9		45	25	11.2
Martres	35	10	3.5	Marmottes du Canada	35	20	7
	40	15	6		40	25	10
	45	20	9		50	30	15
Pécans	50	15	7.5	Castors	40	25	10
	60	20	12		50	30	15
	70	25	17.5		60	40	24
Gloutons	70	30	21	Civettes de Chine	45	25	11.2
	75	35	26		55	30	16.5
	80	40	32		65	35	22.7

PELLETERIES	Longueur	Largeur	SURFACE en décmq.	PELLETERIES	Longueur	Largeur	SURFACE en décmq.
Renards d'Algérie.	40	20	8	Loutres de rivière.	50	20	10
	45	24	10.8		60	25	15
	50	28	14		70	30	21
Renards du Japon.	35	20	7.5	Loutres de mer ...	85	35	29.7
	40	28	11.2		100	40	40
	45	32	14.4		110	45	49.5
Renards de Virginie.	40	20	8	Loups	60	25	15
	50	25	12.5		70	30	21
	55	30	16.5		80	35	28
Renards du pays..	45	25	11.9	Lynx	55	25	13.7
	55	28	15.4		65	35	22.7
	65	30	19.5		75	40	30
Renards du Canada et de Russie ...	55	25	13.7	Rats	20	15	3
	60	28	16.8		22	20	4.4
	65	30	19.5		25	22	5.5
Chacals et Chiens.	45	25	11.2	Rats gondins	25	15	3.7
	55	28	15.4		35	20	7
	65	35	22.7		40	30	12
Wallabys	35	25	8.7	Moutons de Corse.	50	40	20
	40	30	12		55	45	24.7
	50	35	17.5		60	50	30
Chevrettes	50	40	20	Moutons Slinks...	65	50	32.5
	55	45	24.7		80	60	48
	60	50	30		85	65	55.2
Chèvres	65	55	35.7	Mongolies	50	25	12.5
	80	60	48		60	30	18
	85	65	55.2		75	35	26.2
Poulains	60	45	27	Singes	35	15	5.2
	70	50	35		40	20	8
	80	55	44		45	25	11.2
Phoques naturels.	60	25	15	Oursons	55	25	13.7
	65	30	19.5		65	30	19.5
	70	40	28		75	40	30
Phoques lustrés Bluebacks	85	45	38.2	Léopards	60	30	18
	100	50	50		70	40	28
	110	55	60.5		75	50	42.5

A côté de l'assortiment en tailles, qualités et couleurs, l'évaluation de la quantité de peaux à estimer dans le calcul du prix de revient doit donc se faire d'après le principe que je viens d'expliquer.

C'est alors à l'ouvrier à travailler les peaux selon les dimensions qui seront le plus favorables pour parfaire l'objet voulu, selon le modèle demandé; il doit arriver à ce que le tout soit régulier, symétrique, et que rien ne choque l'œil dans la disposition des peaux ou leur assemblage.

L'outillage de l'ouvrier fourreur est sommaire : un couteau, un peigne, une pince, une planche et des clous pour le clouage, une baguette pour nettoyer l'objet, un dé, quelques aiguilles; voilà tout son bagage, et, encore aujourd'hui où le travail est bien plus divisé que du temps de nos pères, l'ouvrier fourreur ne coud plus, il ne bat plus. Il n'a qu'à couper.

C'est donc dans la coupe des peaux que réside tout son art. Il faut essentiellement que son raisonnement intervienne à chaque instant dans son travail, pour lui dire s'il faut couper, où et comment il doit le faire pour obtenir le résultat désiré.

C'est surtout avant de couper qu'il est nécessaire d'apporter toute son attention à son travail, car il faut que cette coupe ne soit pas inutile, et, une fois recousue, qu'elle ne soit pas visible pour des yeux profanes, quelle que soit la fourrure coupée.

Là est tout le secret du métier.

Cela paraît simple, et c'est cependant très compliqué, et demande beaucoup d'attention et d'expérience.

C'est pourquoi on exige un apprentissage de quatre années, à l'issue duquel l'ouvrier a encore beaucoup à apprendre pour être bon et capable.

Il est vrai que le jeune homme est bien payé comme apprenti et comme ouvrier.

Tous les principes que j'ai expliqués dans le précédent chapitre trouvent leur application dans le travail du fourreur.

Rentrées, sorties, allonges

Par la figure 53, je représente une demi-peau du genre Martre. Je suppose que j'aie besoin de plus de largeur en A C. Je ferai la coupe A B, et, en laissant glisser A à *a'*, j'aurai amené B à *b* et C à *c*, j'aurai donc élargi la tête de la peau.

Ce sera une **rentrée**.

Si, au contraire, je désire de la longueur au détriment de la largeur, je n'aurai qu'à faire la même coupe A B; mais je lui ferai faire un effet inverse, je la remonterai au lieu de la descendre, j'amènerai A jusqu'à *a''*. J'aurai donc allongé la tête de cette hauteur A *a''*, mais je l'aurai aussi rétrécie de C à *c'*. Ce sera une **sortie**.

Et, si je considère qu'en descendant une langue D E F sur le vide au-dessous du bord D F, par un triangle dont le sommet E sera descendu en *e*, j'aurai amené la ligne D F en *df*, j'aurai donc allongé le D à *d*, et j'aurai resserré la peau au sommet de ce triangle.

J'aurai **allongé la peau**.

En faisant une suite de coupes en W comme G H I J K L, et en descendant chaque fois *g* à G et ainsi de suite, j'arriverai, par une allonge moyenne de 3 centimètres, à augmenter la peau de 20 centimètres et quelquefois plus.

La coupe de rentrée A B, que j'ai indiquée de gauche à droite, se fait aussi bien de droite à gauche, c'est-à-dire en descendant l'arête. Il faut seulement avoir soin de commencer la coupe à l'intersection de la nuque et de la gorge, et ne pas descendre la pointe du bas dans un poil moins élevé (celui de la croix entre les pattes de devant), comme cela pourrait se produire, par exemple, dans le Putois.

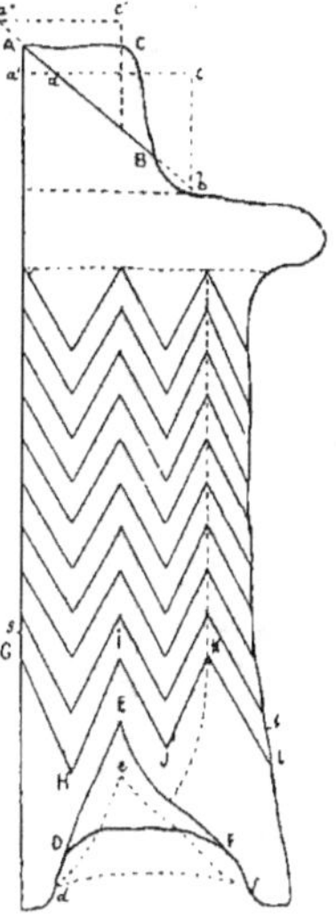

Fig. 53. — Rentrée et allonge.

Cet inconvénient à éviter ne se produit pas dans les peaux présentant une arête continue formant crinière, telle que dans les Chats, les Opossums d'Amérique, les Loups, etc. Aussi cette manière de rentrer la tête pour lui donner de la largeur est le plus souvent employée.

Je dois seulement remarquer qu'il faut absolument éviter de faire pénétrer un genre de poil dans son voisin si celui-ci est très différent. Il est inutile de dire qu'à bien plus forte raison, on ne peut mélanger les bandes blanches d'un Skunk ou la partie claire d'un Glouton dans le dos ou le flanc à côté, qui est foncé ou même noir. Cette ligne de démarcation est bien visible entre le flanc et le ventre, et souvent entre la nuque et les pattes de devant comme entre celles-ci et les omoplates. Les Renards, surtout, offrent ces particularités. Dans la fourrure du Putois, le flanc tranche vivement avec les cuisses et le ventre.

J'ai indiqué ces lignes de démarcation sur la figure 53 par des lignes pointées. Les coupes dans ces lignes doivent toujours être très aiguës, afin de ne pas marquer.

Il est quelquefois utile de séparer d'abord nettement ces parties les unes des autres, et de travailler isolément sur chacune d'elles, puis de les rassembler à nouveau par la couture.

La figure 53 démontre l'application de la coupe de déplacement par rentrée ou sortie. Il est évident qu'une coupe de sortie sera à l'autre extrémité une rentrée. Si on veut, par exemple, transformer une surface rectangulaire en forme d'un segment de cercle tronqué comme est le dos d'une pèlerine, on peut combiner la coupe de façon à employer ce qui a été gagné à la circonférence extérieure, pour augmenter la hauteur du segment. Ce résultat est obtenu par la coupe en cercle.

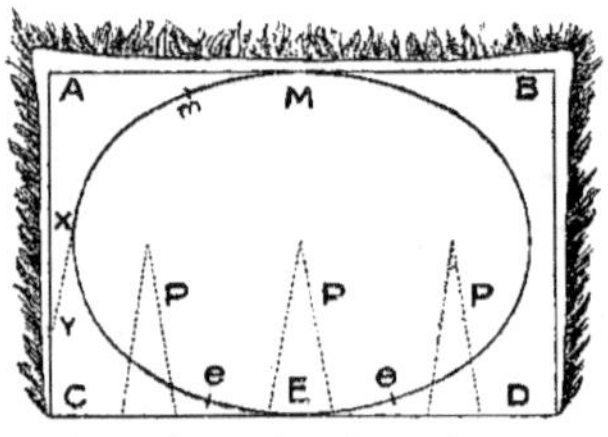

Fig. 54. — Coupe dans la partie rectangulaire d'une peau pour lui donner la forme d'un segment de cercle sans perte.

Ainsi, dans le rectangle A B C D (fig. 54), si on fait une coupe M E à droite et à gauche, si on rentre le point M en m, le point E ira en e. La partie correspondante de l'autre côté viendra se superposer en E. La longueur A M B sera devenue A m M m B (fig. 55); on l'aura donc sortie ou allongée de m M m; par contre, C D aura été raccourcie, donc rentrée, de deux fois M m, et deviendra C e D; on aura aussi gagné en hauteur E e.

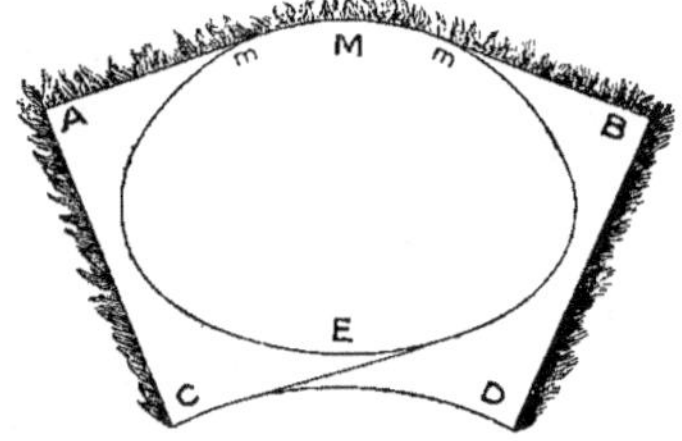

Fig. 55. — Effet obtenu par la coupe (fig. 54).

En somme, on aura transformé la surface sans perte; il n'en aurait pas été de même si on s'était contenté de sortir des pinces le long de la ligne C D et de faire une rentrée sur la ligne A C, comme l'indiquent les lignes parallèles M x y et P : la longueur A C aurait été diminuée de y à C.

Rentrée par échelle

Je reviens à la coupe de rentrée A B (fig. 53) ; nous remarquons que la pointe A, a et a' est restée en dehors et sera perdue.

Pour obvier à cet inconvénient, si l'arête est à conserver, comme tout spécialement dans l'Ourson, nos anciens avaient déjà imaginé la **coupe de rentrée par échelle**. Elle est déjà décrite dans le *Dictionnaire des Sciences* de Diderot.

Elle mérite d'être plus souvent employée pour les rentrées, et j'en donne ci-contre la théorie (voir fig. 56 à 58).

Supposons que nous ayons un Ourson, dont nous voulons que la tête dans sa partie A B C D devienne aussi large que le corps E F.

Je n'ai figuré qu'un côté de la peau, l'arête étant marquée par les xxx.

Réservant une bande de 1 centimètre à côté de l'arête, je partage la largeur b A en cinq parties par des lignes au crayon, et la hauteur A C en lignes parallèles de même largeur. J'obtiens 6 hauteurs.

J'aurai ainsi tracé 30 carrés égaux, que j'ai numérotés sur le dessin.

Commençant en b, je coupe en suivant

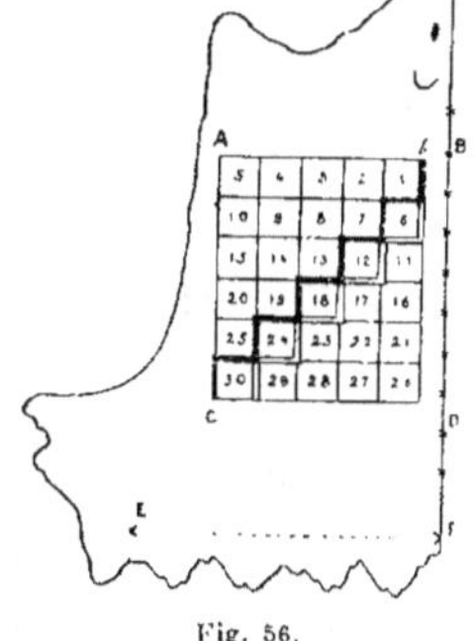

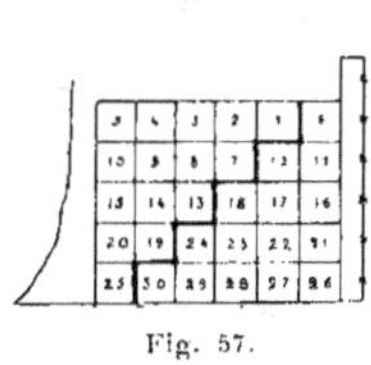

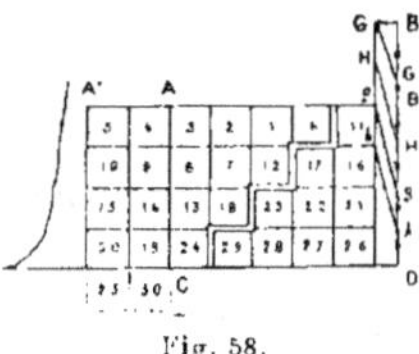

Fig. 56. Fig. 57. Fig. 58.

le tracé des carrés, comme l'indique la ligne grasse sur le dessin, c'est-à-dire comme si je descendais des marches.

Amenant alors le carré 1 à côté et à gauche de 6, j'obtiens la forme figurée sous le n° 57. Je n'ai plus que 5 hauteurs, mais j'ai 6 largeurs.

Répétant, au carré 6, ce que j'ai fait en commençant au n° 1, en coupant, suivant la ligne doublée (fig. 57), j'amène 6 à côté de 11. J'ai donc diminué la hauteur de 2 marches, et augmenté la largeur d'une quantité égale (fig. 58).

La largeur D C sera devenue D e égale à E F, et A B sera devenue A′ B′.

Je rentrerai la partie de l'arête réservée en B par deux petites coupes G à g et H à h, qui me ramèneront B en B′ au niveau du carré 11.

J'aurai donc rentré de la hauteur dans la largeur en ne perdant que les deux mauvaises parties (carrés 25 et 30) en ne rien sacrifiant de l'arête.

La même coupe peut se faire inversement en partant du point D pour aboutir à A.

En ce cas, ce sont les deux carrés 5 et 10 du haut de la gorge qui seront supprimés.

Le déplacement sur la ligne C D se faisant de cette seconde manière dans la largeur, au lieu de la hauteur, je crois la première coupe préférable.

Cette coupe est particulièrement recommandable, lorsque la peau à la nuque longue est fournie sur une partie relativement étroite, tandis que la gorge est plate, comme cela se présente dans l'Ourson, le Lynx, le Glouton, le Pécan, le Blaireau, etc.

Il faut avoir soin qu'une des coupes verticales soit faite exactement sur la ligne de séparation du poil fourni de la nuque d'avec la gorge.

De deux peaux égales, faire une grande et une petite

J'ai deux peaux égales (fig. 59-60), et je désire avoir une peau longue et une courte. Je diviserai en deux parties chacune des peaux par une coupe à dents. A la première peau, la coupe sera faite au-dessus de la moitié de la longueur, et à la seconde, au dessous. J'aurai les quatre parties A B C D - A′ B′ C′ D′ lorsque les peaux seront partagées par l'arête.

Si je place A sur D, j'aurai une demi-peau A D, plus courte que A C ; mais, par contre, en plaçant C′ au-dessous de B′, j'aurai une seconde demi-peau B′ C′, plus longue que B′ D′ : donc, une grande peau et une petite, et cependant semblables d'aspect (fig. 61 et 62).

Mais, si je tiens à ce que ces peaux prennent une forme cintrée comme pour un col-châle, par exemple, je ferai les coupes en biais et placerai les deux parties longues au-dessous l'une de l'autre, comme indiqué par la figure 63. La petite peau formée par A D se mettra à l'intérieur, tandis que les deux parties longues B′C′ produiront l'extérieur plus long.

Je pourrais aussi procéder par intercalement d'une partie de

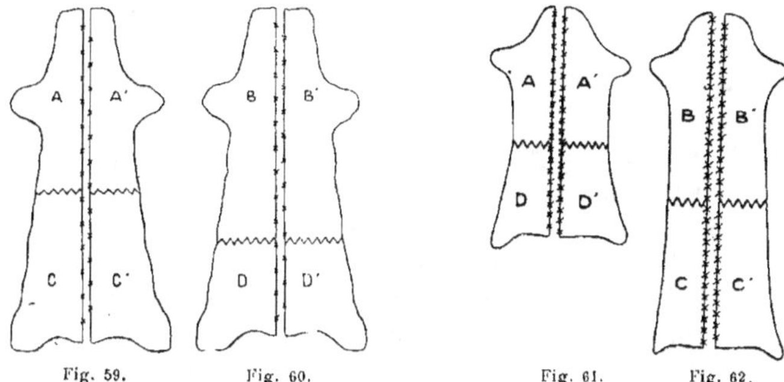

Fig. 59.   Fig. 60.   Fig. 61.   Fig. 62.

l'une des peaux dans l'autre. Prenons deux peaux semblables (fig. 64 et 65). Je sépare par une coupe à dents la peau (fig. 64) par la moitié

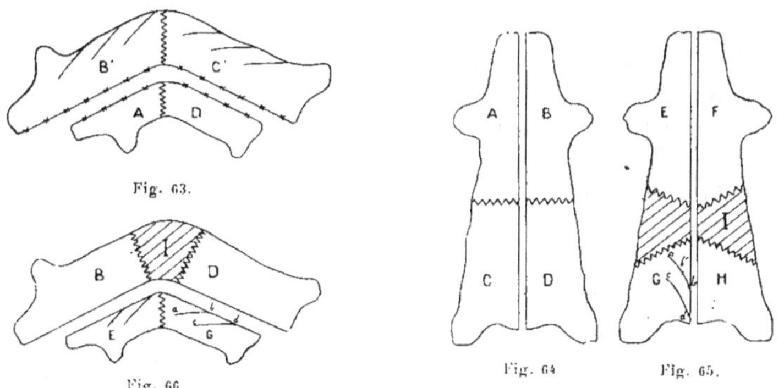

de la hauteur, et par deux coupes dans la peau (fig. 65) (l'une en haut de la moitié de la longueur, l'autre en bas de cette moitié, mais coupées en biais), j'aurai une portion I, qui, placée entre les deux parties B et D, me donnera une peau cintrée B I D, plus grande que E G (fig. 66).

Si la longueur extérieure n'était pas suffisante, je ferais deux ou trois coupes comme a b, c d. En amenant le point b en b′, tout en laissant fixe le point a, j'aurais allongé la circonférence extérieure sans rien changer à la partie intérieure.

En combinant ces différentes coupes de rentrées et de sorties, on voit qu'avec de l'attention, on arrive à préparer l'assemblage des peaux à une forme à peu près semblable au modèle qu'on veut obtenir.

Ce qui vient d'être dit pour amener deux peaux égales à en former une plus longue et une plus courte, peut tout aussi bien s'appliquer à rendre différents de longueur les deux côtés d'une même peau.

Ce cas se présente si l'objet doit avoir une forme cintrée et n'employer qu'une seule peau, comme, par exemple, pour un Chacal, un Renard, un Lynx, etc., à travailler en forme d'écharpe, forme de l'animal couché en rond.

La peau étant fendue sur une partie de l'arête, si on sort, sur cuir à droite de l'arête (la tête de l'animal étant placée à la droite de l'ouvrier) vers le milieu de la peau, une partie, comme je l'ai dit pour la portion I de la figure 65; cette portion ayant la forme d'un trapèze, dont la plus grande base serait au flanc et le sommet à l'arête, le côté droit de la peau aura alors la forme cintrée intérieurement.

Il faut alors intercaler ce morceau I dans le côté opposé, mais, comme il est du côté inverse, puisque, de l'arête au flanc, le poil va de gauche à droite tandis qu'il faut qu'il aille de droite à gauche, il faut appliquer alors le principe de la transposition, comme je l'ai indiqué pour la réparation des peaux (fig. 46 et 47), c'est-à-dire découper cette portion I en bandes parallèles aux bases et reporter chaque bande au côté inverse.

Ce morceau I, ainsi reformé à gauche, sera alors intercalé dans le côté gauche, qui, à son tour, prendra la forme cintrée, mais avec le ventre extérieurement. Il n'y a qu'à recoudre l'arête en faisant emboire également le côté gauche. Il faut essentiellement veiller à ce que la ligne de séparation du flanc et du ventre se continue exactement entre la peau et la partie intercalée.

L'assemblage des peaux

Les peaux étant séparément préparées par les coupes et cousues, il faut les assembler, soit l'une au-dessus de l'autre, soit l'une à côté de l'autre.

Cette dernière opération ne présente guère de difficulté et se fait par une simple couture à surjet, avec les machines à coudre surjeteuses.

L'ouvrier n'a qu'à faire attention de bien faire rencontrer les parties semblables des deux peaux juxtaposées, non seulement les extrémités, mais les points intermédiaires saillants comme sous les pattes de devant, la couture de la suppression de l'aisselle antérieure, la partie supérieure des cuisses, et surtout les dessins si la peau présente cette particularité.

Les idées que les anciens fourreurs avaient sur l'assemblage des peaux pour en faire des objets ont souvent changé, et ces nombreuses variations ont été amenées surtout par les maisons de couture.

Je dois reconnaître que ces nouveautés ont souvent donné aux objets plus de grâce, plus de variété, plus de légèreté, et, satisfaisant le goût de la femme pour le changement, elles ont certainement contribué à la vogue actuelle de la fourrure.

Il y a trente ans, les peaux devaient aller toutes de pair, le poil descendant ou couché, mais toujours bien assemblées tête contre tête, arête contre arête, flanc contre flanc.

Aujourd'hui, on voit des objets où les peaux vont en sens contrariés : l'un monte, l'autre descend ; mais, je le répète, ce n'est pas plus mal.

Mais, quelle que soit la largeur laissée à la peau, l'arête doit être respectée et vue en son entier, quitte à allonger la peau suffisamment pour lui faire perdre son excès de largeur ; cela s'appelle travailler la peau en **tranches** et s'obtient par des sorties ou allonges répétées, comme je l'ai expliqué à l'article *Rentrées, sorties, allonges* (p. 294).

Pour rendre bien sensible à l'œil la séparation des tranches, on laisse à droite et à gauche de la peau allongée une partie de ventre plat, et si ceci n'existe pas, on coud entre les deux peaux une bande de cuir souple ou d'une autre fourrure de même nuance que les peaux, mais plate en poil, de manière à former un sillon entre les deux peaux parallèles.

C'est particulièrement dans le travail des peaux rasées ou à poil ras, comme les imitations de Loutre et les Taupes, que toutes les fantaisies se sont fait jour.

Il faut cependant que certains principes soient appliqués ; sans

cela, l'objet choque la vue, et même la personne la plus profane
dira : Ce n'est pas joli, c'est mal fait. Elle n'aura pas toujours tort.

L'arête d'une peau, s'il n'y en a qu'une, ou celle de la plus belle
peau, s'il y en a plusieurs, ce qui est généralement le cas dans la
plupart des fourrures, se met à la place d'honneur de l'objet. On
part du milieu pour travailler de façon semblable les parties droite
et gauche.

Lorsqu'on tient à ce que deux peaux un peu disparates paraissent bien semblables, on les marie, c'est-à-dire qu'ayant séparé par
l'arête chaque peau en deux parties, on rassemble la partie droite
d'une peau avec la partie gauche de la deuxième, et *vice versa*.

Si le poil est court et que la couture marque facilement comme
dans le Vison, le Chinchilla, le Petit-Gris, le Breitschwanz, la
Loutre, le Poulain russe, il faut s'en abstenir et travailler chaque
peau entière, en ayant soin, toutefois, de les choisir le plus exactement semblables en taille, hauteur de poil et nuance.

Si on assemble deux parties dont les poils se séparent, comme
c'est le cas si l'on veut réunir par les têtes deux peaux descendant
chacune d'un côté : ainsi, dans la forme d'une écharpe ou d'un collâle à poil descendant, il faudra faire une couture spéciale, qu'on
appelle **couture anglaise**.

L'ouvrière fait cette couture un peu profonde par un point
devant, suivi d'un point de surjet.

Mais le meilleur assemblage de deux têtes ou de deux parties
dont le poil se sépare est la couture à dents égales rentrant les
les unes dans les autres et dont l'excès de cuir est absorbé par une
couture anglaise.

J'appelle cet assemblage couture anglaise à dents (fig. 67 à 69).

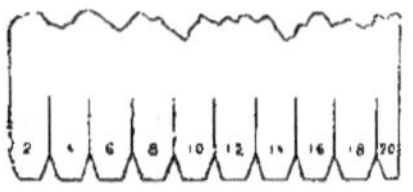

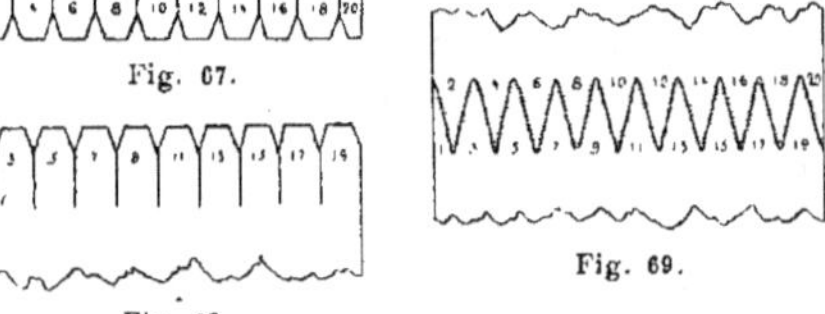

Fig. 67.

Fig. 68.

Fig. 69.

La figure 69 montre le résultat obtenu qui
est parfait, et qui a l'avantage de rendre plus
épaisse en poil une partie
ordinairement plus creuse.

Lorsqu'on assemble
deux peaux dans le même
sens en plaçant la croupe
de l'une au-dessus de la
tête de la deuxième, nous avons vu (fig. 48)
qu'on le faisait souvent par une couture à dents de scie.

Cependant, on profite quelquefois de la forme spéciale de la croupe de certaines peaux pour faire cet assemblage, suivant une ligne plus ou moins brisée, indiquée par la forme de cette croupe; ainsi on assemblera deux peaux de Skunks, selon la figure 70, deux peaux d'Opossums d'Amérique, selon la figure 71; deux peaux d'Astrakans, selon la figure 72.

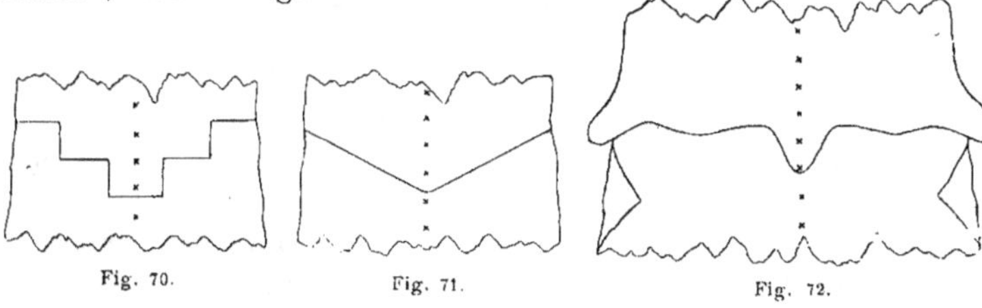

Fig. 70.   Fig. 71.   Fig. 72.

Si nous voulons réunir trois peaux de Skunks l'une au-dessus de l'autre, sans laisser paraître les assemblages, il nous faut reporter soit au haut, soit au bas de la bande, les parties plus plates. Pour cela, nous diviserons les têtes séparées du corps de la peau par la coupe (fig. 70), chacune en deux ou trois bandes parallèles dans le sens de la hauteur en partant de la coupe de séparation d'avec la peau.

Puis, nous placerons au-dessus de la peau du haut, d'abord les bandes inférieures enlevées aux trois têtes; puis, au-dessus de ces trois bandes, celles qui étaient au milieu; et enfin au-dessus de ces trois dernières les trois bandes du haut des têtes. La bande aura donc à son extrémité supérieure les parties les plus plates des trois peaux qui viendront progressivement se fondre avec les milieux de peaux plus fournis. L'inverse se fera en plaçant la première bande au-dessous de la croupe de la peau du bas et en continuant de même que nous avons fait pour les amener en haut. L'une ou l'autre manière s'emploie selon le modèle ou l'effet que l'ouvrier désire obtenir.

L'Opossum d'Australie, le Rat musqué de Russie, le Chinchilla, s'assemblent tête contre tête et croupe contre croupe.

Dans le Chinchilla, on fait suivre la couture d'assemblage des têtes par des coutures à surjet parallèles et rapprochées, afin d'épaissir à droite et à gauche de la couture le poil des têtes, qui est plus creux que le restant de la peau.

La transposition de la Marmotte du Canada
ou du Renard du Japon

Il arrive, dans certaines fourrures, que la différence de l'élévation du poil dans les diverses parties de la peau, et spécialement entre la croupe et la tête, est si considérable que, si on assemble directement l'une sur l'autre, la couture est tellement visible; elle produit un soubresaut dans le poil tel que l'objet n'est plus régulier, par exemple, si l'on fait un objet avec deux peaux de Marmottes du Canada.

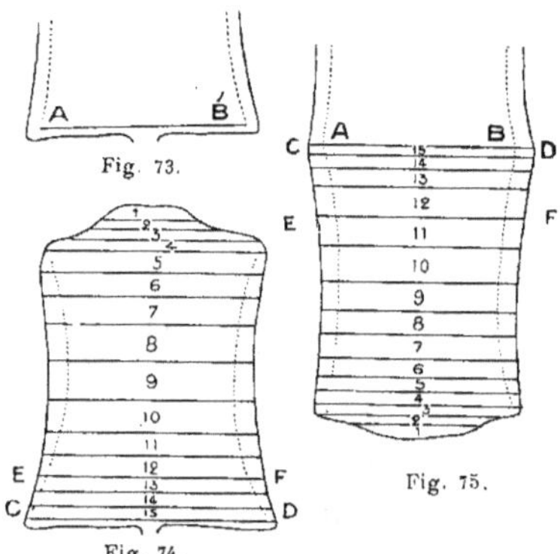

Transposition d'une peau de Marmotte du Canada ou de Renard du Japon.

On arrive à corriger cet inconvénient en plaçant, croupe contre croupe, la peau du bas, dont on rebrousse le poil, et en changeant le sens de celui-ci par un repassage après l'avoir mouillé et avec un fer chaud.

Ce moyen réussit bien avec l'Opossum d'Australie, mais avec les Marmottes ou les Renards du Japon, il vaut mieux faire une transposition de la croupe à la tête, comme le montrent les figures 73 à 75.

La peau (fig. 74) est découpée en travers en bandes de 1 à 3 centimètres de largeur; les bandes les plus étroites sont découpées aux extrémités de la peau et peuvent être plus larges en allant vers le milieu du corps.

La dernière coupe de croupe (n° 15) de la deuxième peau (fig. 74) sera placée au-dessous de la croupe A D de la peau n° 1 (fig. 75).

La bande n° 14 sera placée au-dessous de 15 et, ainsi de suite, de sorte que la deuxième peau aura été entièrement retournée comme sens du poil, puisque celui-ci descendra de la croupe à la tête.

La coupe C D (bande n° 14) viendra donc se placer sur E F (bande n° 13); mais, l'intervalle entre les deux coupes E F et C D n'étant pas exagéré, la coupe recousue ne se verra pas; l'assemblage deviendra la figure 75.

L'assemblage de la Loutre de mer

Ce travail est certainement un des plus délicats de l'art du fourreur. Chaque auteur d'ouvrage technique a donné un modèle de coupe différent, et cela tient à ce que chacun d'eux avait en vue un modèle également différent et de longueur et d'ampleur, et qu'il se basait sur un certain nombre de peaux d'une dimension donnée.

Or, le fourreur est obligé de faire le modèle qui lui est demandé par sa cliente; ce sera un paletot long et droit, ou ce sera un vêtement à godets, ou une petite jaquette, voire même un boléro, et s'il a bien un certain nombre de peaux de Loutres, il les aura rarement de tailles bien différentes et adéquates au vêtement qu'il veut confectionner.

Je me garderai donc de donner la figuration d'un modèle de coupe, et me contenterai de rappeler les principes qui doivent guider l'ouvrier pour le travail de la Loutre.

Le premier est d'éviter toute couture non absolument obligatoire, car, quelle que soit l'habileté de la couseuse, la couture, même à la main et avec de la soie, est reconnue facilement par un œil un peu exercé, et la cliente a bonne vue.

Il ne faut donc pas rechercher, comme dans une Martre ou une Marmotte, à allonger ou à élargir par des quantités de coupes.

La peau de Loutre devra être d'une longueur à peu près égale à celle de l'objet.

Veiller à ce que les peaux employées soient bien de même qualité et surtout de la même teinte de duvet.

Si la hauteur ou la largeur manquent, il vaut mieux faire avec deux peaux plus petites qu'avec une plus grande, à laquelle il faudra ajouter des morceaux de tous côtés.

Les peaux nécessaires ayant été choisies, l'ouvrier lissera le poil soigneusement avec une brosse douce et un peu humide, afin que les légères dépressions qu'il remarquera dans la fourrure lui signalent les manques de poil, quelquefois larges à peine d'un ou deux millimètres, mais qu'il faut sortir avec soin, par un refend en long et en biais. Même si le pelé est plus large, ne pas le sortir par un rectangle dont deux côtés seraient perpendiculaires au sens du poil, mais par un losange.

Couper en travers la bande de flanc extérieure à la nageoire afin de faciliter l'extension au clouage de la partie comprise entre les nageoires.

Cependant, le peu de largeur de la peau dans cette partie étant souvent une grosse difficulté, si l'ouvrier voit qu'avec deux centimètres de plus de largeur par côté, il obtiendrait la largeur de son modèle, tout en supprimant la partie trop plate autour de la nageoire, il peut faire une double rentrée figurée sur la figure 76 par A B C D.

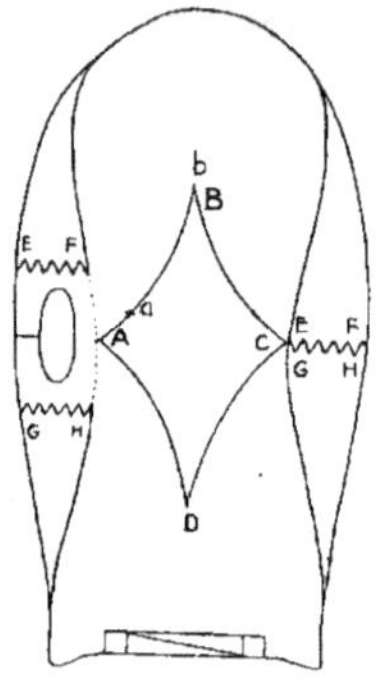

Fig. 76. — Coupes dans une peau de Loutre de mer; suppression des nageoires.

Si on laisse pénétrer jusqu'en *b* la pointe B, le point A sera arrivé en *a* et on aura gagné la largeur de A à *a* et autant en G *c*. Cette coupe peut aider, mais ne doit pas être exagérée.

Les coupes E F et G II à la gauche du dessin montrent comment se fait l'assemblage des flancs, le résultat obtenu par les coupes est illustré par le côté droit de la figure 76.

Sortir les oreilles par un carré et les remplir par deux langues couchées et prises entre les deux oreilles. Cette partie de la peau arrivant généralement à un bord du vêtement ou de la manche, les coutures seront dissimulées dans le rempli.

Ne pas remonter ces langues depuis la nuque, elles rétréciraient celle-ci et se verraient.

Les peaux étant ainsi bien préparées, on les mouille sur le cuir avec de l'eau chaude : éviter de mouiller le poil. On laisse pénétrer par une attente de quelques heures, on cloue en obtenant toute la dimension possible des parties étroites, en ayant soin de planter les pointes bien au bord du cuir et de ne pas rebrousser le poil.

Après le déclouage, on dispose les patrons sur les peaux, et on se rend compte s'il suffit d'une légère coupe de rentrée dans la gorge pour obtenir plus de largeur dans le bas de la tête, et si quelques tombées des autres peaux peuvent suffire à compléter cette largeur.

On pourra ajouter une partie d'une autre peau à celle qu'on a en mains et qui n'a pas la taille voulue, mais, autant que possible, n'ajouter que dans des parties du vêtement qui ne seront pas visibles et que couvrira le col, ou sous les manches et aux aisselles.

Toute la partie entourant les nageoires et qui est presque sans poil doit être bien délimitée par un trait sur le cuir, et impitoyablement rejetée.

Le ventre, au bas de la nageoire, peut être assemblé à celui du haut, par une couture à dents de scie.

Dans l'assemblage des différentes parties, il faut toujours que des parties semblables se joignent : ainsi, gorge contre gorge, nageoire contre nageoire, croupe contre croupe.

On assemble deux peaux l'une sur l'autre par deux coupes en biais prises au-dessus et au-dessous des nageoires, de façon à faire une peau plus longue et la deuxième plus courte. Cette couture se fera également à dents de scie.

La Loutre se travaille de façon à ce que la tête de la peau soit au bas du vêtement et la croupe vers l'encolure, afin qu'au porter, le poil tombant à rebrousse-poil fasse l'effet d'un velours serré et uni.

Les coutures d'assemblage du vêtement doivent être garnies d'une petite tresse afin d'éviter que le cuir s'étire. Les coutures doivent être faites avec soin, car le moindre embu produit un gonflement visible du côté du poil. La couture tend à tordre; le vêtement n'a pas de tombée.

Après le doublage, on pose le vêtement sur un mannequin, et on passe sur le poil rebroussé en descendant un tampon d'ouate propre et chauffée. Elle absorbe le peu de graisse et de poussière qui ont pu s'attacher aux poils.

On lisse légèrement, dans le sens du poil, de bas en haut, à l'eau claire ou additionnée de très peu d'alcali; on laisse sécher ainsi.

Puis on recommence la même opération en sens inverse, c'est-à-dire de haut en bas, on laisse sécher à nouveau, on secoue et on livre le vêtement qui est terminé.

D'une peau, en faire deux semblables entre elles

Souvent, au lieu d'allonger considérablement une peau, comme nous l'avons vu (fig. 53), on trouve qu'il est préférable de former deux peaux avec une seule, en conservant la hauteur originelle, mais en diminuant de moitié la largeur.

On dédouble alors la peau (fig. 77 à 79).

On trace sur celle-ci des bandes parallèles de 1 à 2 centimètres de largeur.

Plus on se rapproche des parties étroites ayant le même poil et

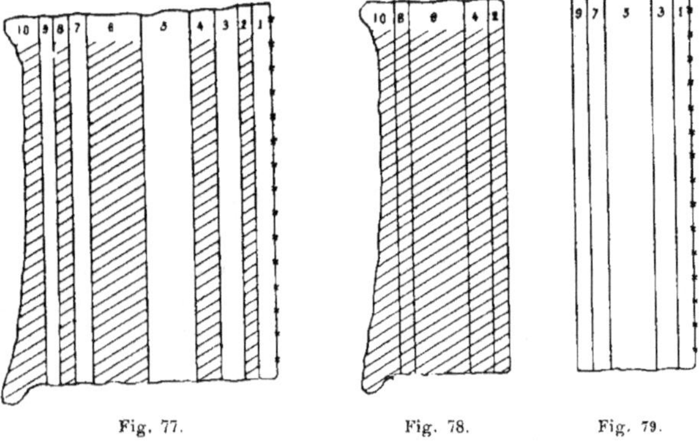

Fig. 77.   Fig. 78.   Fig. 79.

la même couleur, comme à l'arête ou au ventre, plus la bande devra être étroite. Lorsque le poil est à peu près semblable sur une certaine largeur, comme cela existe depuis le côté de l'arête jusqu'au flanc, on peut tracer la bande plus large. Dans chaque largeur, il faut que le nombre de bandes soit pair. Ainsi, dans la figure 77 représentant la moitié à gauche de la peau, je figure, à partir de l'arête indiquée par des xxx, 2 bandes de 1 centimètre; 2 de 2 centimètres, puis 2 de 3 centimètres; je reviens à 2 bandes de 2 centimètres en me rapprochant du ventre, et enfin, dans celui-ci, 2 bandes de 1 centimètre.

Je numérote les bandes de 1 à 10, et, sortant chaque fois la bande paire, je place à côté de celle-ci les autres de numéros pairs; j'aurai ainsi formé une deuxième peau avec les nᵒˢ 2, 4, 6, 8, 10 (fig. 78); les n°s 1, 3, 5, 7, 9 seront restés de la peau primitive (fig. 79). L'intervalle manquant en réalité, d'une bande à l'autre, dans chaque peau, ne sera que d'une largeur de bande, et cette suppression ne sera pas visible sur le poil. J'aurai donc deux peaux de même hauteur et qui auront toutes deux la moitié de l'arête et la moitié du ventre.

De trois peaux, en faire quatre par la division sur la largeur

Par l'application du même principe, on peut former quatre peaux avec trois (fig. 80 à 86).

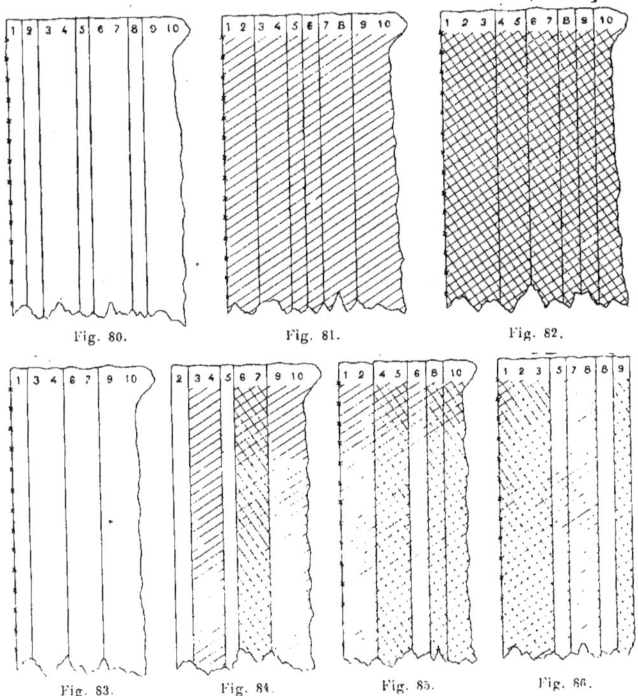

Fig. 80.   Fig. 81.   Fig. 82.

Fig. 83.   Fig. 84.   Fig. 85.   Fig. 86.

J'ai figuré les trois demi-peaux du même côté sous les n°s 80, 81, 82. La peau (fig. 80) est figurée en blanc, la deuxième (fig. 81) ombrée, la troisième (fig. 82) quadrillée. La division est indiquée dans chaque peau, chaque numéro représentant une unité de largeur.

En sortant avec méthode de chacune des peaux le quart de sa surface, on aura donc formé une nouvelle peau représentant les trois quarts en largeur d'une peau primitive, et chacune de celles-ci restera aussi aux trois quarts en largeur de ce qu'elle était primitivement. On aura donc (fig. 83 à 86) quatre peaux semblables, tirées de trois peaux, à l'origine. On marie ensuite de droite et de gauche, en ayant soin de placer la bande 2 (fig. 84) à droite contre une bande 1 du côté gauche et inversement.

De trois peaux, en faire quatre par la division sur la hauteur

Cette façon de procéder avait été presque exclusivement adoptée par les fourreurs lorsque la mode des manchons ronds ou carrés exigeait l'apparence de quatre peaux et qu'on ne voulait en employer que trois pour un motif de convenance ou d'économie.

Voici le travail :

Soit (fig. 87, 88, 89) les trois demi-peaux du côté gauche.

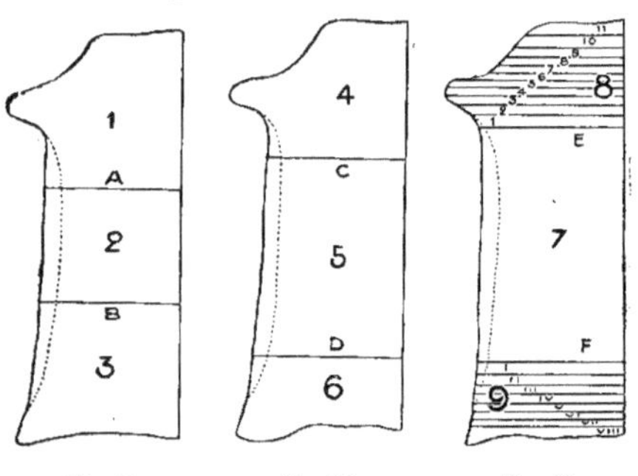

Fig. 87. Fig. 88. Fig. 89.
Coupes en hauteur dans trois peaux pour en former quatre ayant tête et croupe.

On sortait de la première peau (fig. 87) dans le milieu du corps une partie (n° 2) représentant à peu près le tiers de la longueur totale, en laissant cependant plus de longueur à la tête (n° 1) qu'à la croupe (n° 3). — Cette portion n° 2 était obtenue par les coupes A et B.

On en faisait autant dans la peau (fig. 88) par les coupes C et D en ayant soin de faire la coupe C plus haut que A, et la coupe D plus bas que B.

A la troisième peau enfin (fig. 88), on séparait à peu près à la même hauteur que C et D, la tête (n° 8) de la croupe (n° 9) par les coupes E et F.

Ces deux parties (n°ˢ 8 et 9) étaient découpées en bandes parallèles, de un centimètre environ, au plus près de la croupe, et vers la nuque au niveau de la patte de devant; on donnait jusqu'à 2 centimètres aux bandes en s'éloignant de ces deux points : extrémité de la croupe et de la nuque.

Par la transposition des bandes formées par les parties (n°ˢ 8 et 9), on obtenait deux têtes et deux croupes.

Les différentes parties étaient alors assemblées, comme l'indiquent les figures 90, 91, 92, 93, en ayant soin de bien faire rencon-

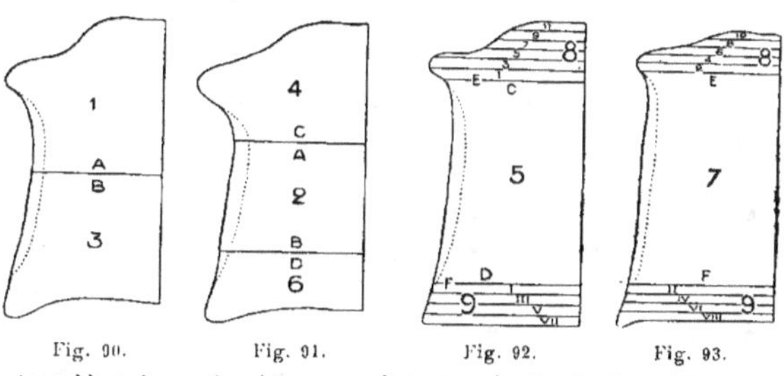

Fig. 90.   Fig. 91.   Fig. 92.   Fig. 93.

Assemblage des parties obtenues par les coupes des fig. 87, 88, 89. Les quatre peaux ont chacune tête et croupe.

trer la ligne de séparation du flanc et du ventre, indiquée sur le dessin par une ligne pointée, dans chaque peau.

Chaque peau avait été réduite de 1/3, et les trois tiers ainsi obtenus produisaient la quatrième peau. Par la transposition, on conservait à chacune des quatre peaux une tête et une croupe.

Les peaux étant plus mélangées par cette façon de procéder que par la division en longueur, il était nécessaire d'avoir un assortiment de trois peaux bien égales en nuance et élévation de poil.

On conservait par le second procédé plus de largeur et moins de longueur que par le premier.

De trois peaux, en faire deux

Par l'application des mêmes principes, c'est-à-dire en intercalant les diverses parties d'une troisième peau dans deux autres, on arrive à former deux grandes peaux avec trois petites. La surface de chaque peau représente alors une peau et demie.

Une des dimensions peut s'augmenter au détriment de l'autre par des rentrées ou des sorties sans que le travail terminé soit choquant à l'œil.

On a fabriqué ainsi, avec trois peaux de Chèvres de Chine blanches et de tailles ordinaires, deux peaux plus grandes représentant des Loups ou des Tigres, une fois teintes.

De même, avec quatre peaux de Chèvres de Chine blanches ou noires, on fabriquait un grand tapis représentant un Ours blanc ou un noir.

Le galonnage des peaux

On emploie, pour agrandir artificiellement une peau, encore un autre moyen que ceux que j'ai indiqués. Je veux parler du **galonnage**.

En principe, galonner, c'est faire une fente dans le cuir et intercaler dans cette ouverture un galon d'étoffe ou de cuir. On conçoit que, pour ne pas être visible, ce travail ne peut s'appliquer que sur des peaux ayant un poil très épais, comme, par exemple, certains Renards, le Lynx, le Blaireau du Canada, l'Ours, le Bœuf musqué. Et encore se garde-t-on de galonner les parties plates ou creuses en poil.

Le galonnage, outre l'avantage qu'il procure d'augmenter la surface couverte par la fourrure, rend celle-ci plus flottante ; d'autre part, si le cuir est un peu épais comme dans une forte peau d'Ours, le galon donne de la souplesse à l'objet. Cela arrive, par exemple, pour les couvertures de voitures en Ours noirs.

Par le galonnage, on arrive, sans que cela se voie, à augmenter ou la longueur ou la largeur d'une surface de cuir jusqu'au double et au triple.

Je représente, par les figures 94 et 95, le galonnage d'une nuque de Renard croisé.

La partie A (fig. 94) est moins fournie que la nuque qui suit en B. En C est la croix, partie plate qu'il faut éviter de galonner. D représente l'omoplate aussi fournie que B et qui peut se galonner de la même manière. Enfin, le reste du corps en E peut être comparé à la partie A. Quant au ventre F et à la gorge G, il vaut mieux ne pas galonner. Chaque partie doit être bien délimitée sur le cuir par un trait indiqué par les marques de poinçon piquées du côté du poil aux endroits nécessaires. L'arête sera également bien indiquée.

Afin de ne pas embrouiller le dessin, je représente (fig. 95) la demi-nuque H I J K agrandie.

Divisant par lignes parallèles espacées d'un demi-centimètre, je suppose, j'obtiens 18 bandes.

Il serait possible de faire comme pour le travail de dédoublement de peau

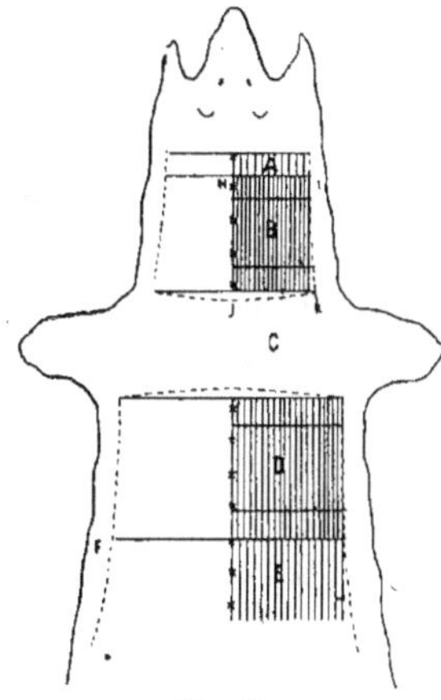

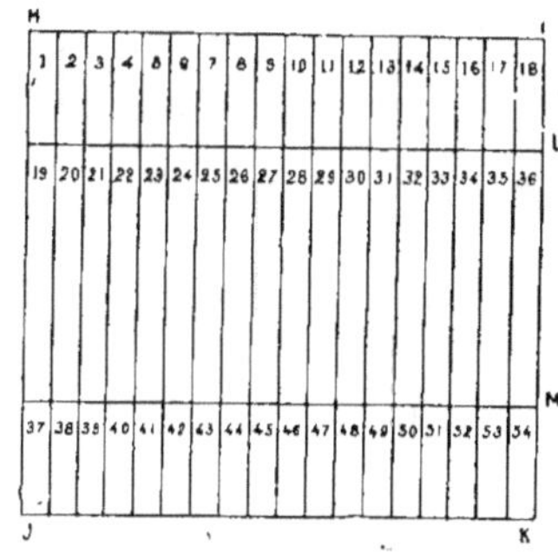

Fig. 94.   Fig. 95.

et de mettre les bandes paires à droite, les impaires à gauche, puis de placer les deux parties ainsi obtenues l'une sur l'autre, et enfin d'intercaler un galon entre chaque bande.

Mais si on a soin de diviser la hauteur H J en parties bien uniformes en poil et nuance, on obtiendra un bien meilleur résultat.

Je sépare donc la partie B en 3 par les coupes L et M, et numérote de 1 à 18 les bandes de la partie supérieure, de 19 à 36 la partie moyenne et de 37 à 54 la partie inférieure.

Puis, plaçant chaque fois le numéro pair au-dessous du numéro impair qui le précède, la première bande se composera des numéros superposés 1-2-19-20-37-38, et ainsi de suite. J'aurai donc 9 bandes de cuir et remplacerai les bandes manquantes par autant de galons intercalés (fig. 96).

J'ajoute sur le côté la gorge G, que je double de longueur par quelques coupes d'allonges *l m*, *n o*, *p q*.

Le même travail de galonnage sera fait pour le côté gauche de B et la partie D.

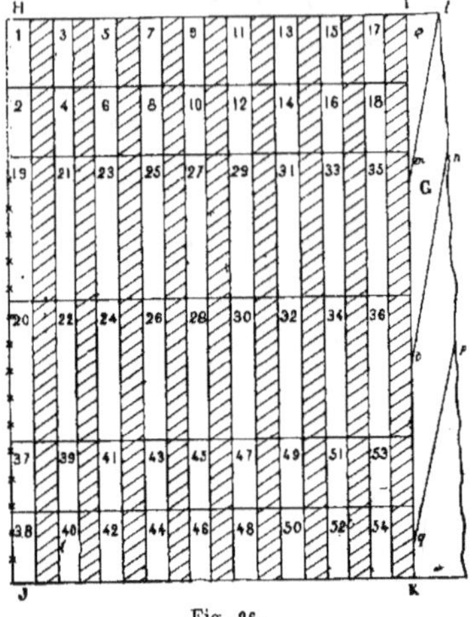

Fig. 96.

Quant aux parties A et E, on les coupera en bandes de 1 centimètre, qui seront tirées légèrement en longueur, et en intercalant un galon d'un demi-centimètre seulement de largeur.

Une fois terminée, la peau aura presque doublé de longueur, puisque, seule, la partie C n'aura pas été touchée. Et la largeur sera restée la même, ainsi que l'aspect général.

L'allongement d'un Renard par le galonnage

L'arête étant généralement plus creuse en duvet et un peu moins élevée en poil que le flanc, on la sépare de celui-ci par une coupe à un centimètre à peu près à droite et à gauche de la ligne dorsale (fig. 97, coupes A A). On sépare également de suite le flanc du ventre, par les coupes B B. Les deux flancs F sont seuls galonnés en biais, pour éviter que, par la brisure directement en travers, le galon soit apparent.

Les coupes seront espacées d'un centimètre et demi, et entre chacune on coudra un ruban de soie ou de fine toile, également de un à un centimètre et demi de largeur selon que la fourrure sera plus ou moins fournie. La queue sera fendue dans le sens de la longueur par deux coupes à gauche et à droite de la ligne d'arête, mais non sur cette ligne même, et on intercalera dans chaque coupe un galon de 2 centimètres, en rétrécissant un peu le ruban à la naissance de la queue.

On mettra également un galon extérieurement à droite et à gauche de la queue pour servir à la fermer par un point de boa.

Cette fermeture est, en somme, une couture faite du côté du poil. Elle se forme par des points devant poussés alternativement à gauche et à droite des deux galons, en ayant soin de les faire bien égaux en longueur et que le point d'entrée soit bien exactement vis-à-vis du point de sortie dans le galon qui lui fait face; sans cela, la couture tordrait. L'ouvrière renverse sur son aiguille un des galons à chaque point.

L'arête et les ventres seront allongés à la mesure obtenue par le flanc galonné, et on recoudra les coupes B B, en veillant à ce que la croix se rencontre bien avec la patte du devant en *ff*.

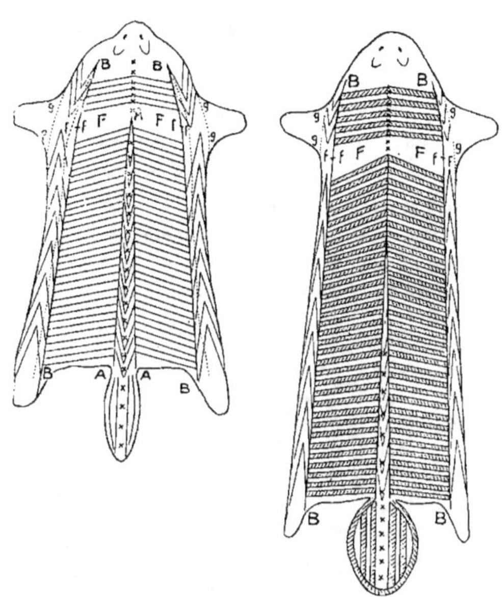

Fig. 97. — Coupes dans une peau de Renard pour l'allongement par le galonnage.

Fig. 98. — La peau de Renard allongée par des coupes et des galons. Ceux-ci sont indiqués par des hachures.

On peut remonter la patte par une coupe *g g* pour la rapprocher de la tête.

La croix en F n'a pas été touchée, car elle est plus plate, particulièrement dans les Renards croisés et argentés. Le travail étant terminé (fig. 98), la peau, en tenant compte de la perte occasionnée par les coutures, aura été allongée de 35 centimètres environ; la queue aura plus d'apparence, et l'objet entier paraîtra plus flotteux, et sera plus grand.

Le Renard cintré et galonné

Nous venons de montrer le travail d'une peau de Renard simplement allongée pour lui donner la forme d'une cravate droite plus longue que la peau, et sans perdre trop de largeur; ce serait arrivé si nous avions simplement allongé la peau par des coupes en W, comme nous l'avons dit précédemment (voir fig. 51), et sans galonner.

Mais, si on voulait obtenir une forme fortement cintrée, il nous faudrait allonger considérablement par des sorties le côté extérieur, et raccourcir, au contraire, par des rentrées, le côté intérieur du cintre (fig. 99 et 100).

Ces coupes amèneraient l'élargissement d'une moitié de peau et le rétrécissement considérable de l'autre moitié. L'arête ne se trouverait alors plus du tout au milieu de la largeur de la peau.

Pour obvier à cet inconvénient, je conseille de transposer, du côté intérieur au côté extérieur, deux bandes de 1 cent. 1/2 prises dans le flanc, avec un intervalle de cuir conservé entre elles. Ces bandes seront intercalées dans le côté inverse, à la même distance de l'arête que celle qui les en séparait dans le côté d'où elles ont été extraites.

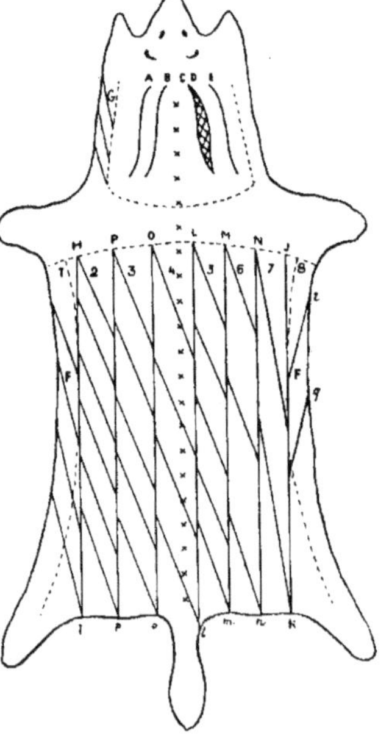

Fig. 99.

Par ce moyen, on aura permis d'allonger suffisamment le côté extérieur, sans avoir trop déplacé, dans l'objet, la position de l'arête. Les deux côtés seront restés sensiblement à la même largeur, sauf le ventre intérieur, mais celui-ci pourra être légèrement remplié à l'encolure.

L'ouvrier, dans ce travail, doit se rappeler que la tête d'une cravate se porte à droite ; en mettant la peau *sur cuir* devant lui, la tête en haut, ce sera donc la moitié à gauche qu'il devra allonger, et la moitié à droite qu'il faudra laisser intacte, ou même raccourcir, selon le modèle désiré.

Si l'ouvrier tient à donner ensuite à tout l'objet plus de largeur,

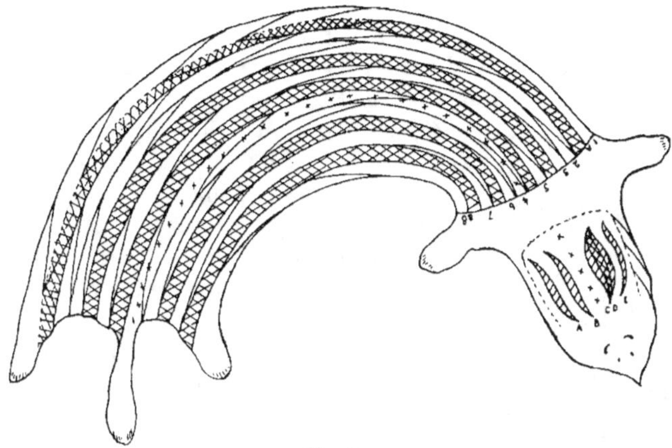

Fig. 100.

il pourra également galonner, mais alors en longueur, en inter-calant quelques galons seulement dans la nuque ; puis placer, en longueur dans le flanc, des galons de 1 centimètre entre les bandes de cuir, de 2 centimètres depuis l'omoplate jusqu'à la croupe, mais sans en placer une directement dans l'arête, ni dans le ventre.

Le galonnage des queues

On galonne aussi les queues de Martres pour leur faire produire plus d'effet, et, si on assemble les queues l'une à côté de l'autre, il faut intercaler un galon assez large pour que les deux poils de côté viennent se joindre, mais non se dresser les uns contre les autres. Il n'y aurait d'ailleurs pas assez de surface de cuir pour arriver à une surface plane.

Pour la raison que j'ai déjà indiquée, savoir que le poil se sépa-rait à droite et à gauche de l'arête, on ne galonne pas dans la ligne

d'arête de la queue, tout au moins, sur les deux tiers supérieurs de
la longueur. La queue présente sur le cuir, lorsqu'elle est ouverte,
trois lignes qui correspondent aux cavités des vertèbres caudales,
dans lesquelles sont logés les nerfs qui la font mouvoir. La ligne
du milieu xxx suit l'arête. Les deux autres sont placées à droite et
à gauche (fig. 101), lignes *a b*.

Pour galonner la queue, il faut d'abord enlever la partie supérieure en A, qui n'a pas besoin d'être galonnée et qui se tire facilement en largeur; quant à la partie moyenne B, on peut la galon-
ner, soit avec un galon sur la ligne *b*, soit avec 2 galons, en divisant la demi-largeur en 3 bandes en fendant en *a'* et *b'*, la ligne d'arête n'étant pas fendue.

A la partie C, on peut fendre la ligne d'arête, on obtient alors ou 3 ou 5 galons sur la largeur totale.

La pointe extrême *p* se supprime sur 1 centimètre de hauteur. Cette pointe se vend cher pour les pinceaux.

On place enfin à droite et à gauche un galon arrivant, par sa largeur, à couvrir presque les poils des côtés de la queue.

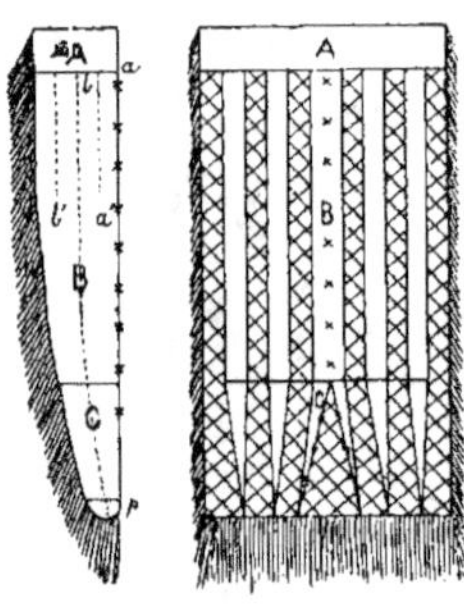

Fig. 101.

Les parties divisées de la queue sont assemblées l'une sur
l'autre par une couture à plat, à points croisés en X. S'il y a plusieurs queues à assembler au bout l'une de l'autre, on met d'abord,
bout à bout, toutes les parties supérieures A, puis toutes les parties
B, et enfin les parties C; la bande offre alors l'aspect d'une
seule queue. Souvent, aussi, on place d'abord ensemble les parties A, puis chaque fois la queue entière, la partie C retombant
sur B de la queue suivante : la bande forme alors une suite visible
de queues, l'extrémité inférieure étant toujours plus foncée que la
partie supérieure.

Lorsque les queues sont travaillées en plusieurs largeurs
comme pour un boa, on referme les deux galons par un point caché
ou retourné (point de boa, expliqué à l'article *L'allongement d'un
Renard galonné*).

Le doublage des vêtements

Un travail qui exige de l'expérience chez l'ouvrier est sans contredit le doublage en fourrure d'une pelisse d'homme ou d'un vêtement de dame, car, aussi bien coupé que soit le dessus du vêtement, si la doublure n'est pas bien posée, et n'est pas bien semblable en toutes ses parties au dessus, le vêtement n'ira jamais bien.

Il s'agit donc tout d'abord de relever exactement le modèle du vêtement qu'on a à doubler. Je suppose une pelisse d'homme.

Les points de repère indispensables à bien marquer sur le papier pour pouvoir les indiquer sûrement sur le cuir de la doublure, sont les points d'arrivée des différentes coutures à l'emmanchure.

Pour la clarté de l'explication qui va suivre, j'appellerai (fig 102 à 105) :

Le point A celui de l'arrivée de la couture du coude de la manche à l'emmanchure ;

—   C celui de l'arrivée de la couture du devant et du dos sous le bras ;

—   D celui de l'arrivée de la couture de la saignée de la manche à l'emmanchure ;

—   E celui de l'arrivée de la couture de l'épaule reliant le dos au devant.

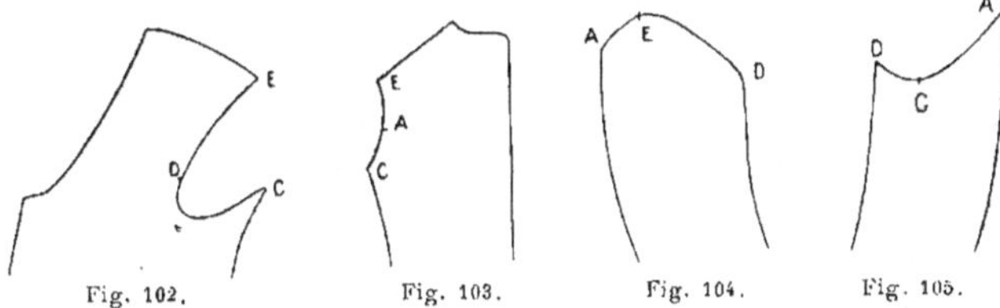

Fig. 102.   Fig. 103.   Fig. 104.   Fig. 105.

Sur une assez grande feuille de papier, couvrant l'établi ou la planche, l'ouvrier étend le vêtement, le droit de l'étoffe à sa vue. Il arrête, par quelques épingles piquées à travers l'étoffe, la couture du dos et du côté jusqu'à la hauteur de C.

Il trace alors sur le papier le contour du bas du dos.

Enlevant quelques épingles au bas de la couture du dos, mais laissant celles en C et à cette hauteur, il étend progressivement, en remontant le dos de l'étoffe, toujours dans le sens du droit fil, et marque avec des pointes le haut de la couture du dos et l'emmanchure du dos jusqu'au point E à l'épaule.

Il marque également cette couture et la couture de l'encolure au dos.

Il relève de la même manière le devant, d'abord le bas jusqu'à la hauteur de l'emmanchure et le point C, puis en remontant bien à plat l'emmanchure jusqu'à l'épaule en E, en marquant avec soin le point D sur le devant.

Pour la manche, il la place bien à plat, le dessous de manche à sa vue, la couture du devant s'il y en a une, ou celle du coude s'il n'y a qu'une couture de coupe dans la manche, bien au bord extérieur.

Il trace le contour de cette manche ainsi placée en marquant avec soin les points du haut des coutures de la manche A et D. Il pique la couture qui est à l'intérieur de ce modèle s'il y en a une, donc au dessous de A ou de D, et indique sur le papier, par un point, la hauteur minima à laquelle arrive le sommet du dessus de manche.

Il relève enfin les modèles exacts du col et des revers s'ils doivent être recouverts de fourrure.

Le relevé sur le dessus du vêtement est terminé, et il peut mettre soigneusement celui-ci de côté afin de ne pas l'érailler ou le salir, jusqu'au moment où il le reprendra pour mettre la doublure de fourrure en place.

En suivant les lignes de points sur le papier, l'ouvrier tracera ses modèles de dos, de devant, de manche, de col et revers, en indiquant par une marque la place des points A sur le dos, du point D sur le devant et du point C sur la manche.

Il enlèvera tout de suite, sur le modèle du devant, la partie correspondant à la parementure d'étoffe jusqu'où celle-ci ne devra pas être recouverte de fourrure, s'il y a lieu.

Puis, pour établir son modèle de dessus de manche, en traçant en double celui qu'il a relevé, il ajoutera au coude ou à la saignée la partie remplée sur le dessous de manche.

Si c'était une manche dans laquelle la couture du coude revint en dessous, en faisant boire la partie qui forme coude, il faudrait

indiquer avec soin les places où commence et où finit cet embu sur
le dessous de manche.

Il tracera aussi au-dessus de l'emmanchure une partie cintrée
jusqu'à la hauteur indiquée par le point signalé comme hauteur totale du sommet de la manche.

Il enlèvera alors au modèle du dessous de manche ce qui était
en dehors des coutures, et il aura ainsi les deux patrons de dessus
et de dessous de manche, sans oublier les deux points essentiels
A et D.

L'ouvrier a alors son modèle complet, et il n'a qu'à préparer la
doublure.

Il prépare chaque partie séparément, en ayant soin que les hauteurs des rangs soient bien symétriques à droite et à gauche.

La doublure de la manche doit se préparer en mettant le sens
du poil allant de la saignée au coude, aussi bien au dessus qu'au
dessous de manche, afin d'empêcher que la manche ne remonte ou
tourne; comme cela arriverait si le poil allait en descendant ou allait
de même sens autour de la manche.

Une fois cousue, chaque partie est légèrement humectée et
clouée. Je dis humectée, et non mouillée et trempée. Il la cloue en
traçant le modèle sur la planche à clouer et en suivant strictement
le trait dans les parties où rien ne doit être supprimé de la fourrure.

Il en est ainsi si une arête forme le bord du modèle, ou si une
croupe doit rester autant que possible entière dans le bas, comme
pour le Petit-Gris, le Vison du Canada, etc.

Il faut tenir compte du renflement à donner à la doublure, si le
tailleur a voulu donner du ventre au devant. Si c'est nécessaire,
intercaler une épaisseur d'ouate entre la planche et la doublure au
clouage, dans la partie qui forme ventre.

Le doublage séché, on brise le cuir par un léger frottement en
tous sens dans les mains, afin de le faire rentrer à sa surface naturelle, car autrement, après la pose, le cuir ayant une tendance à se
rétrécir et à raccourcir sur les dimensions atteintes au clouage, la
doublure deviendrait bientôt plus petite que le dessus d'étoffe, qui
ferait un bourrelet au bas et irait mal.

L'ouvrier donne alors un coup de baguette et de peigne, s'as-
sure qu'il n'a laissé aucun pelé ou partie défectueuse.

Il égalise le dos, les devants et les manches, sauf la partie du
haut ou dessus de manche, dont il est difficile de relever bien exac-

tement le modèle et pour laquelle il vaut mieux ajuster la fourrure sur la manche même, comme nous allons le voir.

L'ouvrier a marqué avec soin sur la fourrure du dos les marques en A, et sur les devants les marques en D.

Sur le dessous de manche, il a marqué le point C et sur le dessus le point E.

Il faut alors assembler les deux parties du dos si celui-ci a une couture cintrée dans l'étoffe, et ouater chaque partie de la doublure si cela est nécessaire.

Il ajuste la manche en l'arrêtant par quelques points de bâti provisoire aux points A et D, et sur le haut des coutures du coude et de la saignée.

Retournant alors la manche de manière à amener la fourrure du dessus à l'extérieur, l'ouvrier remonte avec son poing gauche l'étoffe du dessus de manche jusqu'à l'emmanchure, en bâtissant la fourrure contre la couture de cette dernière, de manière à pouvoir couper la fourrure bien exactement au même cintre produit par le haut du dessus de manche au-dessus des points A et D.

Il trace avec soin sur le cuir le point correspondant à E.

Il assemble, alors, complètement la doublure et pose la manche en ayant bien soin de faire rencontrer les marques des points A C E D, et il n'a plus qu'à procéder à la mise en place du fourrage dans le dessus d'étoffe.

Quelques ouvriers préfèrent procéder avec l'épaulette du devant, comme je viens de le dire pour le dessus de manche, et ne l'assembler définitivement que lorsqu'elle a été mise en place provisoire par quelques points de bâti et ajustée sur la couture de l'épaule.

Cette façon de faire rectifie le modèle, si les deux épaulettes ne sont pas absolument semblables à droite comme à gauche, car on ne relève habituellement qu'un seul côté du vêtement.

Voici maintenant la marche du travail :

Baguer la couture tout le long du dos.

Fixer le point A et baguer jusqu'au bas de la manche la couture du coude de la manche.

Revenir à A et baguer jusqu'à E et la couture de l'épaule.

Revenir à E et baguer jusqu'à D, et suivre jusqu'au bas de la manche la couture de la saignée ou de l'ajouture du drap.

Retourner la manche étoffe à l'extérieur, et se rendre compte si la doublure remplit bien exactement, sans tirer et sans plisser, le dessus de la manche et l'épaulette.

Étendre le vêtement, doublure dessous l'étoffe ; s'assurer que le dos est bien en place, que rien ne tire et que la manche tombe bien.

Baguer la couture de côté à partir de C jusqu'en bas, et l'emmanchure de C à D.

Ramener l'étoffe progressivement en avant et tendue toujours en droit fil ; arrêter la doublure sur l'étoffe partout où celle-ci est doublée comme aux garnitures de poches.

Fendre l'ouverture de la poche à portefeuille, s'il y a lieu, de façon que les deux ouvertures dans la doublure et celle de la poche se superposent bien exactement, et arrêter la doublure sur le drap, aux extrémités de cette fente.

Baguer la largeur du devant, d'abord vers la place des boutons, puis presque au devant de la doublure.

Baguer enfin la doublure autour de l'encolure et le long du revers.

Bâtir la doublure tout le tour du bas du vêtement en repoussant plutôt un peu la doublure, afin qu'elle ne fasse pas tirer le dessus d'étoffe.

La doublure est donc placée ; elle n'a plus qu'à être cousue à points de côté ou à couture cachée tout autour du devant, du bas du vêtement et des manches.

Il reste alors à poser le col-châle ou le col et les revers, suivant le modèle.

J'ai dit que le patron avait dû être relevé très exactement.

Mais, au clouage et à l'égalisage, l'ouvrier doit tenir compte du renversement de la fourrure sur le sous-col, et particulièrement aux angles.

Le cuir étant bien ramené à la surface naturelle, l'ouvrier doit donc laisser à la fourrure au moins au fort centimètre tout autour de la partie extérieure, et 3 centimètres à l'intérieur et à la brisure du revers.

Le col et les revers seront cousus à surjet sur tout leur pourtour extérieur, en faisant soutenir le cuir surtout aux angles, et ajustés l'un à l'autre de l'angle intérieur du revers jusqu'à la brisure et à l'encolure.

Le cuir est alors légèrement humecté et renversé sur le col et le revers d'étoffe qui ont été préalablement un peu ouatés si la fourrure n'est pas suffisamment épaisse.

L'ouvrier fait coudre l'assemblage du col et des revers qu'il vient d'ajuster ; il passe quelques points de bâti au pourtour du col et du revers et au milieu de ceux-ci.

Il bague à la hauteur de ce bâti, soit à peu près sur la brisure du col et encore une fois à l'encolure presque à bord de la fourrure du col et du revers. Il a veillé à laisser sortir crochet, boucle et agrafe à pendre le vêtement. Il n'y a plus qu'à coudre la fourrure du col et du revers sur la fourrure de la doublure, et le fourrage est terminé.

Le doublage d'un vêtement de femme se fait sur les mêmes principes : la relève des patrons est, seule, un peu plus difficile en ce qu'il faut tenir compte des pinces qui doivent être, sur le modèle-papier, bien égales à celles du vêtement et bien à la même place, car toutes les coutures doivent se superposer exactement l'une sur l'autre dans l'étoffe et dans la fourrure.

Les queues factices

La plupart des queues, que l'on ajoute comme ornement aux objets en fourrure et qui ne sont pas celles mêmes des peaux composant l'objet, sont fabriquées avec des queues de Petits-Gris. Mais très souvent ces queues sont factices, soit pour une raison d'économie, soit pour une raison encore plus impérieuse : c'est que l'animal n'en a pas ; ou que cette queue est laide ; ou bien qu'elle ne compléterait pas bien l'objet par suite de son volume ou de sa couleur. Il ne faut pas oublier, en effet, que la Marmotte a la fourrure de la queue composée d'anneaux transversaux noirs qui ne s'harmonisent pas avec la teinte générale de la Marmotte. Le Rat a la queue dégarnie de poils ; le Renard du Japon, de même que son cousin le Blaireau, n'ont, comme le Lynx, qu'une queue excessivement courte.

Pour toutes ces raisons, on est souvent obligé de fabriquer une queue assortie à la fourrure de l'objet.

Ainsi, à un objet en imitation d'Hermine (Lapin blanc de Chine), on adaptera des queues en imitation de celles d'Hermine. On prendra une bande de Lapin blanc de 1 centimètre de large sur 6 à 7 de long, à laquelle on ajoute une pointe de même largeur sur 3 centimètres environ de longueur, coupée dans un morceau de

Chevreau très foncé ou dans du Chat noir, ou du Whitecoat; quelquefois une simple oreille de Petit-Gris suffit. On consolide sur le cuir un morceau de ficelle de coton un peu plus long que la queue, et on laisse dépasser la ficelle par le haut. On ferme la bande de fourrure tout du long par une couture à points de boa dans le poil.

Les queues se font souvent aussi avec des morceaux de même fourrure que l'objet. On prend, pour cet emploi, des peaux très endommagées que l'on découpe en travers en bandes de 1 centimètre. La bande est enduite sur le cuir de colle de pâte. On a une ficelle de coton assez forte, arrêtée d'un bout au crochet d'un émerillon et à un mètre de distance attachée à une manivelle. En tournant celle-ci, la ficelle de coton tourne également, mais ne peut pas se tordre grâce à l'émerillon. On coud la bande de fourrure à son extrémité sur le cordon de coton et à mesure que celui-ci tourne, on lui présente le cuir de la bande de fourrure qui vient se coller en hélice sur elle-même, le poil de la révolution qui se fait recouvrant la naissance du poil de la bande appliquée sur le cordon par la révolution précédente. En faisant chevaler plus ou moins la bande de cuir sur elle-même, la queue reste plus mince ou grossit lorsque les poils deviennent plus compacts. Lorsque la queue a atteint la dimension voulue, on coupe la bande de cuir; on fait un point de couture au haut de la queue, comme on l'avait fait à l'autre extrémité; on laisse un intervalle libre sur le cordon pour servir d'attache à la queue, et on continue un peu plus loin pour faire le nombre de queues dont on a besoin.

On laisse sécher les queues, puis on les bat et on les peigne, on les sépare l'une de l'autre en coupant le cordon de coton à la pointe de la queue placée au-dessus de la première fabriquée; elles sont prêtes à être employées.

On peut très souvent suppléer à la queue qui manque, par exemple, dans un Renard du Japon, ou une Marmotte, ou un Lynx, en prenant dans la peau même la quantité de fourrure nécessaire pour fabriquer la queue.

Pour cela, on prend, à l'extrémité de la croupe à droite et à gauche, de la naissance de la queue, en travers, une bande de 1 cent. 1/2 à 2 de large. On sépare à l'arête de la peau, et on réunit les deux bandes par la coupe, les deux poils se séparant; on les réunit d'abord par une couture anglaise, puis on ferme comme une queue

par une couture à point de boa dans le poil. La queue commence
donc, comme une queue naturelle, par le poil avoisinant l'anus, et
se termine en pointe par les poils de la cuisse de derrière.

La peau à laquelle on a enlevé la bande pour fabriquer la queue
factice s'ajoute d'autant plus facilement sur une seconde peau, à
laquelle on veut la superposer.

La mode actuelle demande que ces appendices même factices
soient assez volumineux ; mais il fut un temps où on les voulait petits
et plus nombreux ; alors, d'une queue on en faisait deux en la fendant
sur l'arête et en tordant chaque moitié en vrille après avoir bien
mouillé le cuir, et toujours en ayant bien soin de faire retomber le
poil du côté de la queue sur l'arête qui est plus plate.

Lorsque cette demi-queue, ainsi tordue sur elle-même, était
sèche, elle avait tout à fait l'aspect, sinon le volume de celle qui était
entière. Souvent, en achetant un timbre (quarante) queues de
Martres, le pelletier s'apercevait que son vendeur forain lui avait
glissé dans le paquet deux demi-queues ainsi préparées et qu'il
avait payées comme naturelles et entières. Il jurait alors, mais un
peu tard, qu'on ne l'y prendrait plus.

Observations sur le travail de quelques fourrures

En travaillant du Poulain russe, on s'aperçoit, malheureusement,
souvent que le bas du ventre est plus ou moins endommagé et que
cette partie ne peut être conservée dans le vêtement.

Si la surface n'est pas importante, on peut regagner la largeur
manquante par une langue tirée en travers, ayant donc le sommet
vers l'arête et la base dans le sens de la longueur du flanc.

Si la partie mauvaise est un peu grande, le morceau qui s'y
ajuste le mieux est celui qui est pris au poitrail, à la naissance de
la patte de devant.

Les coupes doivent être faites par une ligne serpentine et les
morceaux assemblés comme un jeu de patience.

Sur les peaux de Veaux de Laponie, on remarque au milieu de
l'arête, dans le dos, un tourbillon de poils. Ce point indique la ligne
de démarcation entre deux sens du pelage. Au dessus, les poils se
dirigent vers la tête, et au dessous, vers la croupe.

Pour faire disparaître ce changement de direction et supprimer ce tourbillon, il faut couper la peau en travers, directement, en traversant ce retour de poil, puis renverser le morceau du haut et ajouter la tête sur la coupe du milieu du dos.

Pour travailler le Singe en carré, on peut élargir la peau sous les aisselles par des sorties en travers, comme je viens de l'indiquer pour le Poulain. Lorsqu'on le coupe en bandes, pour franges, malgré la largeur de la bande, la frange présente des intervalles vides, trop conséquents. On remédie un peu à cet inconvénient en coupant les bandes plus étroites et en cousant deux bandes l'une au-dessus de l'autre. Les mèches se divisent de façon plus régulière.

Quelques fourrures, comme le Singe, le Skunk, la Taupe, laissent facilement voir l'épiderme blanc, à la base des poils noirs, le duvet n'existant pas chez le Singe et étant chez le Skunk rare, quelquefois, à la gorge, à la croupe ou au flanc.

On remédie à cela en mouillant le cuir assez fortement avec une solution de noir d'aniline dans l'alcool méthylique (4 grammes pour un demi-litre d'alcool). On laisse pénétrer la teinture dans le cuir, jusqu'à l'épiderme, on laisse sécher; puis, enfin, on remouille et on cloue.

A propos du clouage, il est bon d'ajouter quelques mots sur ce sujet, car le clouage, presque autant que les coupes, joue un rôle important dans la fabrication des fourrures. Il a d'ailleurs le même but : faire rendre à la peau la plus grande surface possible en l'amenant cependant par la forme qu'on lui impose à contribuer aux dimensions totales de l'objet que l'on confectionne.

Certaines peaux à cuir très élastique, comme les Petits-Gris, par exemple, s'amènent à la forme voulue sans coupes et simplement par le clouage. Pour clouer, il faut mouiller le cuir et l'étendre avec des pointes pour couvrir le tracé du modèle de l'objet.

Le clouage doit être fait avec soin; si le bord du cuir est formé par une arête ou par une partie de la peau qui doit être conservée dans l'objet, il est bon d'indiquer le tracé par quelques pointes sur ce tracé, qui le décèleront lorsque les poils le recouvriront et qui guideront l'ouvrier pour amener le bord du cuir au niveau de ces pointes-jalons.

A mon avis, les pointes les plus convenables pour le clouage sont les épingles de drapiers, en laiton dur. Elles pénètrent facilement dans le bois de la planche sur laquelle on cloue, et, ne rouillant pas dans le cuir comme les pointes en acier, elles s'enlèvent plus facilement au déclouage et risquent moins de détirer le bord du cuir cloué.

On cloue sur des planches de peuplier sans nœuds; ces planches doivent être assemblées par des tenons ou chevilles, sans colle; car, par l'exposition à la chaleur humide, au séchage, la colle ressort et, en collant les poils à la planche, les salit ou quelquefois les fait arracher au déclouage.

Les fourrures blanches ou très fines doivent être préservées du contact de la planche par une feuille de papier propre fixée sur celle-ci. On trace le modèle sur le papier, comme on l'aurait fait sur la planche.

On redonne du brillant à l'Astrakan par application d'acide acétique étendu d'eau, ou simplement de vinaigre. On doit mouiller le moins possible l'Astrakan, et le clouer le poil en dehors. Éviter de salir le poil par la craie qui marque le modèle.

Le Castor et le Rat gondin prennent une teinte dorée lorsque le poil a été touché à la brosse, avec une solution d'acide sulfurique étendu de presque moitié d'eau. Repasser le poil avec un fer chaud, enveloppé de papier buvard. Le poil résiste mieux à la chaleur que le cuir, particulièrement si celui-ci est mouillé; cependant la forte chaleur, même celle du soleil, frise le poil. Ne repasser une couture qu'à sec et avec un fer à demi chaud.

Les flancs de Rats sont brunis avec une solution de permanganate de potasse.

L'installation d'un petit tonneau à dégraisser et d'une batteuse, mus par l'électricité, est presque indispensable au fourreur. Le tonneau lui permettra de redonner du lustre au poil terni par le travail de coupe et de couture. Le cuir sera brisé et reprendra la surface normale qu'il doit conserver. On n'aura plus à craindre le rétrécissement

L'objet devra, avant le doublage, tourner dans le tonneau d'un quart, à une demi-heure, avec de la sciure de bois fine et sèche. On dégraisse à froid. La sciure de hêtre est celle qui convient généralement; le chêne et l'acajou peuvent donner une teinte brunâtre qui n'est pas désirable, pour les fourrures grises comme le Petit-Gris, ou d'un noir naturel comme le Skunk, par exemple. Les sciures de peuplier et de sapin ne conviennent pas; elles s'attachent au duvet, soit par leurs aspérités, soit par suite de la résine qu'elles contiennent.

Les fourrures blanches, telles que l'Hermine, la Mongolie, le Renard blanc, ne gagneraient rien à être dégraissées, même au blanc. Le blanchiment a été fait par l'apprêteur, et tout le travail sur ces peaux doit être fait avec beaucoup de soin et surtout de propreté. Une simple application d'amidon, délayé dans l'eau additionnée d'une pointe de bleu, suffit pour lisser le poil. On secoue l'objet une fois sec, et tout est dit.

Les fourrures à duvet serré et fourni, comme le Castor, les Renards du Nord, les Ours, doivent être bien battues pour rendre le duvet léger et les pointes flotteuses ; il faut éviter le peignage énergique : il arrache le duvet.

De l'utilisation des parties non employées dans la confection des objets

En fourrure, rien ne doit se perdre. Les plus petites tombées ont une valeur. Les unes sont tondues aux ciseaux, pour employer les poils à la fabrication du feutre, tels que les Lapins, les Rats, les Loutres, les Castors.

D'autres sont assemblées par la couture en forme de nappettes, tels sont les têtes de Petits-Gris, les fronts et les bajoues de Rats, les gorges de Martres, les pattes de Kids et d'Astrakans, les pattes de Martres et de Renards, les flancs d'Opossums, les blancs de Skunks.

Aujourd'hui, la mode demande que la peau tout entière soit vue dans l'objet, et dans sa forme naturelle ; il y a donc beaucoup moins d'écais qu'il y a trente ans ; mais cependant l'assemblage des parties de peaux dont je viens de faire une énumération sommaire, fait l'objet d'une occupation lucrative pour les femmes de certaines contrées, particulièrement de la Grèce.

Les têtes sont découpées en forme de triangles isocèles allongés ; on les entrecroise, en mettant (naturellement à contre-poil) le sommet de l'un à l'extrémité de la base de l'autre.

Une pointe est donc précédée et suivie de deux bases, ce qui finit par former des bandes droites qui s'assemblent ensuite les unes sur les autres, et, à côté les unes des autres, pour faire des nappettes.

Les blancs de Skunks, les pattes d'Astrakans sont travaillés en longueur, comme une mosaïque dont les éléments s'enchevêtrent les uns dans les autres.

Les blancs de Skunks sont employés soit de leur couleur naturelle, soit teints en bleuté, en façon Pécan ou façon Skunk noir.

On fait aussi, avec des morceaux de différentes couleurs, des assemblages représentant un dessin; généralement une rosace ou une étoile. Ces dessins servent pour des dessus de chancelières, ou de coussins sur les fauteuils et canapés, ou comme poufs devant les sièges, ou quelquefois pour des tapis de table.

Les fourrures ordinairement employées à cet usage sont des fourrures peu élevées en poil, comme le Phoque, l'Hermine, le Lapin, le Pervitzki, les gorges de Martres, les pattes de Renards, le Petit-Gris, le Rat, le Rat gondin, les Loutres, les parties plates du Castor, etc.

On fait enfin des dessins et des fleurs en se servant de morceaux de Loutre naturelle. Par la différence de teinte entre l'extrémité du poil et le fond du duvet plus clair, on arrive, en coupant le poil à différentes profondeurs, à produire les effets de la gravure sur camée ou sur verre à deux couches. C'est l'imitation de la lithophanie, faite en fourrure.

Le fourreur doit aussi savoir monter une tête pour cravate. Ces têtes sont ordinairement prises dans la tête de la peau qui a servi à faire l'objet. On recoud avec soin les yeux, et la fente qui provient de l'enlèvement des oreilles. De celles-ci on ne conserve que l'extrémité plus ou moins longue, et on les place en avant de la position qu'elles occupaient naturellement. La peau de cette tête factice est coupée sur un patron correspondant au moule en carton sur lequel elle est tirée. Lorsque le nez naturel est trop volumineux, on peut réduire sensiblement ses dimensions en le touchant (étant mouillé) avec un fer passablement chaud. S'il manque, on le remplace souvent, aussi, par un nez factice en métal. On place enfin les yeux.

La naturalisation est, quelquefois, encore faite par les fourreurs, mais c'est une partie toute spéciale qui exige des connaissances en zoologie et un goût artistique, qui ne se trouvent guère que chez des spécialistes, lesquels se sont acquis une juste renommée.

Le Pelletier-Fourreur

Le pelletier-fourreur doit être un homme instruit et de bonne éducation, car il a affaire à une clientèle distinguée.

A sa louange, nous devons dire que le pelletier-fourreur a généralement vu le monde, il a fait des stages dans les grandes villes, il a souvent été à l'étranger.

Il a vu bien des gens, bien des mœurs, bien des opinions diverses ; aussi, il est coulant, tolérant et bon compagnon.

Le fourreur doit avoir des notions de la coupe des vêtements d'homme et de dame, et comprendre l'idée de la couturière ou de la modiste.

Il doit savoir acheter une peau brute au paysan qui lui apporte ; il devrait même savoir la tanner au besoin.

Tout cela exige, comme nous le disions, un long et sérieux apprentissage, et, avec cela, il faut de l'intelligence et du travail.

Aujourd'hui, comme tout commerçant, le pelletier-fourreur doit savoir acheter et vendre, tenir ses comptes, copier ses lettres, vérifier ses achats, faire ses expéditions ; savoir ce qu'est un mandat, un billet accepté, un chèque, un bordereau, un compte courant.

Achetant quelquefois des matières premières à l'étranger, il devra savoir ce qu'est le change, l'agio, la valeur des monnaies, les droits de douane.

Comme tout industriel, il devra connaître les lois fiscales ; les assurances contre l'incendie, le vol, les accidents ; les retraites ouvrières.

Il devra voir clair dans ses affaires et établir son inventaire chaque année.

Sans méconnaître la valeur du crédit, et s'efforçant de le mériter, il n'en abusera pas et évitera les spéculations dangereuses.

Il se rappellera cette maxime de Franklin : « N'achète que ce que tu peux payer, si tu ne veux être obligé de vendre ce que tu voudrais conserver. »

Il exercera son métier avec connaissance, probité et conscience.

Il devra toujours faire correctement son devoir, et se rendre utile à ses semblables et à l'humanité.

A ces conditions seulement, il méritera et finira par obtenir la confiance absolue de ses clients, et ce sera, pour lui, sinon la fortune, mais sûrement l'estime et la considération.

CONCLUSION

Permettez-moi, chers lecteurs, de répéter ce que je disais en terminant la première édition de ce travail : J'ai conscience d'avoir fait une œuvre utile à mes compatriotes.

Aujourd'hui, et demain plus qu'aujourd'hui, il faudra travailler pour vivre.

Quelque métier qu'un jeune homme entreprenne, il faut qu'il le connaisse en pratique et en théorie. Il faut que tout ce qui se rapporte à son industrie lui soit connu.

Il doit savoir ce qui a été fait avant lui : le présent n'est souvent que la réminiscence du passé. Seules, ces connaissances variées et bien acquises lui permettront d'être à son tour un inventeur et un initiateur.

C'est pourquoi, à côté de l'établi, à côté même de l'École d'apprentissage, il doit étudier l'ensemble de ce qui a été écrit, de ce qui a été fait; il doit profiter de l'expérience de ses aînés.

J'ai écrit ce volume, en utilisant non seulement mon savoir personnel, mais aussi les avis, les indications données par tous les auteurs et les maîtres dont les écrits pouvaient apporter une connaissance utile à nos apprentis et à tous ceux que les fourrures intéressent.

J'ai compulsé ces auteurs avec attention et respect, et je reporte sur eux la plus grosse part des mérites de ce livre.

Je rappelle que je voudrais voir les noms de nos prédécesseurs dans la corporation inscrits au Livre d'or de nos syndicats; ils nous ont laissé un héritage d'honnêteté laborieuse et d'amour de leur profession, dont ils étaient justement fiers ; cet héritage doit nous être sacré.

Que nos jeunes gens profitent des leçons de leurs patrons, de leurs contremaîtres et de leurs collègues.

J'ai terminé. Que la dernière ligne de cet ouvrage soit l'expression bien sincère de mon vœu le plus cher : Puisse la corporation des pelletiers et fourreurs jouir d'une longue période de prospérité et de paix dans l'accord entre tous ses membres !

Que le patron d'aujourd'hui n'oublie pas qu'il était ouvrier hier, et que l'ouvrier d'aujourd'hui réfléchisse que, peut-être demain, il pourra aussi être patron. Restons unis ! Travaillons !

INDEX ALPHABÉTIQUE